中国传统工艺经典

杭间 主编

天工开物图说

〔明〕宋应星 著

曹小鸥 注释

山東畫報出版社

图书在版编目（CIP）数据

天工开物图说 / （明）宋应星著；曹小鸥注释. —济南：山东画报出版社，2020.4
（中国传统工艺经典丛书）
ISBN 978-7-5474-3321-8

Ⅰ. ①天… Ⅱ. ①宋… ②曹… Ⅲ. ①农业史－中国－古代 ②手工业史－中国－古代 ③《天工开物》－图解 Ⅳ. ①N092-64

中国版本图书馆CIP数据核字（2019）第264773号

天工开物图说
〔明〕宋应星 著　曹小鸥 注释

项目统筹 怀志霄
责任编辑 布吉帅
装帧设计 王　芳

出 版 人 李文波
主管单位 山东出版传媒股份有限公司
出版发行 山东画报出版社
社　址　济南市市中区英雄山路189号B座　邮编 250002
电　话　总编室（0531）82098472
市场部（0531）82098479　82098476（传真）
网　址　http://www.hbcbs.com.cn
电子信箱　hbcb@sdpress.com.cn
印　刷 山东临沂新华印刷物流集团有限责任公司
规　格 976毫米×1360毫米　1/32
20.25印张　459幅图　562千字
版　次 2020年4月第1版
印　次 2020年4月第1次印刷
书　号 ISBN 978-7-5474-3321-8
定　价 188.00元

如有印装质量问题，请与出版社总编室联系更换。

总　序

杭　间

十七年前，我获得了国家社科基金艺术学项目的资助，开展“中国艺术设计的历史与理论”研究，这大约是国家社科基金最初支持设计学研究的项目之一；当时想得很多，希望古今中外的问题都有所涉略，因此，重新梳理中国古代物质文化经典就成为必须。这时候的学界，对物质文化的研究早有人开展，除了考古学界，郑振铎先生、沈从文先生、孙机先生等几代文博学者，也各有建树，成就斐然。但是在设计学界，除了田自秉先生、张道一先生较早开始关注先秦诸子的工艺观以外，整体还缺少系统的整理和研究。

这就成为我编这套书的出发点，我希望在充分继承前辈学人成果的基础上，首要考虑如何从当代设计发展“认识”的角度，对这些经典文本展开解读。传统工艺问题，在中国古代社会格局中有特殊性，儒道互补思想影响下的中国文化传统中，除《考工记》被列为齐国的“官书”外，其他与工艺有关的著述，多不入主流文化流传，而被视为三教九流之末的“鄙事”，因此许多工艺著作，或流于技术记载，或附会其他，有相当多的与工艺有关的论著，没有独立的表述形式，多散见在笔记、野史或其他叙述的片段之中。这就带来一个最初的问题，在浩瀚的各类传统典籍中，如何认定“古代物质文化经典”？尤其是“物质文化”（Material Culture）近年来有成为文化研究显学之势，许多社会学家、文化人类学者涉足区域、民族的衣食住行研究，都从“物质文化”的角度切入，例如柯律格对明代文人生活的研究，金耀基、乔健等的民族学和文化人类学研究等；这时候还有一个问题需要特别指出，这就是“非物质文化遗产”的概念随着联合国教科文组织对其的推进，也逐渐开始进入中国的媒体语言，但在设计学界受到冷落，“传统工艺”“民间工艺”等概念，被认为比“非物质”更适合中国表述，因此，确立“物质文化”与中国设计学“术”的层面的联系，也是选本定义的重要所在。

其实，在中国历史的文化传统中，有一条重生活、重情趣的或隐或显的传统，李渔的朋友余怀当年在《闲情偶寄》的前言中说：王道本乎人情，他历数了中国历史上一系列具有生活艺术情怀的人物与思想传统，如白居易、陶渊明、苏东坡、韩愈等，联想传统国家治理中的“实学”思想，给了我很大的启发，这就是中国文化传统中的另外一面，从道家思想发展而来的重生活、重艺术、重意趣心性的源流。有了这个认识，物质文化经典的选择就可以扩大视野，技术、生活、趣味等，均可开放收入，思想明确了，也就具有连续、系统的意义。

上述的立场决定了选本，但有了目标以后，如何编是一个关键。此前，一些著作的整理成果已经在社会上出版并广为流传，例如《考工记》《天工开物》《闲情偶寄》等，均已经有多个注解的版本。当然，它们都是以古代文献整理或训诂的方式展开，对设计学的针对性较差。我希望可以从当代设计的角度，古为今用，揭示传统物质文化能够启迪今天的精华。因此，我对参与编注者有三个要求：其一，继承中国古代“注”的优秀传统，“注”不仅仅是说明，还是一种创作，要站在今天对“设计”的认识前提下，解读这些物质经典；其二，“注”作为解读的方式，需要有“工具”，这就是文献和图像，而后者对于工艺的解读尤其重要，器物、纹样、技艺等，古代书籍版刻往往比较概念化，语焉不详；为了使解读建立在可靠的基础上，解读可以大胆设想、小心求证，但文献和图像的来源，必须来自1911年前的传统社会，它们的“形式”必须是文献、传世文物和考古发现，至于为何是1911年，我的考虑是通过封建制在清朝的覆灭，作为传统生活形态的一次终结，具有象征意义；其三，由于许多原著有关技艺的词汇比较生僻，并且，技艺的专业性强，过去的一些古籍整理学者尽管对原文做了详尽的考据，但由于对技艺了解的完整度不够，读者仍然不得其要，因此有必要进行翻译，对于读者来说，这样的翻译是必要的，因为编注者懂技艺，使得他的翻译能建立在整体完整的把握的基础上。

正因为编选者都是专业出身，我要求他们扎实写一篇“专论”用作导读，除了对作者的生平、成书、印行后的流布及影响做出必要的介绍外，还要对原著的内容展开研究，结合时代和社会变化，讨论工艺与政治、技艺与生活、空间营造与美学等的关系，因此这篇文字的篇幅可以很长，是一篇独立的论文。我还要求，需要关心同门类的著作的价值和与之关系，例如沈寿的《雪宧绣谱》，之前历史上还有一些刺绣著述，如丁佩的《绣谱》，虽然没有沈寿的综合、影响大，但在刺绣的发展上，依然具有重要价值，由于丛书选本规模所限，不可能都列入，因此在专论里呈现，可以让读者看到本领域学术的全貌。

如何从现代设计的角度去解读这些古代文献，是最有趣味的地方，也是最有难度的地方。这种解读，体现了编注者宏富的视野，对技艺发展的深入的理解，对原文表达的准确的洞察，尤其是站在现代设计的角度，对古代的“巧思”做出独特的分析，它不仅可从选一张贴切的图上面看出，也更多呈现在原文下面的“注”上，我注六经，六经注我，重在把握的准确和贴切，好的注，会体现作者深厚的积累和功力，给原文以无限广阔的延伸，所以我跟大家说，如有必要，“注”的篇幅可以很长，不受限制。当然这部分最难，因人而异，也因此，这套丛书的编注各具角度和特色。由于设计学很年轻，物色作者很伤脑筋，一些有影响的研究家当然是首选，但各种原因导致无法找到全部，我大胆用了文献功底好的年轻人，当时确实年轻，十七年以后，他们都已经成为具有丰富建树的中坚翘楚。

要特别提到的是山东画报出版社的刘传喜先生，他当年是社长兼总编辑，这套书的选题，是我们在北京共同拟就的，传喜社长有卓越的出版人的直觉，他对选题的偏爱使得决策迅速果断；他还有设计师的书籍形态素养，对这套丛书的样貌展望准确到位。徐峙立女士当年是年轻的编辑室主任，她也是这套书的早期策划编辑，从开本、图文关系、注解和翻译的文风，以及概说的体例，等等，都是重要的思想贡献者。

这套书出版以来，除了受到设计界的好评外，还受到不少喜欢中国传统文化读者的喜爱，尤其是港澳台等地的读者，对此套丛书长期给予关注，询问后续出版安排，而市面上也确实见不到这套丛书的新书了，有鉴于此，在徐峙立女士的推动下，启动了此丛书的再版，除了更正初版明显的错误外，还因为2018年我又获得国家社科基金艺术学重大项目“中国传统工艺的当代价值研究”的立项支持，又开始了后续物质文化经典的编选和选注工作，并重新做了开本和书籍设计。

也借此机会，把当年只谈学术观点的总序重写，交代了丛书的来龙去脉。在过了十七年后，这样做，颇具有历史反思的意味，“图说”这种样式当年非常流行，我们的构思也不可免俗地用了流行的出版语言，但显然这套丛书的“图说”与当年流行的图说有很大的不同，它希望通过读文读图建构起当代设计与古代物质生活之间全方位的关系，“图”不仅仅是形象的辅助，而更是一种解读的“武器”，因而也是这套书能够再版的生命力所在。对古代文献的解读仍然只是开始，这些著述之所以历久常新，除了原著本身的价值外，还因为读者从中看到了传统生活未来的价值。

是为序。

2019年12月19日改定于北京

目　录

卷上

卷中

卷下

专论：一部造物文化的“大历史”

——《天工开物》概说

《天工开物》是一部很特别的书，这种特别表现在四个方面。

一、通常，百科类的书籍多为集体合作完成，而《天工开物》是由一个人完成的。该书分为上中下三卷，共十八章，约十万字，涉及三十多个行业，记录分析了一百三十余项生产技术的情况，其内容包括材料的使用、制作工序、工具的名称和形状等。

二、《天工开物》成书于明末，就目前来看，其影响与同时期李时珍的《本草纲目》、徐光启的《农政全书》相当，然而，它的声誉最初却来自于海外，尤其是受到日本和欧洲学术界的推崇。

三、据目前不完全统计，《天工开物》一书在全世界已有十多个版本发行，其中外国人的居多，这种现象在中国古代典籍的发行中并不多见。在国内，目前该书流通的最好版本是1959年由上海中华书局影印出版的明代初刻本，其原件收藏于北京图书馆。

四、《天工开物》（崇祯初刊本，涉园重刊）中共有123幅插图，这些插图不仅仅是为了带有审美性的愉悦所为，它们和相关的文字几乎可以做到一一对照，因为准确性进而产生了一个连带效应，就是实证，所以在当今许多的学科研究中，《天工开物》的插图被各个行业翻用不断。可以说对于许多人来讲，对《天工开物》的图像也许比文字更为熟悉。

下面就围绕这本“特别”的书说些什么。

一、写书的人

《天工开物》的作者宋应星，字长庚，明代万历十五年（1587）生，江西省南昌府奉新县人，大约于清代康熙五年（1666）卒。

对于宋应星这个人，许多年来我们的历史教科书上都已经习惯于称他为明代的科学家，追究缘由，是因为他的重要著作《天工开物》。但是，当代英国科学技术史家李约瑟却给宋应星两个比拟式的意义深长的称谓，一个是“中国的阿格里科拉”，一个是“中国的狄德罗”。虽然就单方面来看，宋应星与同时代人德国“矿物学之父”阿格里科拉，或者法国思想家、“百科大王”狄德罗都难以直接比照，但李约瑟这样的喻称却是不无道理，其一是在于作为，其二是在于思想，其三是在于他们相类似的贡献。所以，我们首先应该认识到的是，如果就时代赋予他的身份而必须要给宋应星冠以“家”字的话，那应该用“杂家”这个词更为合适，因为他是一个对思想、经济、文化，对农业、手工艺、工业技术、生化物理学等方面都多有研究和贡献的人。

以下列举与宋应星相关的重要人物和事件，陈述他成为杂家的必然原因。

首先要说的第一个人物是宋应星的曾祖父宋景（1476—1547）。宋景是明孝宗弘治十八年（1505）的进士，历任山东参政、山西左布政使、南京工部尚书转兵部尚书，最大的官位到都察院左都御史，正二品，死后被追赠太子少保、吏部尚书，谥庄靖，此人为明代中期要臣，一生刚正清廉。宋景的为官历史、个人品性和行事方式，对宋氏家族及后代都极具影响。

第二个人物是宋应星的叔祖父宋和庆。宋和庆，隆庆三年（1569）的进士，授官时日不长，辞官后即回归乡里兴办教育，早年的宋应星就在家塾中读书八年。宋应星童年的教育与宋和庆有着直接的关系。

第三个人物是宋应星的母亲魏氏。魏氏是宋应星父亲的二房。宋应星祖父在27岁时早逝，只留下一子。由于宋应星的父亲从小体弱，又受家人溺爱，加上当时整个时局的动荡，而一生无为，遂家境败落。魏氏本为农人，她能够进得宋家完全是出于家族血脉延续的考虑。母亲的辛勤持家，年年月月中所做的点滴事情，包括与长工的融洽相处，都可以说是日后宋应星关心百姓日常、体贴民生民计的源头。

宋应星的兄长宋应升，在宋应星出生时已经10岁，他俩都是魏氏所生，整个儿时的宋应星都跟兄长形影不离，感情笃深，万历四十三年（1615）共赴省城参加乡试，宋应星考上第三名举人，宋应升名列第六，被大家称作“奉新二宋”。接着又一起进京会试，但几次均未成功，从此断绝科举入仕的念头。两人虽为兄弟，但能够做到如此步伐一致和心心相印，实属难得。宋应升于1646年在清兵南下攻取江西时服毒殉国。

宋应星最重要的老师有邓良知（1558—1638）和舒曰敬（1558—1636）。邓良知，万历四十一年（1613）的进士，曾任南直（今安徽）宜城令、福建兴泉兵备道。舒曰敬，万历二十年（1592）的进士，做过泰兴知县，后退隐乡间五十年，以授书为乐，在教育上极有成就。他们在宋应星对经史及诸子百家精神的把握，和对张载实学思想的领会上，多有帮助。

另外有两个人也值得一提，一个是写《本草纲目》的李时珍，一个是宋应星的友人涂绍煃。对于宋应星来说，李时珍是他实现人生目标的参照。1603年，江西巡抚夏良心在南昌府刊刻了李时珍的《本草纲目》，年轻的宋应星将此书熟读于心。而涂绍煃对于宋应星的关照更是直接和显然的。涂绍煃，字伯聚，曾与宋应星同师于舒曰敬，同年中举，居于第四，后为过官，其间大力提倡开发矿藏，热心于兴办工业。徐绍煃也是宋应星的儿女亲家，《天工开物》即由其出资刊出，宋应星的另外一本著作《画音归正》也是由其出资帮助出版的。

在《天工开物》于崇祯十年（1637）刊出时，宋应星50岁，上面说到的这些人有的仍然健在，有的已经离世。然而作为一种微妙的物物转换，或者说是一种天经地义的承继，一种潜移默化的再现，宋应星一生中的某些举止和决定，会因他们而完成，这绝对不是一种宿命，而是一种必然。

二、当书问世的时候

在进行《天工开物》这部多行业技术与经验总结式著述的写作期间，宋应星正担任江西分宜教谕。从1634年到1638年的四年任职期，在宋应星的一生中，虽然时间不长但意义重大，因为他的主要著作几乎都是在这时完成的。换句话说，这个时期是他呈现个人思想的最重要时期。然而这也是明代走到尽头的时日，宋应星在他的政论体著作《野议》中提出必须“乱极思治”。

让我们向上回溯两千年历史。战国时期，由于不断增加的人口压力、与边远民族的冲突，以及各个诸侯国相互之间的斗争，百姓情绪不安，加上生产领域的技术革命，尤其是铁工具的使用，仿佛在一夜之间变了个世界：王权将何去何从？人们将何去何从？于是中国的思想界第一次自发地展开了一场大的辩论，在那场辩论中，爆发出无数的思想火种，这就是“诸子百家”形成的背景。16、17世纪的中国，自明中期以来，其社会状态有着与“百家争鸣”时期相似的景象：吏治逐渐败坏，统治权力核心互相倾轧，宦官专政，土地被兼并，国库亏空，农民赋税地租加重，北方地区外患的干扰等。对此，统治阶层虽偶尔显示改革意向，也时有举措推出，但效果终是有限。而另一方面，由于明初积极得法的土地制度效应，大规模的水利工程的兴修，较好的农业基础带动了手工业的发展，进而促进了商业和南方地区城市经济的繁荣。在江南有了资本主义生产方式的萌芽，之后加上来自海上贸易的刺激，传教士植入的西方科学信息……当时意识形态的承受超过了以往的任何一个朝代，固有的一切将如何继续，巨变酝酿出了思想的成熟。有人称，明代是中国历史上的第二个“百家争鸣”时期，不是完全没有道理的。

了解历史的人大概都知道，朱元璋开国之时的口号是“尽复汉唐之制”，国家的纲程是以理学为先，明代都城从南京搬到北京，程颐、朱熹思想始终没有离开一步，其后王阳明倡导的“致良知”学说曾占据主流位置达百年之久，因为他所提出的“心即理”观点正中统治者的心怀。之后，由于世事变迁，意识形态中唯物与唯心派的争论迭起，至明代中叶后，“心学”崩溃，宋代张载的实学之风经王廷相和王夫之的传承和发展，转而成为明朝后期思想的新锐，影响了一大批学人。实学的要点从广义上来说就是追求实际并致力于应用，从精神上来说就是要深化儒家“经世致用”的观点，张载在其《张子语录》中有句名言：“为天地立心，为生民立命，为往圣继绝学，为万世开太平。”这被称作“横渠四句”的立意，在明代的多部著作，包括宋应星《天工开物》的价值观中均有呈现。

许多历史学家都认同用“天崩地解”这个名词来形容明中期以后出现的复杂现象，其中思想争鸣是原因之一，另外南方城市中的资本主义萌芽和西风东渐也是至关重要的因素。

关于资本主义萌芽，冯梦龙《醒世恒言》第十八回中有描写苏州盛泽镇的一段文字，浓缩了当时的那种景象：“镇上居民稠广，土俗淳朴，俱以蚕桑为业。男女勤谨，络纬机杼之声，通宵彻夜。那市上两岸绸丝牙行，约有千百余家，远近村坊织成绸匹，俱到此上市。四方商贾来收买的，蜂攒蚁集，挨挤不开，路途无伫脚之隙，乃出产锦绣之乡，积聚绫罗之地。江南养蚕所在甚多，惟此镇处最盛。”可见，当时中国赖以生存了几千年的以自给自足生产方式为主的形式，经商业化的转变，使城镇产品的区域特点逐渐分化，比如，苏杭的蚕丝、景德镇的制瓷、铅山的造纸、佛山的冶铁等。为此，由于社会的需要，加之学术界实学之风的吹动，诸多实际应用的著作在明代也就相对集中地陆续应运而生。继李时珍的《本草纲目》后，明万历三十六年（1608），徐光启推广宣传甘薯种植的《甘褚疏》著成，其最重要的关于我国农业的总结性著作《农政全书》历时二十年的写作，在其身后也于1639年刊行；明万历四十年（1612），传教士熊三拔（Sabbathino de Ursis）所著的第一部介绍西洋水利的专著《泰西水法》在北京刊印；明万历四十一年（1613），水利学家童时明论述太湖流域地形水势和水利工程技术的《三吴水利便览》著成；明崇祯十年（1637），宋应星关于古代工农业生产技术总结性著作《天工开物》刊出，等等。

外力的推动也是这个时代思想和科学启蒙的一个必要因素，西方科技的传入，正与中国传统实学的思想吻合。另外，西方技艺的精确和先进，对于研究事物的数据掌握和自然科学的原理推敲，是中国知识分子不曾有过的经验。所以，万历年间，当西方天主教的耶稣会，在欧洲宗教改革受挫以后，转而随着西方商业势力迈向东方寻找可能时，中国的土壤使之生长，反过来，这些"新鲜"的西洋东西也改变了中国。最有代表性的人物是意大利天主教士利玛窦（Matteo Ricci 1552—1610），他自称于"天地图及度数，深测其秘；制器观象，考验日晷"无所不能，这些恰"与中国古法吻合"（黄伯禄《正教奉褒》明万历条），他从天文学入手，博得了统治阶层的信任。明代重要学者李贽、徐光启、杨廷筠等均与利玛窦有所往来，徐光启还向其学习西方的自然科学和技术，合作翻译了《几何原本》。擅长物理学及农器、军器、机械等技术、潜心于实用之学、《诸器图说》的作者王徵（1571—1644），也通过向传教士邓玉函（Jean Terrenz 1576—1630）学习西洋器械之法，依其口授，著成《远西奇器图说》。在该书序中王徵说："学原不问精细，总期有济于世；人亦不问中西，总期不违于天。兹所录者，确属技艺末务，而实有益于民生日用，国家兴作甚急也。”这可以说是明代大部分知识分子的共同心态。

三、内容的另类视野

“济世”而“有益于民生日用”，也正是《天工开物》成书与刊出的初衷。

《天工开物》虽是一本关于中国古代技术科学方面的总结性著述，但有一个事实必须强调，那就是此书不仅仅是一本典籍式的总结。全书中有部分资料是出自于一些相关的技术文献，但书中最有贡献的内容来自于作者的实地考察，这些考察是在宋应星的五次北上会试期间完成，因此在书中呈现了多项最新的记录。此外，最初的《天工开物》还另有两卷，题为《观象》与《乐律》，共四章，在初版刊出之时被临时删去。《观象》和《乐律》的主要内容涉及天文历法及音律等，作者在序中作了解释，说“其道太精，自揣非容事，故临梓删去”，但大抵还是考虑到了全书体例的问题。

《天工开物》的卷上有《乃粒》《乃服》《彰施》《粹精》《作咸》《甘嗜》6章，卷中有《陶埏》《冶铸》《舟车》《锤锻》《燔石》《膏液》《杀青》7章，卷下有《五金》《佳兵》《丹青》《曲蘖》《珠玉》5章，均属于技术科学的范畴，囊括了农业、手工业和工业生产的多种门类。对于这些内容之所以做这样的一个排序，其意义是什么，宋应星在序中明确说：“卷分前后，乃‘贵五谷而贱金玉’之义。”在这里，作者提出的所谓的贵贱之分，我们应该知道，这并非是指物质本身的等级之分，而是宋应星对于物与世界的关系、物与民生的关系的认识和看法。

全书每章卷首有“宋子曰”引言，作为一章内容的提要性说明，正文以产品及其生产技术为纲，对多技术涉及的产品先作适当的分类，再分别叙述原料、种类、产地、加工过程、操作要点、工具设备、产品产率及其特性、用途等。全书共三卷，十八章。卷上，第一章《乃粒》，讲的是粮食，分述了粮食作物的种植技术，尤其是南方的水稻栽培以及多项农具的使用方法。第二章《乃服》，讲的是衣服，衣服的材料和加工，尤其详细记录的是江浙地区的养蚕和丝纺技术以及纺机结构。第三章《彰施》，讲的是面料的染色，其中关于靛蓝和红花的提取做了重点叙述。第四章《粹精》，讲的是谷物加工，对谷物收割、脱粒、磨粉的多种工具的构造和用法作了重点描述。第五章《作咸》，讲的是制作食盐，对不同盐类的产地和生产以及产盐工具进行了分述。第六章《甘嗜》，讲的是制糖。由此我们可以归纳，卷上内容均与农业相关。

卷中，第一章《陶埏》，讲的是制瓷，尤其涉及了明代瓷器新釉色的发掘以及江西景德镇民用白瓷青花的制作等。第二章《冶铸》，讲的是金属器物的铸造，其中对于传统的铸造技术作了最详细的解说。第三章《舟车》，讲的是车和船的结构、制作与用途，并针对明代的海运和漕运船只以及陆运的各种车辆发展做了说明。第四章《锤锻》，讲的是金属的锻造工艺，从万斤大铁锚到纤纤绣花针均有论述。第五章《燔石》，讲的是石灰、煤炭的生产，其中对于采矿安全问题也有关注。第六章《膏液》介绍了十多种植物油料，以及加工榨取的方法。第七章《杀青》，对造纸，尤其造竹纸的工序、设备作了论述。总结卷中的内容，多属于手工行业。

卷下，第一章《五金》，讲的是金属矿的开采、冶炼和分离技术。第二章《佳兵》，讲的是弓弩及多种火器的制造。第三章《丹青》，讲的是制作松墨及朱砂的方法。第四章《曲蘖》记述了做酒的工艺，其中对红曲描述详细。第五章《珠玉》，讲的是采珠、采玉及其加工方法。卷下内容偏重于工业技术。

基于全书内容的多广，多年来，对于《天工开物》一书的特点和成就，各行业的专家对其仔细梳理后均有所归纳。读到过多种，而唯独倾心于我国地质专家丁文江（1887—1936）的评述，他在民国十八年，即1929年，在《天工开物》从日本购回重印于天津时，作了《重印〈天工开物〉卷跋》一文。他说：“三百年前言农工业书如此其详且备者，举世界无之，盖亦绝作也。读此书者，不特可以知当日生活之状况，工业之程度，且以今较昔，吾国经济之变迁，制作之兴废，亦于是中观焉。”还说：“在有明一代，以制艺取士，故读书者仅知有高头讲章，其优者或涉猎于机械式之诗赋，或摽窃所谓性理玄学，以欺世盗名，遂使知识教育与自然观察划分为二。士大夫之心理内容，干燥荒芜，等于不毛之沙漠。宋氏独自辟门径，一反明儒陋习，就人民日用饮食器具而穷究本源。其识力之伟，结构之大，观察之富，有明一代一人而已。”他还指出，在《天工开物》中，《乃粒》没有记载玉蜀黍，《膏液》没有记载落花生，而番薯、烟草更无论及，说明当时美洲、南洋的植物虽已传入中国，但在明末的农产品中还不重要；书中提到日本的铜、荷兰的炮、洋糖、倭缎等，然《佳兵》一章中弓矢的叙述翔实而枪炮的叙述约略，包括插图的粗疏，可以推断当时明朝与外国贸易虽已频繁，然商品贸易较重于武器贸易，等等。最重要的是，丁文江指出了宋应星治学态度严谨的源头：一切皆来自于事实，和一种新的科学研究方法的运用，即对数据统计的理解和采纳。

所以说，《天工开物》一书中存在着许多的“第一次”，这个“第一次”绝不是后人总结的，而是作者观念和行为的存在，这个存在既来自于宋应星多年的身体力行，也来自于他对于事物本源的探究和对人类生存目的的关怀。明代泰州学派王艮，有一个很著名的观点叫作“百姓日用即道”，说的就是老百姓的日常器用的重要性。宋应星从科技百工中求理论道，指向的还是“有益于民生日用”的目的，他所要表达的正是中国传统思想中“道”与“理”的合一。《庄子》曰：“道行之而成。”王弼注《易经》说：“物无妄然，必有其理。”宋应星想必是要在自然的理中，寻求出一条人为的道来。

四、一本关于造物文化的书

对于《天工开物》的关注，到目前为止主要集中在农业、工业与科技方面，事实上，贯穿全书的还有另外一条线索，即有关人类造物的记录和论述。古代造物的研究，比照当今的观念，即类于设计文化的范畴，之所以要有造物与设计两个不同词汇的分别，原因取决于人造物的生产状态，即批量生产与个体生产的差异，这是区别大工业社会与传统自然经济的重要技术特征。当今的设计与科技、工艺都有关联，古代造物同样如此，所以，像《天工开物》这样的一部多方向的论著，透过它对各行业发明与成果的分类描述，我们可以在技术与艺术、工艺与设计之间，广言之，即在科学思想与人文思想之间，架起一座桥梁。

“工具”是《天工开物》中反复出现的一个词语，几乎在各个章节中都有所涉及，与宋应星“贵五谷而贱金玉”的思想相吻合，有关工具的描述在最前面的几章中也最为详尽。在《乃粒》《粹精》中关于农用的工具说到了耒耜、耕犁、水车、踏车、牛车、拔车、筒车、高转筒车、桔槔、辘轳、耧车、风车、耨、耙、掼床、木砻、土砻、谷筛、面罗、杵臼、水碓、水磨、石磨、梿枷、石礳、石碾、水碾等；《乃服》中的纺织工具很仔细地讲到了缫车、络车、纬车、纺车、牵经车、浆纱车、腰机、花机、轧花机、弹棉弓等；此外，《作咸》中的打井和制盐工具；《甘嗜》中的糖车；《陶埏》中的拉坯碌碌；《舟车》中的海船、漕船、独轮车；《膏液》中的榨具；《杀青》中的做纸工具；《冶铸》《锤锻》中的木风箱等冶炼、锻打工具；《佳兵》中的弓弩与火器；《珠玉》中的开采和琢玉工具等，详略兼顾，配以插图，阅读起来甚是有趣，加上宋应星对以往典籍，如《考工记》《梓人遗制》《梦溪笔谈》《便民图纂》《耕织图谱》等的了解和运用，使得《天工开物》中与工具相关的信息极有价值，这个价值体现在宋应星对工具的先进度和延续性的选择上。

李约瑟《中国科学技术史》第一卷有一张题为“中国传到西方的机械和其他技术”的图表，共列举出最主要的二十六个项目，并标注了西方落后于我国的年限。在这二十六个项目中，宋应星的《天工开物》里论述到了十八项：龙骨车、石碾（用水力驱动的石碾）、水排、风扇车和簸扬机、活塞风箱、提花机、缫丝机（锭翼式，以便把丝线均匀地绕在卷线车上，11世纪时出现，14世纪时应用水力纺车）、独轮车、挽畜用的两种有效马具（胸带式、颈带式）、弓弩（作为个人的武器）、深钻技术、铸铁、造船和航运的许多原理、船尾舵、火药和作为战争技术而使用的火药、磁罗盘、纸、瓷器。这些工具，包括其中的手艺和技术，从它的发明时间，或者说使用时间的超前状态方面，得到了《天工开物》中有关工具的先进性的论证。此外，对于书中工具的延续性选择，主要体现在工具的承继和发展中。关于这一点需要申明的是，我们谈论的是古代造物，所以必须撇开大工业前提下的工具形态，而以手工工具形态为特征来研究。比如，《天工开物》中的农业耕作和粮食加工工具、家庭纺织工具、食品制作工具、手工作坊的各种行业工具，从明或更早的时间至今，其形态、构造和使用方式几乎都没有任何改变。所以，以工具为代表的《天工开物》中对于造物的研究是具有相当的意义的。

工具作为人的身体的延长，它的历史，在农耕社会中有着特殊的意义。“工欲善其事，必先利其器”，当它成为一种常识时，就有了哲学上的意义，如李泽厚所说，“工具的出现突破了生物种族的局限”，使用工具的活动“开始对现实世界造成极为多样而广泛的客观因果联系，这是任何本能动作所完全不能比拟的”。在这里，工具已不仅是满足生物的需要，它在原始人类中形成一种新的关系，即把一种天然的“需要——需要对象”的关系转换成一种“需要——工具——需要对象”的关系。这时候，工具实际上就成为一种中介，它改变了人类和自然的关系以及人和人之间的关系。“工具系统成为多种多样，偶然不常的自然物和原始人类发生关系的稳定的有规律的转换结构，工具首先造成了普遍性。”（赵汀阳语）李泽厚认为这种以工具为中介的劳动，成为其他生物种类所不可能获有的超生物的经验，它是一种动作思维，而且是真正思维（语言思维）的基础。由于原始社会中工具成为人类生活的一部分，制造工具也由偶然变成有目的的活动，这就使人在心理上开始了与动物的疏离。工具作为人类特有的目的表象“正是主体的人在客观实践上与动物相区别的心理对应物”。

众所周知，中国传统文化的超稳定结构，与中国漫长的农耕社会有着深切的关系，土地的耕作方式，对于一个民族思维的影响是显而易见的。家族社会中的长幼有序、经验主义等正是农耕社会秩序的体现，从某种意义上说，工具（农具）正是凝聚这种方式的物质载体，它是隐藏那些因地理环境而来的农耕社会文化精神的所在。反过来说，这些貌似粗鄙的几乎是千年不变的农具，正是中国造物文化精神的根本所在。工具背后是“方式”，是一种组织，是一种“标准化”的群体行为，而宋应星的“描述”也在这样一个层面上，体现出一种超越时代的价值。技术在此不是一种简单的传授和复原，而是一种本质的保持。

“天工开物”在这里便有了进一步的含义。潘吉星在他的著作《〈天工开物〉校注及研究》中用宋应星的同乡帅念祖在《区田编》中所说的“盖以人力尽地利、补天工”的话解释说：“按‘天工’意思是自然的职能，这个词出于《书经·皋陶谟》：‘无旷庶官，天工人其代之。’根据经学家的解释，主要是指天人合一，让人顺应于天。‘天工’有时也指自然形成的技巧，对‘人工’而言。如元代赵孟頫（1254—1322）的《松雪斋集》中有《赠放烟火者》，诗云：‘人间巧艺夺天工，炼药燃灯清昼同。’‘开物’一词见于《易·系辞上》：‘夫易，开物成务，冒天下之道，如斯而已者也。’‘开物’这里指开发或揭露事物。宋应星借用《书经》和《周易》的这两个词而将其连用，赋予其新的含义。……就是说，‘天工’中的‘天’指自然界，‘工’是人的技巧或技术，‘开’是开发，‘物’指有用之物或物质财富。综合起来，‘天工开物’就是从自然界通过人工技巧开发出有用之物。”在这里，工具是一个中介物，它的操控者是人，在工具的两端，是自然和功效。这是一个超越的古代物质社会的生产公式，即使在今天看，仍然是正确的。从这个意义上讲，《天工开物》绝不只是一部只谈技术的著作，而是一部阐述中国以至东亚农耕社会文化的本质之书。

对设计而言，《天工开物》的这种立场不是专业的立场，但却是理解设计文化的正道，因为，设计本身远不是目的，设计的目的与工艺和技艺一样，都只有一个，那就是生活。所以，《天工开物》还有设计思想史上的意义，在它身上，浓缩着中国中古到近代这一阶段可靠的物质文化的历史。

这是一部真正的“大历史”。

《天工开物[1]》卷序

天覆地载[2]，物数号万，而事亦因之，曲成而不遗[3]，岂人力也哉?

事物而既万矣，必待口授目成而后识之，其与几何[4]? 万事万物之中，其无益生人与有益者，各载其半。

世有聪明博物者[5]，稠人[6]推焉。乃枣梨之花未赏，而臆度“楚萍”[7]；釜鬵之范鲜经[8]，而侈谈莒鼎[9]；画工好图鬼魅[10]而恶犬马，即郑侨、晋华[11]，岂足为烈哉[12]?

幸生圣明极盛之世，滇南车马，纵贯辽阳；岭徼[13]宦商，衡游蓟北[14]。为方万里中，何事何物不可见见闻闻? 若为士而生东晋之初、南宋之季，其视燕、秦、晋、豫方物，已成夷产[15]，从互市[16]而得裘帽，何殊肃慎[17]之矢也，且夫王孙帝子，生长深宫。御厨玉粒[18]正香，而欲观耒耜[19]；尚宫[20]锦衣方剪，而想像机丝[21]。当斯时也，披图一观，如获重宝矣!

年来著书一种，名曰《天工开物卷》[22]。伤哉贫也! 欲购奇[23]考证，而乏洛下之资[24]，欲招致同人，商略赝[25]真，而缺陈思之馆[26]。随其孤陋见闻，藏诸方寸[27]而写之，岂有当哉? 吾友涂伯聚[28]先生，诚意动天，心灵格物[29]，凡古今一言之嘉，寸长可取，必勤勤恳恳而契合[30]焉。昨岁《画音归正》[31]由先生而授梓。兹有后命，复取此卷而继起为之，其亦夙缘之所召哉! 卷分前后，乃“贵五谷而贱金玉”[32]之义。《观象》《乐律》二卷，其道太精，自揣非吾事，故临梓〔33〕删去。丐大业〔34〕文人，弃掷案头！此书于功名进取〔35〕毫不相关也。

时崇祯丁丑孟夏月，奉新宋应星书于“家食之问堂”〔36〕。

注释

〔1〕天工开物：天工，自然的力量，相对人工而言；开物，即利用自然力发明创造生产。

〔2〕天覆地载：指天下地上，即天地之间的意思。

〔3〕曲成而不遗：天地以各种方式创造万物，周到而不遗漏。语出《周易·系辞上》“曲成万物而不遗”。

〔4〕其与几何：与，语助词。几何是多少的意思。

〔5〕博物者：知识广博的人，能识辨许多事物。《汉书·楚元王传赞》：“博物洽闻，通达古今。”

〔6〕稠人：稠，密、多。稠人即众人。

〔7〕臆度“楚萍”：“楚萍”典故出自《孔子家语·致思篇》，说楚昭王渡江，见江中有又红又圆的如斗大物，群臣都不知为何物，楚昭王便派人去问孔子。孔子告知，说这是萍草的果实，可以吃的，这是一个好的兆头，只有霸主才能得到。事实上，这种萍草果实是没有的。

〔8〕釜：锅。　鬵：大锅。　范：铸造器物的模子。　鲜：少。　经：经历，接触。

〔9〕莒：春秋时国名，在今山东省莒县。　鼎：古代蒸煮或祭祀用的青铜器，有三足两耳的圆形鼎，也有四足长方形鼎。　莒鼎：据《左传》昭公七年记载，晋侯曾赐郑相子产莒之二方鼎，为莒国制造，离明代有两千多年。

〔10〕鬼魅：精怪。故事出自《韩非子·外储说左上》，说齐王问画工什么最难画，画工说狗和马最难画，又问什么最容易画，画工说鬼怪最容易画，因为狗和马人常见，画得好坏很容易识别，鬼怪是想象事物，没有好坏标准。

〔11〕郑侨：即公孙侨，春秋时郑国大夫，郑简公二十三年（前543）执掌国政，由于学识渊博，当时称其为“博物君子”。　晋华：即西晋时文学家张华，以博学著称，著有《博物志》。

〔12〕烈：功绩，作为。引申可作“典范”解。　为烈：当作模范。

〔13〕岭：指大庚、骑田、都庞、萌渚和越城五岭。　徼：边塞。　岭徼：泛指岭南（今广东）一带。

〔14〕蓟北：泛指今河北地区。

〔15〕夷产：南宋偏安江南，当时人们都把燕、秦、晋等地的物产看成异族的东西。

〔16〕互市：指我国古代不同民族之间进行的贸易活动。

〔17〕肃慎：又作息慎、稷慎。我国殷周时分布于黑龙江流域的一个部落，曾以木石制造的箭进贡给周成王，表示臣服。

〔18〕玉粒：最精的米饭。

〔19〕耒耜：我国最早出现的劳作用具，起源于新石器时代。《周易·易辞下》说"神农氏作，斫木为耜，揉木为耒"。最初，耒只是一段有弧度的树枝，耜是用兽类的骨头制作而成的，与土接触的部分是扁平的。时至战国，耒耜形制完善，外形接近现代的铁锹，耒指木柄部分，耜指起土部分。

〔20〕尚宫：宫廷中女官名，主要负责管理宫中内务。

〔21〕机丝：指纺织器具、材料。

〔22〕《天工开物卷》：初刻本书名为《天工开物卷》，清初刊行的杨素卿翻刻本删去卷字，改为《天工开物》，沿用至今。

〔23〕奇：不多见。通常工艺技术在古代被称作"奇技"，较先进的用具便称作"奇器"。

〔24〕洛下之资：语出《三国志·魏志·夏侯玄传》注引《魏略》记载蒋济的话："洛中市买，一钱不足则不行。"

〔25〕赝：假。赝品即假的东西。

〔26〕陈思：即陈思王曹植，曹操第三子。　陈思之馆：指曹植召文人谈诗论文的地方。

〔27〕方寸：心里。

〔28〕涂伯聚：即涂绍煃，字伯聚，江西新建县人。宋应星的同窗好友，万历乙卯年（1615）与宋应星同榜举人，己未年（1619）进士，历任都察院观政、南京工部主事等官职。宋应星的《画音归正》《天工开物》均由其资助出版。

〔29〕格物：语出《礼记·大学》："致知在格物，格物而后知至。"东汉郑玄注："格，来也；物，犹事也。"指推究事物的道理。

〔30〕契合：契，符合。契合指修订成书。

〔31〕《画音归正》：书名，宋应星著，是一本谈论文字、音韵的著述。今已佚。

〔32〕贵五谷而贱金玉：语见西汉法家晁错的《论贵粟疏》。意思是重视大众生活必需的农业生产，而轻视金银珠宝等奢侈物品。

〔33〕梓：一种木材，通常"梓"又指制作木器和雕刻成印书的板，所以发稿印书就有了"付梓""授梓"的叫法。

〔34〕丐：求。　　大业：大的事业。

〔35〕功名：指通过科举考试获得名利。　　进取：指升官。

〔36〕家食：《易经·大畜》中的典故。意思是自食其力，不靠官禄为生。　　家食之问堂：转义为以研究工农业技术谋生的学问，作者以此为书斋名，为的是表明其生存和著述的态度。

卷上

乃粒[1]　第一

宋子曰[2]：上古神农氏[3]若存若亡，然味其徽号[4]，两言[5]至今存矣。

生人不能久生，而五谷生之。五谷不能自生，而生人生之。土脉历时代而异，种性随水土而分。不然，神农去陶唐[6]，粒食[7]已千年矣；耒耜之利，以教天下，岂有隐焉？而纷纷嘉种，必待后稷[8]详明，其故何也？

纨裤[9]之子，以赭衣[10]视笠蓑[11]；经生之家[12]，以农夫为诟詈[13]。晨炊晚饷[14]，知其味而忘其源者众矣！

夫先农而系之以神，岂人力之所为哉！

注释

〔1〕乃粒：谷物，泛指粮食。取自《书·益稷》中的“烝民乃粒”。

〔2〕宋子曰：宋子是作者宋应星的自称，宋子曰即宋应星说。在该书的每卷开篇，均有一段论述作为引言来集中反映作者的思想和观点。

〔3〕神农氏：即炎帝，传说中古代农业和医学的创始人。《周易·系辞下》：“包牺氏没，神农氏作，斫木为耜，揉木为耒，耒耨之利，以教天下。”就是说神农氏制造工具，教民农业。

〔4〕徽号：赞美的称号。

〔5〕两言：指“神农”两个字。在这里宋应星摆出了自己的一个观点，即传说中的“神农氏”一词，从更确切的含义来体会，应该包括所有创始农业的先民。

〔6〕陶唐：传说中的尧帝。陶，古邑名，在今山东定陶县西北。相传尧初封于此地，后封于唐，故被称为陶唐氏。

〔7〕粒食：用谷子等作为食物。

〔8〕后稷：古代被祀为仅次于神农氏的农神，周族的始祖，名弃，善于种植各种粮食作物，在尧时被举为管农事的稷官，号称后稷。

〔9〕纨裤：细质绢丝做的裤子，通称华丽的衣服。

〔10〕赭衣：古代犯人穿的赭色衣服，引申为囚犯。

〔11〕笠蓑：笠，斗笠，用竹、藤、棕皮编的帽子；蓑，用灯草或棕毛制成的雨衣。此处代称劳动人民。

〔12〕经生之家：读书人。

〔13〕诟詈：辱骂。

〔14〕炊：烧火做饭。　　饷：以酒食款待。

注释者按

人类从纯粹的自然人到社会人的进步中，其经历艰苦而漫长。对于这个过程，华夏的先人留下了一些传说，那就是有巢氏、燧人氏、神农氏三代相传的故事。最初的人类，以洞穴为居，以草木果腹，以禽兽之皮为衣，他们不耕不织，饮血茹毛，史称“巢氏之民”；其后燧人氏燧木取火，使人类成为“知生之民”；而真正使人类在与自然环境的抗争中能够更好生存下去的人，便是神农氏。

据史料和传世绘画的描述，神农氏的形象为牛头人身，这大抵与牛在我国原始农业生产中的作用和地位有关。传说神农氏制造耒耜，教民顺应天时掌握地利，懂得百草播种五谷。中国重要农业著作《农书》中说：“神农氏，姜姓，母曰女登，感神龙而生，人身牛首。当时民食鸟兽血肉，天雨粟，神农遂制耒耜耕而种之，以教万民。后世粒食因之，以为百谷之祖，使世之以食为命者知所自也。”所以神农氏一直以来被奉为中国农业和医药业的始祖，也有说陶器也为神农氏所创始。

神农氏又被称为炎帝，是中国古代传说中最早的帝王之一。

清代著名画家吴承砚作品，所绘之形象就是神农氏。画中之神农，牛角牛眼，手持植物，口嚼草茎，披肩的毛发之晕染，极富有含义。

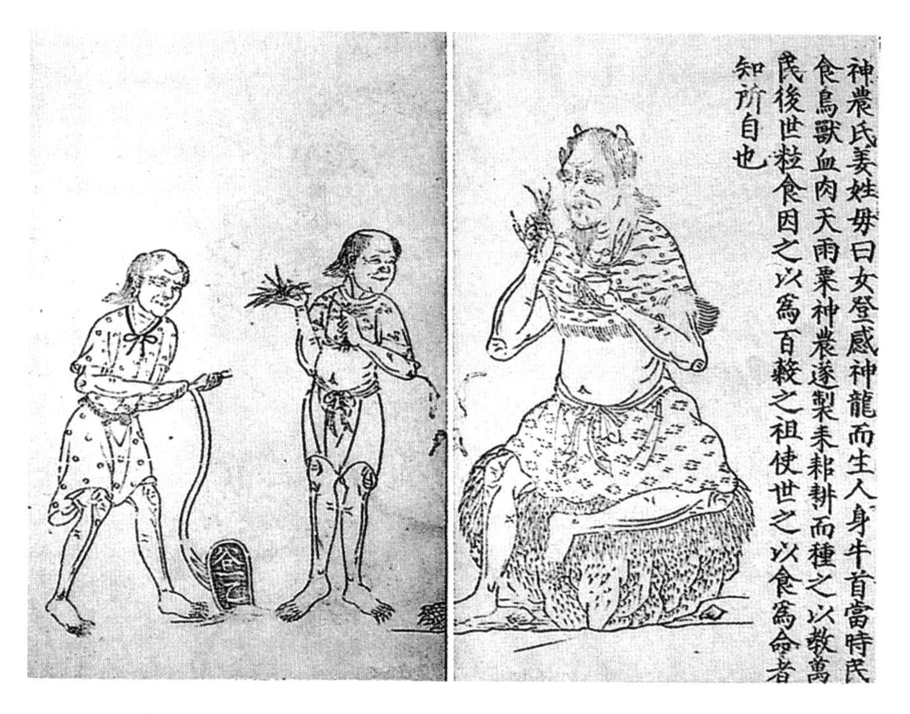

神農氏姜姓母曰女登感神龍而生人身牛首當時民食鳥獸血肉天雨粟神農遂製耒耜耕而種之以教萬民後世粒食因之以爲百穀之祖使世之以食爲命者知所自也

元代王祯《农书》书影：神农教稼图。图中所描绘的是神农正在教授他的部落人民如何辨识百草的场景。所谓神农尝百草，有辨识的意思，更有从野生植物中选择可以种植培育的食物种子的意思，其过程必定是艰难漫长的，起先恐怕是百谷并种，而后才发展到以种植五谷为主。

山东省嘉祥县武氏墓画像石拓片：神农执耒图。在我们讲到神农氏创造农业的故事中，这是一幅频繁出现的最好的图像资料。在武氏祠所绘的“神农执耒图”中，我们可以很清楚地看出神农氏所使用的是一柄双尖头的耒。

河姆渡遗址出土的骨耜实物照片。据《周易·系辞下》记载，“神农氏作，斫木为耜，揉木为耒”。从文字的描述我们不难判断，耒和耜实为同种功能、形制有所差异的农作用具。事实上，它们都是翻土工具。耒就是一根尖头或双尖头的木棒，这种东西我们在近代的少数民族地区还能够看到在延续使用。耒，一般情况下长约1米，直径约6厘米，尖头向下，上方绑一条横木，工作时脚只需踏住横木使耒尖插入泥土，再用力一撬即可松土了。耜则是在耒的基础上变棒尖为刃板，更接近铲形状态的农具。

河姆渡遗址出土的一组骨耜。河姆渡文化是我国长江下游地区的新石器时代文化的代表，时间大约为公元前5000年至公元前3300年，主要分布于杭州湾南岸的宁波绍兴平原，东抵舟山群岛一带。这些在浙江余姚河姆渡遗址发掘出来的骨耜，系用牛和鹿的肩胛骨制成，在骨耜的两侧中部多磨有一个凹槽，下端凿有两个间距2到3厘米的长孔，用于手柄的夹持和绳索的捆绑，其科学原理可以说等同于我们今天所使用的铁锹。除骨耜之外，木耜、石耜在我国南方地区和北方地区稍后均有出土，说明耒耜农具的使用范围之日常和普遍。

总名

凡谷无定名，百谷指成数〔1〕言。五谷〔2〕则麻、菽、麦、稷、黍，独遗稻者，以著书圣贤起自西北也。

今天下育民人者，稻居什七，而来、牟〔3〕、黍、稷居什三。麻、菽二者，功用已全入蔬、饵、膏、馔〔4〕之中，而犹系之谷者，从其朔〔5〕也。

注释

〔1〕成数：总数，整体。

〔2〕五谷：五种谷物，作者沿用了《周礼·天官》“疾医”郑玄注和《礼记·月令》等古书的说法，指的是“麻、黍、稷、麦、豆”，没有稻。

〔3〕来：小麦。　牟：大麦。

〔4〕饵：糕饼。　膏：油脂。　馔：食品。

〔5〕朔：农历每月初一称为朔。比喻开始。

稻

凡稻，种最多。不粘者，禾曰秔，米曰粳[1]；粘者，禾曰稌[2]，米曰糯（南方无粘黍，酒皆糯米所为）。质本粳而晚收带粘（俗名“婺源光”[3]之类），不可为酒，只可为粥者，又一种性也。

凡稻谷形有长芒、短芒（江南名长芒者曰“浏阳早”，短芒者曰“吉安早”），长粒、尖粒，圆顶、扁面不一。其中米色有雪白、牙黄、大赤、半紫、杂黑不一。

湿种[4]之期，最早者春分以前，名为社种[5]（遇天寒有冻死不生者）；最迟者后于清明。凡播种，先以稻麦稿[6]包浸数日，俟其生芽，撒于田中，生出寸许，其名曰秧。秧生三十日即拔起分栽。若田亩逢旱干、水溢，不可插秧，秧过期，老而长节，即栽于亩中，生谷数粒，结果而已。凡秧田一亩所生秧，供移栽二十五亩。

凡秧既分栽后，早者七十日即收获（粳有“救公饥”“喉下急”，糯有“金包银”之类，方语百千，不可殚述[7]）；最迟者历夏及冬二百日方收获。其冬季播种，仲夏[8]即收者，则广南[9]之稻，地无霜雪故也。

凡稻旬日[10]失水，即愁旱干。夏种冬收之谷，必山间源水不绝之亩，其谷种亦耐久，其土脉亦寒，不催苗也。湖滨之田，待夏潦[11]已过，六月方栽者，其秧立夏播种，撒藏高亩之上，以待时也。

南方平原，田多一岁两栽两获者。其再栽秧，俗名晚糯，非粳类也。六月刈[12]初禾，耕治老稿田[13]，插再生秧[14]。其秧清明时已偕早秧撒布。早秧一日无水即死，此秧历四、五两月，任从烈日暵[15]干无忧，此一异也。凡再植稻，遇秋多晴，则汲灌与稻相终始。农家勤苦，为春酒之需也。

凡稻旬日失水则死期至。幻出[16]旱稻一种，粳而不粘者，即高山可插，又一异也。

香稻一种，取其芳气，以供贵人。收实甚少，滋益全无，不足尚[17]也。

注释

〔1〕秔：粳的异体字。　粳（jīng）：粳米。我国水稻分为粳稻和籼稻两种类型。这里所说的粳稻，如今都被列入籼稻系列。

〔2〕稌（tú）：糯稻。

〔3〕婺（wù）源光：与后文浏阳早、吉安早均为以地方名命名的籼稻优良品种。

〔4〕湿种：浸泡稻种。

〔5〕社种：按节气在社日浸种。　社：社日，古代在立春、立秋后第五个戊日祭祀土地神，分别叫“春社”“秋社”。

〔6〕稿：植物的茎，这里指稻秆。

〔7〕殚述：尽述。　殚：尽。

〔8〕仲夏：农历五月。

〔9〕广南：今两广地区。

〔10〕旬日：一旬十日。

〔11〕夏潦：夏季雨水大的季节。

〔12〕刈（yì）：割，收获。

〔13〕老稿田：指收割了早稻的稻茬田。

〔14〕再生秧：即晚稻秧。

〔15〕暵（hàn）：曝晒。

〔16〕幻出：变换，变异。

〔17〕尚：崇尚，提倡。

注释者按

稻类是我国百姓食用比例最多的谷物，在所有的粮食作物中，较之麦类、豆类等，稻子的品种也是最多的，究其原因主要在于人类对于稻谷的认识和培育的历史之悠久。在河姆渡遗址中发现稻谷遗存，400多平方米的范围内，其厚度竟达到0.5到0.8米的高度，最厚处甚至超过了1米。经鉴定，其稻谷遗存主要属于栽培稻籼亚种晚形稻，数量之多，保存之完好，是新石器时代考古史中罕见的。

关于古时候人们的稻米耕种情况，比如插秧时的场景，我们现在当然是无法返回时空隧道去捕捉影像了，但可以肯定的是，在没有使用机械化工具之前，古人和今人应该是相似的。插秧看上去是一件极其有趣的事情，既像打仗，一刻不停不能耽误时辰，又像游戏，韵味十足的动作让人陶醉，再加上田埂上运送秧苗的竹篦子的悠荡伴和着村妇们的俏骂声，那真的是很有些诗情画意的。

这些碳化稻粒由河姆渡遗址出土，这是中国迄今发现的最早的稻谷遗存，也是世界上已知的最古老的人工栽培稻，出土时稻谷形状不仅完好，而且色泽金黄。仔细观察图中谷物，其壳上之麸芒依然可见。

大溪文化遗址出土的稻谷遗存。在新石器时代，整个长江中下游地区都出现了稻作生产。这是大溪文化遗址出土的稻谷，虽也已炭化，但仍然可以辨析水稻的根茎和稻谷外壳。

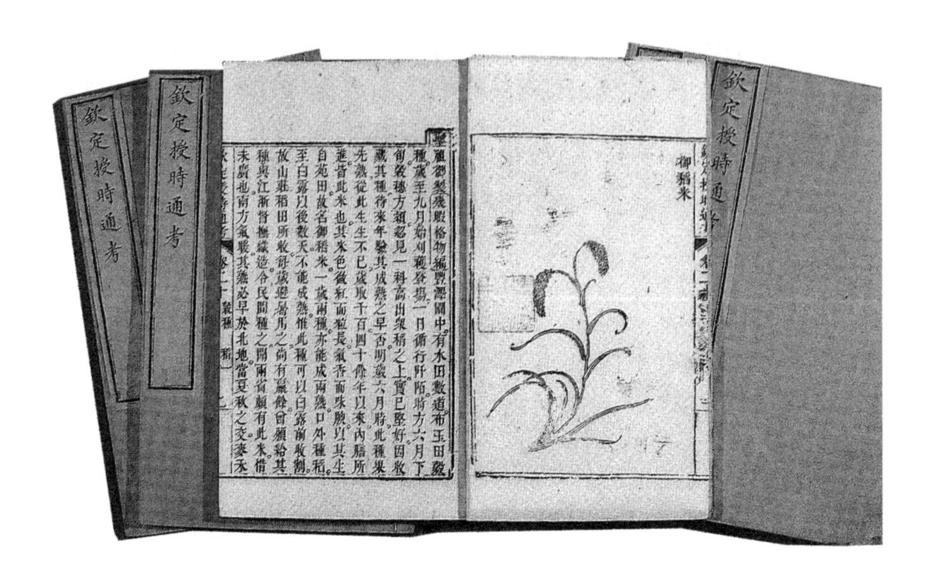

《钦定授时通考》书影。打开的这一页是该书中关于稻谷种子选取的记述。先人对于农作物的选种有着丰富的实践经验，比如：取麦种，折其穗大强者；取谷种，折其高而大者，等等。目前关于选种的最早记载可以推至汉代。

《耕织图》插图：浸种。稻种选好之后，在播种之前有一道非常重要的工序叫浸种。我国种子浸泡的工序始见于周朝，在西汉时就出现了现代的种子包衣的雏形。浸种的方法有多种，视地区和谷种的不同而有所差异。一般来说用清水浸种的方法最为普及，浸种的目的在于使种子能够充分吸收水分，发芽整齐，预防病虫害，这种浸种的方式今天仍然在沿用。

这是两张现代农民手工插秧的照片。事实上，插秧是一份艰苦的工作。在牛耕人种的劳作环境中，我们的祖先不得不保持“面朝黄土背朝天”的方式来耕作，然而人与自然的关系，在那个没有机械的时代，倒是显得简单和亲切得多。

现代广东省常用农具：竹箕、扁担、镰刀。稻谷的种植收获都要依靠这些工具。竹箕和扁担是农村劳作者最常用的用来挑运物品的农具，镰刀则用来刈禾。插秧时竹箕、扁担是运送秧苗的最主要工具，稻谷收成时每个农民都要准备好几把镰刀。这些工具简单而朴素，代代相传，至今没有太多的变化。

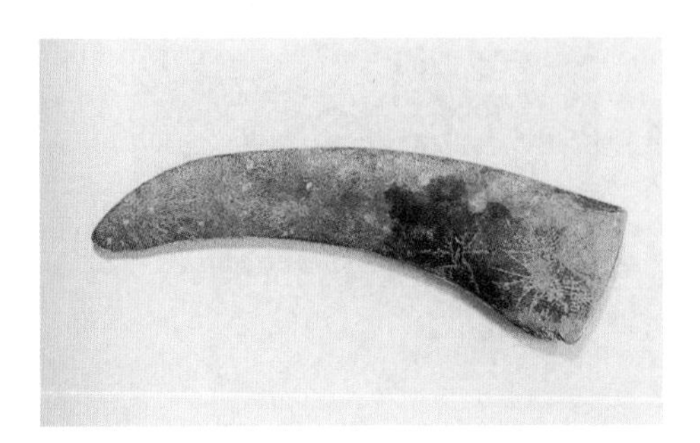

商周中期楚文化黄陂盘龙城遗址出土的石镰。

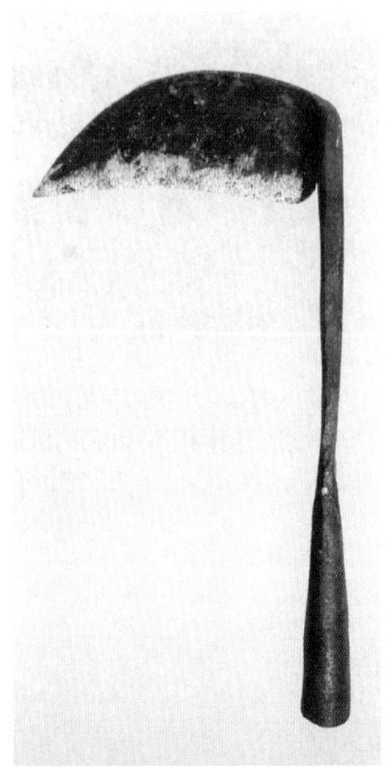

春秋晚期襄阳山湾2号、11号墓出土的铜镰。《农政全书·农器》中说："镰，刈禾曲刀也。……然镰之制不一：有佩镰，有两刃镰，有袴镰，有钩镰，有镰柌之镰。皆古今通用芟器也。"照片中的石镰和铜镰，其外形、尺寸与我们现在农村的镰刀基本相似。

这是一张苏州近代秧凳的实物照片。所谓秧凳，就是插秧时用的小板凳，因其有必须能够在泥水中作业的要求，所以决定了它的样子是如此的特别。坐秧凳必须骑跨，秧凳底板形制的前窄后宽、前翘后平主要是为了防止泥块阻碍器物的浮动滑行，在拔秧和插秧时，劳作者可以坐在上面轻松地前行后退，省时省力，还减轻工作强度。秧凳俗称秧马。

稻宜[1]

凡稻，土脉焦枯[2]，则穗实萧索[3]。勤农粪田[4]，多方以助之。人畜秽遗[5]，榨油枯饼（枯者以去膏而得名也。胡麻、莱菔子为上，芸苔次之，大眼桐又次之，樟、桕[6]、棉花又次之），草皮、木叶，以佐[7]生机，普天之所同也（南方磨绿豆粉者，取溲浆[8]灌田肥甚。豆贱之时，撒黄豆于田，一粒烂土方三寸，得谷之息[9]倍焉）。

土性带冷浆者[10]，宜骨灰蘸秧根（凡禽兽骨），石灰淹苗足[11]。向阳暖土不宜也。

土脉坚紧者，宜耕垄，叠块压薪[12]而烧之。埴坟[13]松土不宜也。

注释

〔1〕稻宜：指稻田的施肥和土壤改良。

〔2〕焦枯：指土地贫瘠。

〔3〕萧索：没有生气，指植物长得不好。

〔4〕粪田：指给田地施肥。

〔5〕秽遗：粪便。

〔6〕胡麻：芝麻。　莱菔子：萝卜子。　芸苔：油菜。　大眼桐：油桐。　樟：樟树。　桕：乌桕。

〔7〕佐：辅助、帮助。

〔8〕溲浆：做绿豆粉滤出的浆水，可作肥料。

〔9〕息：利息。这里指增加粮食谷物产量。

〔10〕冷浆：土温较低的稻田。

〔11〕苗足：秧苗的根。

〔12〕薪：柴草。

〔13〕埴坟：埴土是黏土，坟是壤土。细砂和黏土含量比较接近的土壤，土粒粗大而疏松，没有过黏过燥的现象，能保水、保肥，适合种植各种植物。

注释者按

从汉代开始，中国就有“农，天下之本”的看法，土地是国家的根本、百姓的根本。由此，土地改良自然便成为中国农业劳作理论中最为精华的思想之一，修水利、勤肥田、精耕细作保障的是农民们来年有个好的收成。肥田也是有诸多学问的，现在用化肥，自然要懂得其成分、比例、一亩田要施以多少公斤数等，而过去的有机肥田，其中的门道也是大了去了。

近代江苏铁锴。江南地区多水草，水草是极好的沤肥原料。这里的两把铁锴，柄以竹竿制，锴头是铁制的10齿头，是苏南人捞取河塘中水草的农具。另有一种4齿头的铁锴，也可以捞草，但多半是用来翻地、松土的。齿头数不一样，尺寸就不一样，斤两当然也是不一样的，使一使就知道哪个便当，哪个不便当了。

英国维多利亚阿伯特博物馆收藏的1790年间的纸本水彩画：拾粪图。画中人物正在拾粪，其工具的形制与上图相似，但尺寸短矮许多，所以需要弯腰劳作。

英国维多利亚阿伯特博物馆收藏的1790年间的纸本水彩画：倒屎图。说是倒屎，实则挑粪、运粪的意思。农村的粪桶一般都有盖子，以防气味四溢，无盖者多为水桶，当然粪桶、水桶的样子也是有些差别的。有粪桶就应该伴有粪勺，粪勺多长柄，勺头大而深，多为木制。担粪时勺多置于桶内，同图中所绘一致。

英国维多利亚阿伯特博物馆收藏的1790年间的纸本水彩画：施肥图。中国的农田越种越肥得益于祖先对于施肥技术的认识和把握。先秦时人们就开始合理运用肥料，除人畜粪便之外，草木灰、骨粉、豆饼、石灰、硫磺、熏土等都逐渐用来改造土壤，并且按照时节、地段和作物的需要，将肥料分为不同的类型，即我们现代所说的基肥、种肥和追肥等。

现代江南木耙。这是一件捞草木耙，耙头木制，有16齿，外形如木梳，柄以竹竿制成。打捞水草时，河塘边沿的草直接持柄用耙头捞出就行，但河塘中央水草的打捞，常常需要对准目标将木耙扔过去，为了能让耙头沉下水去缠牢草茎，要绑两块砂石以抵消浮力，麻绳的作用是弥补竹柄的长度，用绳子慢慢地将钩住水草的木耙拖至岸边，弯腰伸臂抓住柄竿，用力拖拉，大团水草就打捞出来了。这种情景在20世纪70、80年代的苏南农村还能经常看见。

现代江苏拾粪工具。植物的根茎是肥田的好原料，人畜的粪便也是极好的肥料。人的粪便容易保留，因为农人家家都有粪坑，而农村的家畜却时常是满田地跑的，所以就有老人、孩子会去捡畜粪。这是一套现代江苏苏南农村的拾粪工具，三支头的竹簸箕和铁头4齿竹柄“狗屎耙”。农具的尺寸很高，捡拾时不用弯腰，簸箕还可以肩背，闲置时可以站立，方便而省力。

稻工[1]　耕　耙[2]　磨耙　耘耔[3]

凡稻田刈获不再种者，土宜本秋耕垦，使宿稿[4]化烂，敌[5]粪力一倍。或秋旱无水及怠农春耕，则收获损薄也。凡粪田若撒枯浇泽[6]，恐霖雨[7]至，过水来，肥质随漂而去。谨视天时，在老农心计也。

凡一耕之后，勤者再耕三耕，然后施耙，则土质匀碎，而其中膏脉释化[8]也。凡牛力穷者，两人以杠悬耜，项背相望[9]而起土。两人竟日，仅敌一牛之力。若耕后牛穷，制成磨耙，两人肩手磨轧，则一日敌三牛之力也。

凡牛，中国惟水、黄两种。水牛力倍于黄，但畜水牛者，冬与土室御寒，夏与池塘浴水，畜养心计亦倍于黄牛也。凡牛春前力耕汗出，切忌雨点，将雨则疾驱入室。候过谷雨[10]，则任从风雨不惧也。

吴郡[11]力田者以锄代耜，不借牛力。愚见贫农之家，会计[12]牛值与水草之资，窃盗死病之变，不若人力亦便。假如有牛者，供办十亩，无牛用锄而勤者半之，既已无牛，则秋获之后，田中无复刍[13]牧之患，而菽、麦、麻、蔬诸种，纷纷可种。以再获偿半荒之亩，似亦相当也。

凡稻分秧之后数日，旧叶萎黄而更生新叶。青叶既长，则耔可施焉（俗名挞禾）。植杖于手，以足扶泥壅根[14]，并屈宿田水草，使不生也。凡宿田茵草[15]之类，遇耔而屈折，而稊、稗与荼、蓼[16]非足力所可除者，则耘以继之。耘者苦在腰手，辩［辨］在两眸[17]，非类既去，而嘉谷茂焉。从此泄以防潦，溉以防旱，旬月而“奄观铚刈”[18]矣。

注释

〔1〕稻工：稻田耕作和田间管理。

〔2〕耕耙：用犁把田里的土翻松叫耕，把耕过田里的大土块弄碎弄平叫

耙，耙有钉齿耙和圆盘耙等。耕田时牛拉着犁，农夫在后扶着犁把，耕土的深浅在于扶犁人犁头向下向上的不同着力。耙土则是农夫站在耙上以加重压力，驱赶着耕牛将土耙细。

〔3〕耘耔：田地里除草叫耘田。有春耕、夏耘、秋收、冬藏之说。向禾苗根部壅泥培土叫耔。

〔4〕宿稿：指收割后留在稻田里的稻茬。

〔5〕敌：等同，相当。

〔6〕撒枯浇泽：施干肥和浇稀粪。

〔7〕霖雨：久雨。《左传·隐公九年》："凡雨，自三日以往为霖。"

〔8〕膏脉释化：肥料均匀地分散开。

〔9〕项背相望：前后相顾，古成语，这里指两个人一前一后共同犁田的情况。

〔10〕谷雨：二十四节气之一。谷雨前后，一般天气转暖，雨量也较以前增加。

〔11〕吴郡：今江苏苏州一带。

〔12〕会计：合计。

〔13〕刍：喂牲口的草。

〔14〕壅根：用泥土或肥料培育植物的根部。

〔15〕茵草：指稻田的一种杂草，别称水稗子，一年生草本植物，叶子像稻，果实像黍米。其果实可以酿酒或做饲料。有时也当作一种作物来栽培。

〔16〕稊、稗、荼、蓼：都是稻田的水生杂草。

〔17〕眸：指眼睛。

〔18〕奄：同。　铚：古代一种短小的镰刀。　奄观铚刈：同去观看开镰收割。语出《诗经·周颂·臣工》："奄观铚艾。""艾"同"刈"。

注释者按

中国的农业自古就推崇"精耕细作"的理论学说，这些思想大约在春秋战国时期就已经被提了出来，至唐宋年间逐渐成熟。精耕即深耕，是指农田在耕作后、播种前的一系列田间工作程序，比如耕、耙、耖、耘、耔等。细作是指选种、浸种、播种的合理操作，以及播种之后、收获之前的田间管理，比如及时耔草灌溉、足量施肥、不同农作物的轮作和间作等。

中国古代的农业与世界其他国家及地区的农业相比是早熟的，也是先进的，这不仅反映在中国农业耕种的思想中，同时更反映在农具的演进发展中。《论语·卫灵公》中有这样一句话，"工欲善其事，必先利其器"，中国古代农具从耒耜到犁具的演变，使得生产力大大地向前跨了一步。

关于“犁”字的考证，我们在商代的甲骨文中已经找到，它是由“牛”和“耒”两个字组合，这就自然地对应了牛耕与耒耜劳作的关系，阐明了犁具的由来。犁的发明据传说是在尧舜禹时代，这大抵就是人拉石质犁或者木犁的时期。之后，战国时出现了铁犁，汉代普遍使用二牛抬杠式耕犁，唐代有了水犁，宋之后至明代，犁具与现代犁具几近相似。

这是4件水田犁的实物图片，自上至下分别是贵州省凯里、陕西省洋县、云南省蒙自县、海南省文昌县的犁田工具，其形制大同小异。关于犁的几个主要部位，在图中我们都可以清楚地看到。所谓的犁铧，就是耜冠处一块延伸外接的刃板，它是耕犁挖土的锋口，多以金属打造而成，处在犁与地面接触的最前端，需要承受最大的冲击力和摩擦力，所以极其锋利。通常铧的前端呈锐角，前低后高，中部的上侧面有凸出的脊梁，以便更容易入土和翻土。犁铧上端的部件叫犁壁，这是一种复合装置，起挤压破碎泥块草茎、翻转土壤的作用。犁辕是连接耕牛和犁具，起受力和牵引作用的主要部位，起先它是长而直形的，宋元时由于牛套的使用，致使辕变弯变曲，我们称之为曲辕犁。曲辕犁一直沿用至今。犁辕和犁箭的结合处是可以活动的，为的是可以调节耕地时的深浅。在这里需要说明的一点是，水田犁与普通犁的差异主要是在于犁壁的造型，无论是菱形、叶形还是瓦形等，均是因地制宜而后成的。中国地域广阔，水田、旱田、坡田、梯田，因需求不同，犁形的细微区别也就显现了出来。

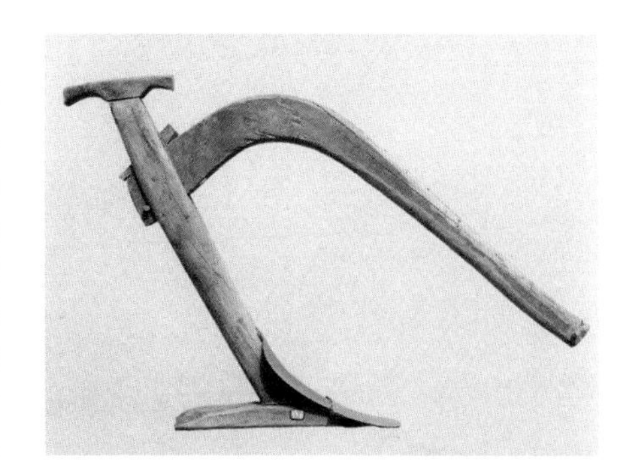

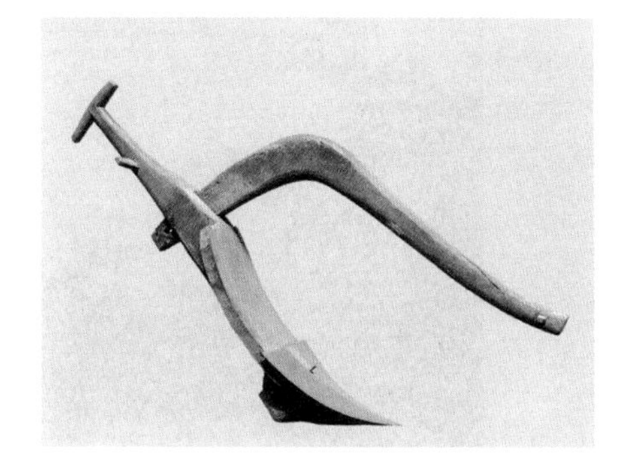

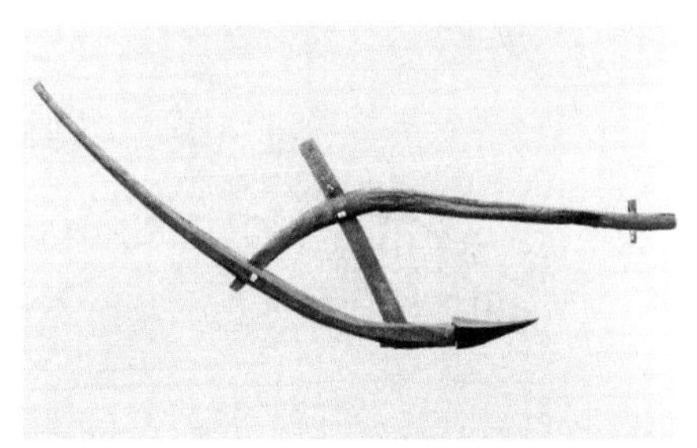

耕。《天工开物》插图。图中所描绘的是农人犁田的场景：牛在前牵引作为动力，人随后扶犁行进，以掌握方向、速度和犁耕深度。由于畜力的使用加上犁具中犁铧、犁壁（又称犁镜、犁面）、犁辕、犁箭（又称犁柱）、犁梢以及犁床（又称犁底）等部位的科学演进，用犁具大面积翻土松地，显然比起用耒耜的时代是省时省力得多。陆龟蒙在《耒耜经》中就这样解释道："犁，利也。"他的这种说法说明了力学对于犁具发展的贡献。

耙。《天工开物》插图。耙主要是指农田耕后的进一步松土和除草，耙有平耙和滚耙等形制，器具形制以带齿为特征。图中的耙面积较大，耙齿朝下，人可以站立在耙上操作，既省了力气又帮助增加耙的力量，结构平稳牢固。

这是一张现代农民耙地的照片，图中所显示的耙具是一件滚耙，形制较长，由双牛牵引。

这是新疆维吾尔自治区的木砺礋，农民用来在水田中耙地的工具，作用与滚耙一样，当它滚动时可以破碎淤泥，带动残留的根茎，将其翻入泥土中作为肥料。

耖是指水田播种之前的碎土和平整土地工作。耖田者很需要技术，这是一个全靠人的手力来控制入土深度的活，泥地高的地方耖必须插入深一点，但又不能太深，否则牛就拉不动，泥地低的地方耖就要抬高一些，但又要小心不能向前刺到牛的后脚，所以一般人不好掌握。

这件耖具是现代云南省麻栗坡县的农具，木制，共9齿，以畜力牵引。

现代云南省丽江地区的三齿耙。其形制和作用与江南的铁锴一样，这种耙具主要用于河边地角等小面积的手工劳作，前齿翻地，耙跟松土，简易而方便。

现代江苏省无锡市农村的稻田手工除草工具：塥耙，其形状如木屐，下侧一面布有铁钉，耙头很有力，柄与耙头呈40度角捆绑，这是出于力学上的考虑。

耘。《天工开物》插图。耘是一种中耕方式，是指播种之后、收割之前的一种田间管理方式。我们有句老话叫作“春耕夏耘秋收冬藏”，所谓耘田就是锄草的意思。因为是在中耕期间劳作，所以基本上很少借助工具，多以手拔杂草。

耔。《天工开物》插图。耔就是指向禾苗根部壅泥培土。通常耘耔在劳作中是同时进行的，手用来耘，脚用来耔。因为水田中泥土稀滑，所以耔时农人必须借助手杖的支撑来工作。

稻灾

凡早稻种，秋初收藏，当午晒时烈日火气在内，入仓廪[1]中关闭太急，则其谷粘带暑气（勤农之家偏受此患）。明年田有粪肥，土脉发烧，东南风助暖，则尽发炎火[2]，大坏苗穗。此一灾也。若种谷晚凉入廪，或冬至数九天[3]，收贮雪水、冰水一瓮[4]（交春即不验），清明湿种时，每石[5]以数碗激洒，立解暑气，则任从东南风暖，而此苗清秀异常矣（祟[6]在种内，反怨鬼神）。

凡稻撒种时，或水浮数寸，其谷未即沉下，骤发狂风，堆积一隅。此二灾也。谨视风定而后撒，则沉匀成秧矣。

凡谷种生秧之后，妨（防）[7]雀鸟聚食。此三灾也。立标飘扬鹰俑[8]，则雀可驱矣。

凡秧沉脚[9]未定，阴雨连绵，则损折过半。此四灾也。邀[10]天晴霁[11]三日，则粒粒皆生矣。

凡苗既函[12]之后，亩土肥泽连发，南风熏热，函内生虫（形似蚕茧）。此五灾也。邀天遇西风雨一阵，则虫化[13]而谷生矣。

凡苗吐穑[14]之后，暮夜鬼火[15]游烧。此六灾也。此火乃朽木腹中放出，凡木毋（母）火子，子藏毋（母）腹，毋（母）身未坏，子性千秋不灭。每逢多雨之年，孤野墓坟，多被狐狸穿塌。其中棺板为水浸，朽烂之极，所谓毋（母）质坏也。火子无附，脱毋（母）飞扬。然阴火不见阳光，直待日没黄昏，此火冲隙而出，其力不能上朁（腾）[16]，飘游不定，数尺而止。凡禾穑叶遇之，立刻焦炎。逐火之人，见他处树根放光，以为鬼也，奋梃[17]击之，反有鬼变枯柴之说。不知向来鬼火，见灯光而已化[18]矣（凡火未经人间灯传者，总属阴火，故见灯即灭）。

凡苗自函活以至颖栗[19]，早者食水三斗，晚者食水五斗，失水即枯（将刈之时少水一升，谷数虽存，米粒缩小，入碾臼[20]中亦多断碎）。此七灾也。汲灌之智，人巧已无余矣。

凡稻成熟之时，遇狂风吹粒殒落，或阴雨竟旬，谷粒沾湿自烂。此八灾也。然风灾不越三十里，阴雨灾不越三百里，偏方厄难[21]，亦不广被。风落不可为。若贫困之家，苦于无霁，将湿谷升（盛）于锅内，燃薪其下，炸去糠膜[22]，收炒糗[23]以充饥，亦补助造化之一端矣。

注释

〔1〕廪：粮仓。

〔2〕炎火：一种赤枯病，指稻瘟病。

〔3〕冬至数九天：我国民间习惯，从冬至起，每九天为"一九"到"九九"为止，共八十一天，是一年中最寒冷的时期，称为"数九寒天"。

〔4〕瓮：一种腹部较大的陶制盛器。

〔5〕石：我国旧时的计量单位，十升为一斗，十斗为一石。

〔6〕祟：原指古人迷信的鬼怪害人。引申为灾祸。

〔7〕妨（防）：防备，预防。

〔8〕鹰俑：假鹰。　俑：古代殉葬的偶像，一般是陶制，也有木雕或石雕的。

〔9〕沉脚：指秧苗生根，扎根。

〔10〕邀：求得，希求。

〔11〕霁：雨后或雪后转晴。

〔12〕既函：指水稻返青，开始长出叶片、茎秆。

〔13〕虫化：指如遇西风雨，螟虫活动可得抑制或者死亡。

〔14〕吐穑：抽穗。稻麦等禾本科植物的花或果实聚生在茎的顶端，叫作穗。

〔15〕鬼火：实为磷火。尸体腐烂后由骨殖分解出来的磷化氢，在空气中会自行燃烧发光，火焰呈淡绿色，夜间在野地坟堆多处时能见到，旧时迷信认为是鬼火。当时还未能解释这个道理。鬼火烧禾实际上是高温干旱天气的一种稻瘟病。

〔16〕腾：升腾，上升。

〔17〕梃：棍棒。

〔18〕化：即化了，灭了。"见灯光而已化"是一种错觉，磷火一般是短波光，而灯光、阳光含有大量的长波光，因此，人的感觉就只见灯光而不见磷

光，在阳光下就更看不见磷光了。

〔19〕函活：指秧苗返青，开始长出新叶。　颖栗：禾穗繁硕。

〔20〕碾：也叫碾子。轧碎谷物或去掉谷物皮的石制工具，由圆柱形的碾砣和承担碾砣的碾盘组成，旧时农家都靠这种工具碾米。　臼：舂米的器具，用石头或木头制成的一种倒置的圆锥体，中部凹空以存谷物。

〔21〕偏方厄难：范围不大的局部灾难。

〔22〕糠膜：稻、麦、谷子等作物经碾磨后籽实上脱下来的皮或壳。

〔23〕糗：古代指干粮、炒熟的谷物。

水利　筒车[1]　牛车[2]　踏车[3]　拔车[4]　桔槔[5]

凡稻妨（防）旱借水，独甚五谷。厥土沙、泥、硗、腻[6]，随方不一，有三日即干者，有半月后干者。天泽[7]不降，则人力挽水以济。

凡河滨有制筒车者，堰陂障流[8]，绕于车下，激轮使转，挽水入筒，一一倾于枧[9]内，流入亩中。昼夜不息，百亩无忧（不用水时，拴木碍止，使轮不转动）。

其湖池不流水，或以牛力转盘，或聚数人踏转。车身长者二丈，短者半之，其内用龙骨拴串板，关水逆流而上。大抵一人竟日之力，灌田五亩，而牛则倍之。

其浅池、小浍[10]，不载长车者，则数尺之车，一人两手疾转，竟日之功，可灌二亩而已。

扬郡[11]以风帆数扇，俟[12]风转车，风息则止。此车为救潦[13]，欲去泽水，以便栽种，盖去水非取水也，不适济旱。用桔槔、辘轳[14]，功劳又甚细已。

注释

〔1〕筒车：水田的一种引水工具，它的水轮用木或竹制成，置于有流水的河边，轮受流水冲击而转动，轮的周围带有竹或木制的盛水筒，筒在水中盛水后，随轮转至上方，水自动倾入槽内，顺水槽流入农田。“高转筒车”则要有水牛和岸上两个水轮同时转动才能引水入田。

〔2〕牛车：一种用牛拉动水车的引水工具，水车一般木制，置在河边，由岸上方形的车座和圆形带齿轮的转盘组成，架在水中和岸边的为槽，另有带齿轮的横轴连接水车和槽，槽内有木制连接的串板，俗称“龙骨”，耕牛拉动转盘把水引入农田。

〔3〕踏车：又称翻车、龙骨水车，一种旧时的依靠人力的引水机具。架在岸上的横轴左右有踏脚，上方架有扶手的横木，人伏在横木上，双脚走路似的转动横轴，横轴中部的木齿轮则带动槽内的龙骨，水可引上。这种水车，人力

少时一两人踏，有劳力时可四五人一起踏。

〔4〕拔车：一种木制的短槽，一人用双手转动摇把的水车。

〔5〕桔槔：也称“吊杆”。一种原始的利用杠杆原理的提水工具，春秋时代已经应用，用一横木将其中部支着在木柱上，一端用绳挂一水桶，另一端系重物，用人力使两端上下运动以汲取井水。据文献记载，西方使用这类工具，比我国要迟一二百年。

〔6〕厥：其。　　硗：坚硬瘠薄的土壤。　　腻：肥沃的土壤。

〔7〕天泽：雨水。

〔8〕堰陂障流：筑堤以阻挡水流。　　堰：挡水的堤坝。　　陂：圩岸，山陂。

〔9〕枧：水槽。

〔10〕浍：田间的水沟。

〔11〕扬郡：今江苏扬州地区。

〔12〕俟：等待。

〔13〕潦：雨水大。

〔14〕辘轳：我国古时汲取井水的一种工具。井上竖立支架，上面装有可用手柄摇转的横轴，轴上绕绳索，一端系水桶。摇转手柄，使水桶起落，汲取井水。我国北方农村仍有这种古老的提水工具。

注释者按

中国古代农业的水利灌溉主要经过了这样的几个时期：史前是抱瓮灌溉；春秋战国时期普遍使用桔槔；汉代开始有各种翻车被发明出来，这类翻车主要是龙骨车，依靠人力畜力来发动；至唐宋出现了筒车，以流动的水源作为动力，并且可以做到低水高送，提高了灌溉的功效；元明以后，水车的基本结构没有太多的变化，只是轮轴的形制更为复杂，由单组齿轮向双组甚至多组齿轮发展。

对于翻车的文献记载很多，除《天工开物》外，《农书》《农政全书》《鲁班经》等书中都有较为详尽的记述。虽然翻车因其动力有别而名称繁多，外形也有差异，但主体车身部位是相似的。王祯《农书·农器图谱·灌溉门》中关于人力脚踏式翻车的描述可以使我们对从古代沿用至今的这种转轮提水机械的基本形制有所了解。书中说：“其车之制，除压栏木及列槛桩外，车身用板作槽，长可二丈，阔则不等，或四寸至七寸，高约一尺。槽中架行道板一条，比槽板两头俱短一尺，用置大小轮轴，同行道板上下通周以龙骨、板叶。其在上大轴两端，各带拐木四茎，置于岸上木架之间。人凭架上踏动拐木，则龙骨、板随转，循环行道板刮水上岸。”筒车则是另外一种形式的引水工具，以水轮和盛水筒为特征。另外，牵车、牛转水车、风车、高转水车等，都是在翻车和筒车的基本形制上因地制宜的改进。

可以说，水车的发明和使用，是中国农业机械史上的革命，它使水田的大面积连续浇灌和抽取田中积水成为可能。

踏车。《天工开物》插图。踏车是旧时依靠人力的一种引水机具，架在岸上的横轴左右有踏脚，上方架有扶手的横木，人伏在横木上，双脚走路似的转动横轴，横轴中部的木齿轮则带动槽内的龙骨，水便可以被引到渠中。这种水车，人力少时一两人踏，有劳力时可四五人一起踏，人多动力就大，但操作动作是必须要保持一致的。

拔车。《天工开物》插图。其原理与踏车一样，只是动力由脚踏变为手动控制。通常它的槽体不会太长，一人或两人用双手转动摇把。因其用手牵引作为动力，所以很多地区又称其为牵车。

近代江苏吴县牵车。牵车是一种小型的水利工具，它的优点在于结构简单、形制轻巧，搬运起来很方便，所以最适合近水低田的小面积稻田的使用。

牛车。《天工开物》插图。牛车又叫牛转水车，是一种用牛拉动水车的引水工具。车体多为木制，置于河边，工作时，其关键在于车座和圆形齿轮间力的传输：通常是，牛牵引的动力带动中柱齿轮的转动，再传输给中轴齿轮，带动龙骨、刮水板，从而引水入田。

近代江苏吴县牛车。《农政全书·水利》中载：“牛转翻车，如无流水处车之，其车比水转翻车卧轮之制，但去下轮置于车旁岸上，用牛拽转轮轴，则翻车随转，比人踏功将倍之。”这件牛车与描述是相似的。

这是江苏南通地区的一部闲置着的牛转翻车，我们可以很清楚地看到转盘和车体。通常情况下牛转翻车都有凉棚，工作时可以为牛遮阳，闲置时可以更好地保护器具。

筒车。《天工开物》插图。对于筒车，《农政全书·水利》载："筒车，流水筒轮。凡制此车，先视岸之高下，可用轮之大小，须要轮高于岸，筒贮于槽，方为得法。"筒车是一种要在水流急速的情况下才能充分运作的灌溉农具，其工作原理是，轮受流水冲击而转动，轮的周围带有竹或木制的盛水筒，筒在水中盛水后，随轮转至上方，水自动倾入槽内，流入农田。常见于山区农村。

现代云南省麻栗坡县筒车实物照片。

现代江苏吴县风车。风车又名顺风车，是一种借助风力转动风帆，再传送力量至刮水板，将水从河道中提取的灌溉工具。这种风车一般用在水面与堤岸落差小、河水平缓的地区。

高转筒车。《天工开物》插图。高转筒车是在筒车的基础上发展起来的。关于它的样式和工作原理，王祯《农书》中有详细的描述："高转筒车，其高以十丈为准，上下架木，各竖一轮，下轮半在水内，各轮径可四尺。轮之一周，两旁高起，其中若槽，以受筒索。其索用竹，均排三股，通穿为一，随车长短，如环无端。索上相离五寸，俱置竹筒。筒长一尺，筒索之底，托以木牌，长亦如之。通用铁线缚定，随索列次，络于上下二轮。复于二轮筒索之间，架刳木平底行槽一连，上与二轮相平，以承筒索之重。或人踏，或牛拽转上轮，则筒索自下兜水循槽至上轮，轮首覆水，空筒复下。如此循环不已……"图中所示的高转筒车是以水作为动力的。

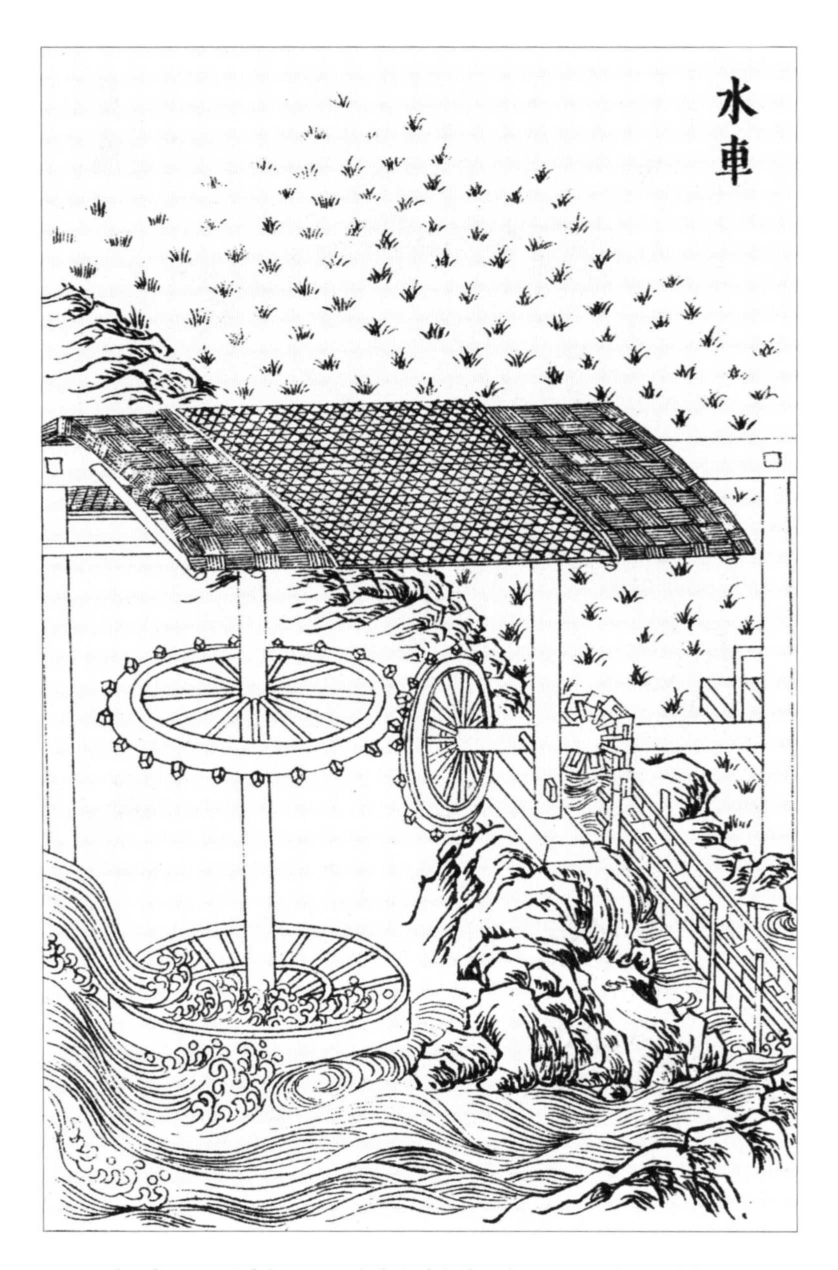

水车。《天工开物》插图。以水作为动力的翻车，结构与牛转翻车相似，中柱上有两个转盘，完全依靠水的推动通过齿轮传力。

桔槔。《天工开物》插图。桔槔也称“吊杆”，是一种古老的提水工具，春秋时就已经应用，它利用杠杆原理，用一根横木将其中部支着在木柱上，一端用绳挂一水桶，另一端系重物，再靠人力使两端上下运动以汲取井水。据文献记载，西方使用这类工具，比我国要迟一二百年。

辘轳。《天工开物》插图。辘轳也是一种古老的汲取井水的工具，发明年代没有确切记载，但西汉壁画中已出现这种器具。其原理相对简单，主要是通过滑轮来改变力的方向。现在，我国农村还有不少地区仍在沿用这种取水方式。

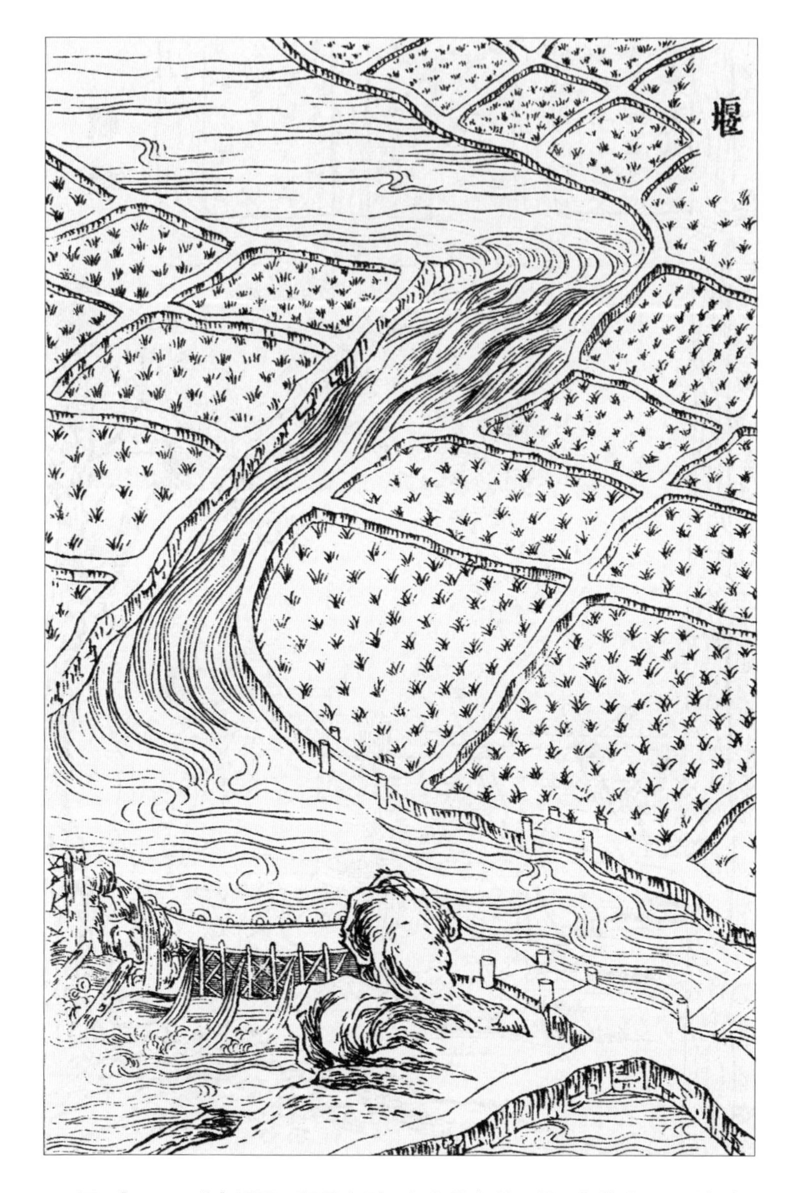

堰。《天工开物》插图。堰是大型而复杂的水利工程，它的功用可以解决一个地区的旱涝问题，堰可以储蓄水源、改道水流，可以引水、泄洪，还可以排沙、调节水量等。我国古代著名的水利工程留存至今的有四川的都江堰、浙江的它山堰等。

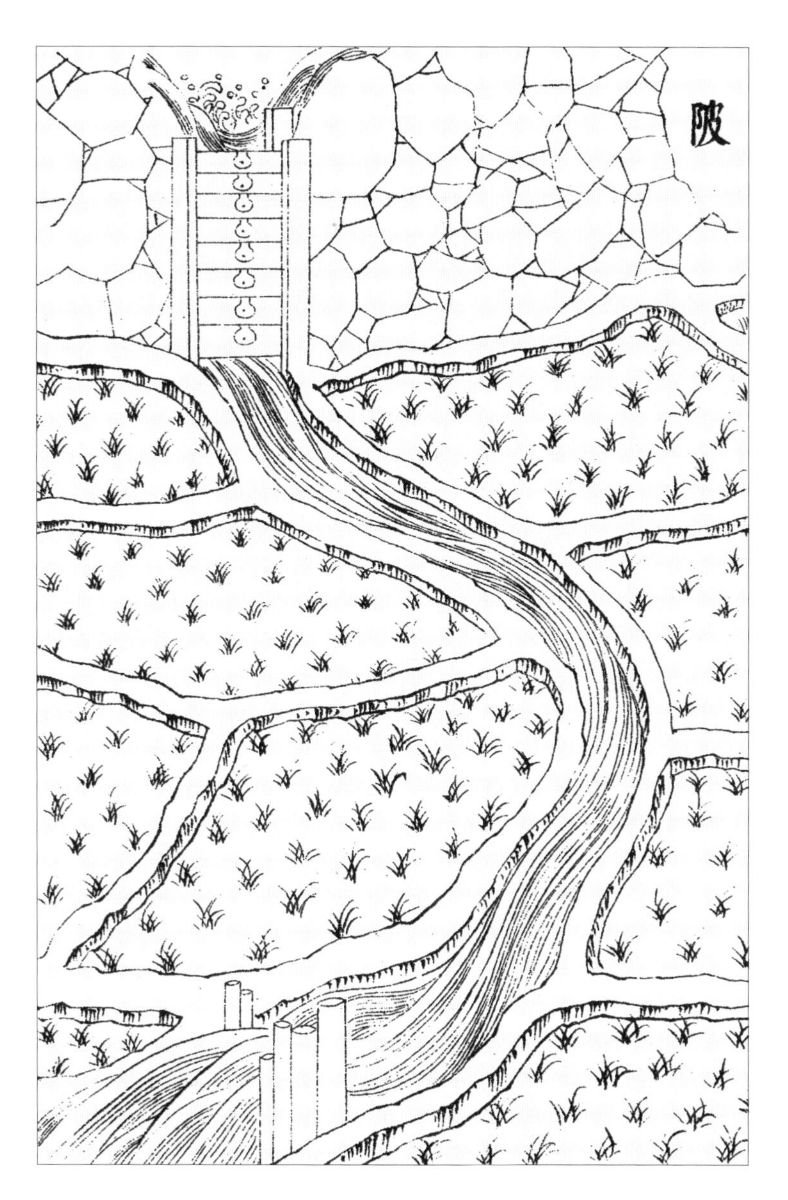

陂。《天工开物》插图。陂，水坝的一种，主要是通过提高水位来改变部分水流的方向。

麦

凡麦有数种。小麦曰来，麦之长也；大麦曰牟，曰穬[1]；杂麦曰雀，曰荞[2]。皆以播种同时，花形相似，粉食同功，而得麦名也。

四海之内，燕、秦、晋、豫、齐、鲁诸道[3]，烝[4]民粒食，小麦居半，而黍、稷、稻、粱仅居半。西极川、云，东至闽、浙、吴、楚[5]腹焉，方长六千里中，种小麦者，二十分而一，磨面以为捻头、环饵、馒首、汤料之需，而饔飧[6]不及焉。种余麦者，五十分而一，闾阎作苦[7]以充朝膳，而贵介[8]不与焉。穬麦独产陕西，一名青稞，即大麦，随土而变。而皮成青黑色者，秦人专以饲马，饥荒人乃食之（大麦亦有粘者，河洛[9]用以酿酒）。雀麦细穗，穗中又分十数细子，间亦野生。荞麦实非麦类，然以其为粉疗饥，传名为麦，则麦之而已。

凡北方小麦，历四时之气，自秋播种，明年初夏方收。南方者种与收期，时日差短。江南麦花夜发，江北麦花昼发[10]，亦一异也。大麦种获期与小麦相同。荞麦则秋半下种，不两月而即收。其苗遇霜即杀，邀天降霜迟迟，则有收矣。

注释

〔1〕穬：大麦的一种，用以造纸，或作饲料。

〔2〕雀、荞：都是杂麦。雀，即是燕麦；荞，即是荞麦，它属蓼科植物，其实不属麦类，麦类都属禾本科植物。

〔3〕燕、秦、晋、豫、齐、鲁：今河北、陕西、山西、河南、山东。　道：行政区划名。

〔4〕烝：众多。

〔5〕吴：今江苏、浙江、安徽一带。　楚：今湖南、湖北一带。

〔6〕饔飧：早餐和晚餐。

〔7〕闾阎：古代平民居住的地区，也指平民。　作苦：贫苦。

〔8〕贵介：指富贵人家。

〔9〕河洛：黄河和洛水，这里指河南省洛阳地区。

〔10〕江南麦花夜发，江北麦花昼发：这种古老的说法是片面的，事实上江南、江北的小麦日夜都开花，而且白天开的花比夜间多。

麦工　北耕种　耨[1]

凡麦与稻初耕垦土则同，播种以后，则耘籽诸勤苦皆属稻，麦惟施耨而已。

凡北方厥土坟垆[2]易解释者，种麦之法，耕具差异，耕即兼种。其服[3]牛起土者，耒不用耕（耜），并列两铁于横木之上，其具方语[4]曰镪（耩）。镪[5]中间盛一小斗，贮麦种于内，其斗底空梅花眼，牛行摇动，种子即从眼中撒下。欲密而多，则鞭牛疾走，子撒必多；欲稀而少，则缓其牛，撒种即少。既撒种后，用驴驾两小石团，压土埋麦。凡麦种紧压方生。南方地不北同者，多耕多耙之后，然后以灰拌种，手指拈而种之。种过[6]之后，随以脚跟压土使紧，以代北方驴石也。

耕种之后，勤议耨锄。凡耨草用阔面大镈[7]。麦苗生后，耨不厌勤（有三过四过者），余草生机尽诛[8]锄下，则竟亩精华尽聚嘉实矣。功勤易耨，南与北同也。凡粪麦田，既种以后，粪无可施，为计在先也。陕、洛之间，忧虫蚀[9]者，或以砒霜[10]拌种子，南方所用惟炊烬也（俗名地灰）。南方稻田，有种肥田麦者，不冀麦实。当春小麦、大麦青青之时，耕杀田中，蒸罨[11]土性，秋收稻谷必加倍也。

凡麦收空隙，可再种他物。自初夏至季秋[12]，时日亦半载，择土宜而为之，惟人所取也。南方大麦有既刈之后，乃种迟生粳稻者。勤农作苦，明赐[13]无不及也。

凡荞麦，南方必刈稻，北方必刈菽、稷而后种。其性稍吸肥腴[14]，能使土瘦。然计其获入，业偿半谷有余，勤农之家何妨再粪也。

注释

〔1〕耨：锄草的农具，锄草。

〔2〕坟：高起。　垆：疏松黑土。

〔3〕服：驾御。《周易·系辞下》："服牛乘马。"

〔4〕方语：方言。

〔5〕镪：这里指耧，播种用的农具，由牲畜牵引，人在后面扶着，可以同时完成开沟和下种两项工作。有的地区叫耩子。

〔6〕过：遍。

〔7〕镈：古代锄一类的农具。

〔8〕尽诛：锄尽杂草。

〔9〕虫蚀：虫蛀农作物。

〔10〕砒霜：砷的氧化物，是一种毒性极强的杀虫剂。这种防虫法，以前的农书还没记载过。

〔11〕罨：覆盖。

〔12〕季秋：晚秋。

〔13〕明赐：赏赐，这里指报酬，酬劳。

〔14〕腴：肥沃。

注释者按

小麦的原产地是在西北的干旱地区，大约西周时被传播到淮北平原。黄河中下游地区小麦的栽培，大约是在公元前六世纪，至明代，全国各地几乎都有小麦的种植，其地位在粮食作物中仅次于水稻，成为我国北方地区的主要食粮。

麦田的种植与水稻有点不一样，当然同样需要翻土，需要整地和锄草，但其耕田和播种却是要同时进行，不像水稻，先要培养秧苗，所以，北方地区的耧犁应运而生。

据史载，起初的耧车是一腿耧或两腿耧，汉武帝时的农学家赵过又发明了三腿耧车，这种集开沟器、种子箱、排种箱、输种管为一体的农具，在山西平陆出土的汉墓壁画中就有所呈现。三腿耧车的构造、工作原理和使用功能同我们现代的播种机差不多，因此有西方学者认为，1600年西方发明的播种机的始祖应该是中国古代的三腿耧车。

北耕兼种图。《天工开物》插图。图中所描绘的就是耧车工作时的场景，耕地与播种同时进行，一般来说，播种也是有技巧的，外行人不易察觉。事实上，随着牛牵引着耧车前行的晃动，种子便从耧斗洞中滑落到所挖开的田沟内，这个时候若要种子撒得稀疏，就赶牛急走，若牛徐行，种子就播得密。另外请注意，图中所示的这件耧车是两腿的。

这是一件根据王祯《农书》记载和山西平陆出土的汉墓壁画复制的耧车，其形制与现代耧车几乎一样。

现代陕西省华阴县三腿耧。从图片中我们可以看到，耧车的中央有一个盛放种子的耧斗，耧斗底部是有洞的，三条中空的耧腿下面装着开沟用的小铁铧，上方连接扶手。播种时，牲畜牵引着耧辕前行，农人在后控制耧柄高低以调节耧脚入土的深度，耧车后面如若再用两条绳子横向拖拉着一方木头，便还能在耧车前进时把犁出的土刮入沟内，使种子及时得到覆盖。这种耧车将开沟、下种、覆盖三道工序结合在一起完成，提高了播种的效率。

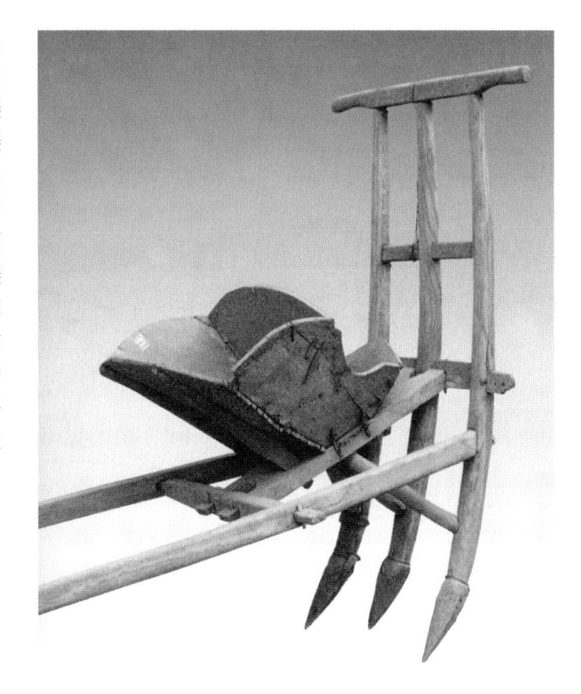

北盖种图。《天工开物》插图。在北方，播种之后，种子单被泥土覆盖还不够，必须要用石陀（亦称砘子）压紧土壤，种子才能更好地吸收水分和营养，才能发芽。图中所描绘的就是以石陀压土的场景。

南种牟麦图。《天工开物》插图。南方地区也种植麦子，但其工序与北方地区是有所差异的，首先土壤需要多次翻松，其次种子是要一点一点地播撒，最后播种之后也要压实泥土，只不过多以人工脚踏来完成北方石陀的工作。劳作方式的有别，大抵与上壤的质地有关。

耨。《天工开物》插图。耨是一种锄草的工具，形似现代的锄头。事实上，耨田并不是单单指除草，还要除去矮小瘦弱的幼苗。

这是现代江苏省无锡市的一组农具，俗称锄头、钉耙，是用来翻地、松土、除草的工具。

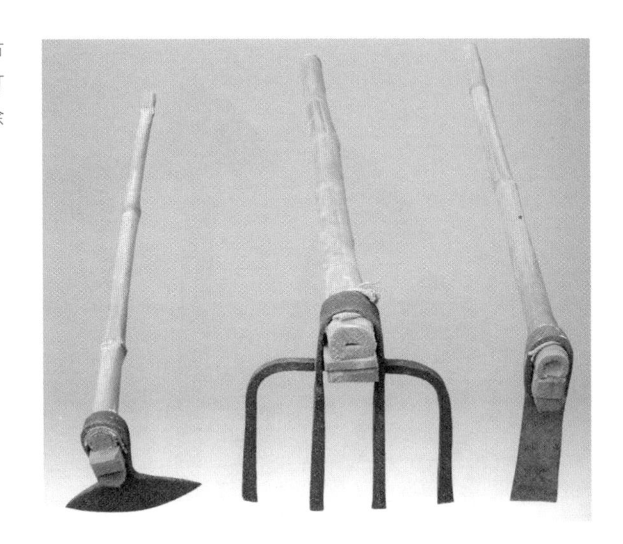

内蒙古赤峰地区出土的新石器时代的石锄。用这件石锄，可以对照我们的工具由古至今发展的历史。其形制与现代的非常接近，说明它们在使用的功能上是一致的。

近代吉林省延吉县的耨。这种耨，又称作高丽锄头。其柄较短，这与劳作习惯有关。

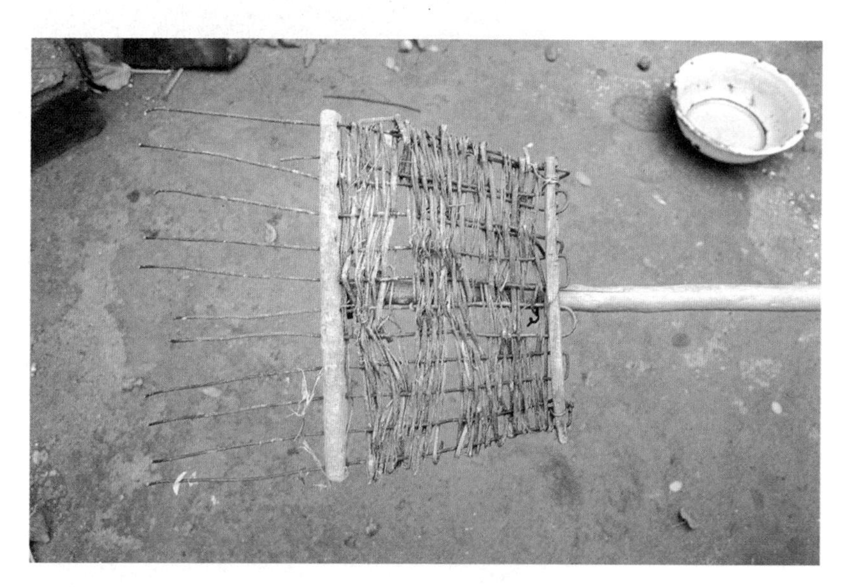

现代河南省安阳市的农具：劳。劳的作用是使耕犁之后的田地平整而土润，其样子与耙很像，但其功用《农政全书》指出是："耙有渠疏之义，劳有盖摩之功也。"

英国维多利亚阿伯特博物馆收藏的1800年间的纸本水彩画：锄地图。

麦灾

凡麦妨患，抵稻三分之一。播种以后，雪、霜、晴、潦皆非所计。麦性食水甚少，北土中春再沐[1]雨水一升，则秀华[2]成嘉粒矣。

荆、扬[3]以南，唯患霉雨[4]。倘成熟之时，晴干旬日，则仓廪皆盈，不可胜食[5]。扬州谚云："寸麦不怕尺水。"谓麦初长时，任水灭顶无伤；"尺麦只怕寸水。"谓成熟时，寸水软根，倒茎沾泥，则麦粒尽烂于地面也。

江南有雀一种，有肉无骨，飞食麦田，数盈千万，然不广及，罹[6]害者数十里而止。江北蝗生，则大祲[7]之岁也。

注释

〔1〕沐：受润泽。

〔2〕秀华：开花。

〔3〕荆、扬：今湖北荆州、江苏扬州，这里泛指长江以南地区。

〔4〕霉雨：即"梅雨"。指初夏在江淮流域的连绵阴雨天气，因时值梅子成熟，故名。如梅雨适时适量，有利于农作物生长，反之，则可能发生旱灾或水灾。

〔5〕胜食：吃不完的意思。

〔6〕罹：遭遇灾祸或不幸的事。

〔7〕祲：古代迷信指不祥之气。这里指灾害。

黍　稷　粱　粟[1]

凡粮食，米而不粉者种类甚多。相去数百里，则色、味、形、质，随方而变，大同小异，千百其名。北人唯以大米呼粳稻，而其余概以小米名之。

凡黍与稷同类，粱与粟同类。黍有粘有不粘（粘者为酒），稷有粳无粘。凡粘黍、粘粟，统名曰秫，非二种外更有秫[2]也。黍色赤、白、黄、黑皆有，而或专以黑色为稷，未是。至以稷米为先他谷熟，堪供祭祀，则当以早熟者为稷，则近之矣。凡黍在《诗》《书》[3]有虋、芑、秬、秠[4]等名，在今方语有牛毛、燕颔、马革、驴皮、稻尾等名。种以三月为上时，五月熟；四月为中时，七月熟；五月为下时，八月熟。扬花结穗，总与来、牟不相见也。凡黍粒大小，总视土地肥硗[5]、时令[6]害育。宋儒拘定以某方黍定律[7]，未是也。

凡粟与粱统名黄米。粘粟可为酒。而芦粟[8]一种，名曰高粱者，以其身高七尺，如芦、荻[9]也。粱粟种类名号之多，视黍稷犹甚。其命名或因姓氏、山水，或以形似、时令，总之不可枚举。山东人唯以谷子呼之，并不知粱粟之名也。

已上四米，皆春种秋获。耕耨之法与来、牟同，而种收之候则相悬绝云。

注释

〔1〕黍：是重要粮食作物之一，去皮后叫黄米，比小米稍大，煮熟后有黏性，可以酿酒、做糕等。　稷：古代称一种粮食作物，俗称糜子，是黍一类的作物，但不黏。古代以稷为百谷之长，因此帝王奉祀为谷神：社稷。　粱、粟：谷类植物，通常以穗大芒长粒粗者为粱；穗小芒短颗粒细小者为粟，都俗称小米。

〔2〕秫：多指黏高粱。

〔3〕《诗》《书》：指《诗经》《尚书》。《诗经》是我国第一部诗歌总集。《尚书》是我国上古遗留下来的历史文献汇编。

〔4〕虋：赤苗。《尔雅》："虋"郭璞注："今之赤粱粟。"　芑：白苗，郭璞注："今之白粱粟，皆好谷。"　秬：黑黍。　秠：一种黑黍。

〔5〕硗：土地坚硬不肥沃。

〔6〕时令：季节。

〔7〕律：规律，标准。宋代曾用一系列黍子排起来，其长度为一尺，称为黍尺。

〔8〕芦粟：高粱的一种，也叫甜高粱。秆甜，可生吃和制糖。米可以酿酒。

〔9〕芦：芦苇，茎可以编织席、造纸。也叫苇或苇子。　荻：形状像芦苇，小穗无芒，生长在水边，茎可以编席箔和造纸。

麻

凡麻可粒可油者，惟火麻[1]、胡麻二种，胡麻[2]，即脂麻，相传西汉始自大宛[3]来，古者以麻为五谷之一，若专以火麻当之，义岂有当哉？窃意《诗》《书》五谷之麻，或其种已灭，或即菽、粟之中别种，而渐讹其名号，皆未可知也。

今胡麻味美而功高，即以冠百谷不为过。火麻子粒压油无多，皮为疏恶布[4]，其值几何？胡麻数龠[5]充肠，移时不馁[6]。粔饵、饴饧[7]，得粘其粒，味高而品贵。其为油也，发得之而泽，腹得之而膏，腥膻[8]得之而芳，毒厉[9]得之而解。农家能广种，厚实可胜言哉。

种胡麻法，或治畦圃[10]，或垄田亩。土碎草净之极，然后以地灰[11]微湿，拌匀麻子而撒种之。早者三月种，迟者不出大暑[12]前。早种者，花实亦待中秋乃结。耨草之功，唯锄是视。其色有黑、白、赤三者。其结角长寸许，有四棱者，房小而子少；八棱者，房大而子多。皆因肥瘠所致，非种性也。收子榨油，每石得四十斤余。其枯用以肥田。若饥荒之年，则留供人食。

注释

〔1〕火麻：即大麻。其花雌雄异株，雄株叫枲麻，也叫花麻，其皮可以织夏布，俗称水麻。雌株叫苴麻，也叫种麻和子麻，也可织麻布，但货色较花麻要差。

〔2〕胡麻：即芝麻。

〔3〕大宛：古代西域国名，在今中亚费尔干纳盆地。居民主要从事农牧业，西汉时与我国交往频繁。

〔4〕疏恶布：粗布。

〔5〕龠：古代容量单位，一升的十分之一。这里比喻量少。

〔6〕馁：饥饿。

〔7〕粔饵：粔，古代一种油煎的环形的饼，像如今的馓了。饵为食物总

名，粔饵泛指糕点。　饴饧：饴为麦芽糖、软糖，饧为糖稀。饴饧泛指糖果。

〔8〕膻：羊臊的气味。

〔9〕毒厉：毒疮。古厉字同“癞”，病。

〔10〕畦圃：园圃。

〔11〕地灰：草木灰。

〔12〕大暑：二十四节气之一，离小暑和立秋各半个月，一般在公历7月22、23日左右，这时正中伏前后，天气极热，是喜温作物生长速度最快的时期。

菽

凡菽[1]，种类之多与稻、黍相等。播种收获之期，四季相承；果腹[2]之功，在人日用，盖与饮食相终始。

一种大豆：有黑、黄两色，下种不出清明[3]前后。黄者有五月黄、六月爆、冬黄三种。五月黄收粒少，而冬黄必倍之。黑者刻期[4]八月收。淮北长征骡马，必食黑豆，筋力乃强。凡大豆视土地肥硗、耨草勤怠、雨露足悭[5]，分收入多少，凡为豉、为酱、为腐，皆大豆中取质焉。江南又有高脚黄，六月刈早稻方再种，九、十月收获。江西吉郡[6]种法甚妙：其刈稻田，竟不耕垦，每禾稿头中拈豆三四粒，以指扱[7]之，其稿凝露水以滋豆，豆性克发，复侵烂稿根以滋。已生苗之后，遇无雨亢[8]干，则汲水一升以灌之。一灌之后，再耨之余，收获甚多。凡大豆入土未出芽时，防鸠雀害，驱之惟人。

一种绿豆：圆小如珠。绿豆必小暑方种。未及小暑[9]而种，则其苗蔓延数尺，结荚甚稀；若过期至于处暑[10]，则随时开花结荚，颗粒亦少。豆种亦有二：一曰“摘绿”，荚先老者先摘，人逐日而取之；一曰“拔绿”，则至期老足，竟亩拔取也。凡绿豆磨澄晒干为粉，荡片搓索[11]，食家珍贵。做粉溲浆[12]，灌田甚肥。凡蓄藏绿豆种子，或用地灰、石灰，或用马蓼[13]，或用黄土拌收，则四五月间不愁空蛀。勤者逢晴频晒，亦免蛀。凡已刈稻田，夏秋种绿豆，必长接斧柄，击碎土块，发生乃多。凡种绿豆，一日之内，遇大雨扳土[14]则不复生。既生之后，妨（防）雨水浸，疏沟浍以泄之。凡耕绿豆及大豆田地，耒耜欲浅，不宜深入，盖豆质根短而苗直，耕土既深，土块曲压，则不生者半矣。“深耕”二字，不可施之菽类，此先农之所未发者。

一种豌豆：此豆有黑斑点，形圆同绿豆，而大则过之。其种十月下，来年五月收。凡树木叶迟者，其下亦可种。

一种蚕豆：其荚似蚕形，豆粒大于大豆。八月下种，来年四月收，西浙桑树之下，遍繁种之。盖凡物树叶遮露则不生，此豆与豌豆，树叶茂时，彼已结荚而成实矣。襄汉〔15〕上流，此豆甚多而贱，果腹之功，不啻〔16〕黍稷也。

一种小豆：赤小豆〔17〕入药有奇功，白小豆〔18〕（一名饭豆）当餐助嘉谷。夏至〔19〕下种，九月收获，种盛江淮之间。

一种穞（音吕）豆〔20〕：此豆古者野生田间，今则北土盛种。成粉荡皮，可敌绿豆。燕京〔21〕负贩者，终朝呼穞豆皮，则其产必多矣。

一种白藊豆〔22〕：乃沿篱蔓生者，一名蛾眉豆。

其他豇豆、虎斑豆、刀豆，与大豆中分青皮、褐色之类，间繁一方者，犹不能尽述。皆充蔬代谷，以粒烝民者，博物者其可忽诸！

注释

〔1〕菽：豆类的总称。

〔2〕果腹：吃饱肚子。

〔3〕清明：二十四节气之一，是一年中的第五个节气，在春分和谷雨之间，一般在公历4月4、5日左右。这时气候开始温暖，草木萌芽，农民忙于春耕春种。

〔4〕刻期：按期。

〔5〕悭：欠缺，吝啬。

〔6〕吉郡：今江西吉安地区。

〔7〕扱：插。

〔8〕亢：过度，极，很。

〔9〕小暑：在夏至和大暑之间，二十四节气之一。一般在公历7月7、8日左右，这时正值初伏前后，我国大部分地区进入一年最热时期，多忙于夏秋作物的田间管理。

〔10〕处暑：在立秋、白露之间，二十四节气之一。一般在公历8月23、24左右，至此，暑气终止，我国大部分地区气温逐渐下降。

〔11〕搓索：用手做成条状，指做粉条。

〔12〕溲：指做粉条余下的浆水。

〔13〕马蓼：一种蓼科植物，又名大蓼，古称毛蓼。

〔14〕扳土：大雨冲洒使土壤板结。

〔15〕襄汉：湖北的襄河、汉水。汉水自襄阳以下俗称襄河。

〔16〕啻：但，只，仅。　不啻：不亚于，不异于。

〔17〕赤小豆：谷类植物，我国东南部省区都有种植，种子可食用或为淀粉原料，入药味甘酸，性平，有清热解毒、活血消肿排脓等功效。

〔18〕白小豆：又名饭豆、眉豆，我国各地都种植，可食用，入药，有补气、健胃作用。

〔19〕夏至：是芒种与小暑之间，二十四节气之一，一般在公历6月21、22日左右。天文学上规定夏至为北半球夏季开始。这时气温渐高，农作物生长旺盛，杂草、农作物害虫滋长蔓延，需加强田间管理。

〔20〕穞：同稆，也作旅。穞豆又叫黑小豆，是黑豆中最小的。可食，也可饲马，俗称马料豆。

〔21〕燕京：今北京。春秋、战国时，此地是燕国的国都，因此得名。　负贩：即小商贩。

〔22〕藊豆：即扁豆，也作萹豆、稨豆。荚果是普通蔬菜。又入中药，有祛暑、健脾等作用。

注释者按

无论是稻米、各种黄米、小米，还是麦子、各种豆子，食用起来不外乎煮或蒸着吃，或者磨成粉，做成各种“玩意儿”吃。谷类可以焖米饭、煮粥、做米线、做糕点；麦子磨成粉更是可以做面条、馒头、烧饼、饺子、包子……很多形式的东西；豆子更绝，老祖宗利用豆子发明了世界上唯有中国才有的两种食物：粉丝和豆腐。

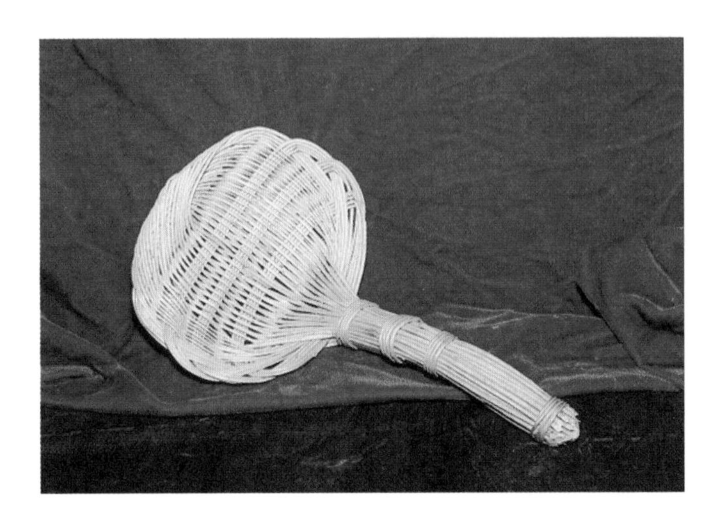

河北笊篱。北方人喜食面食，尤其饺子，笊篱就是用来捞出锅的饺子的。它用柳条编制，表面光洁，造型简单。现在城里人用不锈钢的漏勺，功能自然是一样的，但那感觉，哪有这种笊篱来得原汁原味。

苏南海棠糕具。这是江南地区用来做米糕的工具，因糕点形状如海棠花，所以就叫它海棠糕了。海棠糕的做法首先要调和米粉，注意其稀薄软硬程度，然后倒入模具，拍压成形，再蒸熟、点红即可。如今在许多小吃聚集之处，我们还能碰到这样的海棠糕正在制作，香喷喷的味道中掺杂着甜丝丝的气味。

英国维多利亚阿伯特博物馆收藏的1790年间的纸本水彩画：馄饨。与饺子相像的食物馄饨，过去是南方人喜食的面食，现在由于速冻的便利，南北兼有，南方人也吃饺子了，北方人也接受馄饨了，但饺子与馄饨到底还是有南北个性的，它们不仅有外形上的阳刚与阴柔之别，还有口感的劲韧和嫩滑之异，加上有汤无汤，便有了本质的差异。图中描绘的是18世纪馄饨摊的基本模式。

民国时期苏州馄饨担。这件苏州市街头的馄饨担，其形式与上图所描绘的广州地区的馄饨担完全不同，一以扁担肩挑，一以后背负重，但小炉灶、碗橱、置物架、小桌面都是俱全的，尤其苏州的这副担架，借助于独轮车的构造，肩扛便当，置于地面又可摆放平稳，以竹子作为框架，与纯木相比，既减轻了重量，又易于清洗，设计是巧妙的。可惜时代变迁，现在是用不着了。

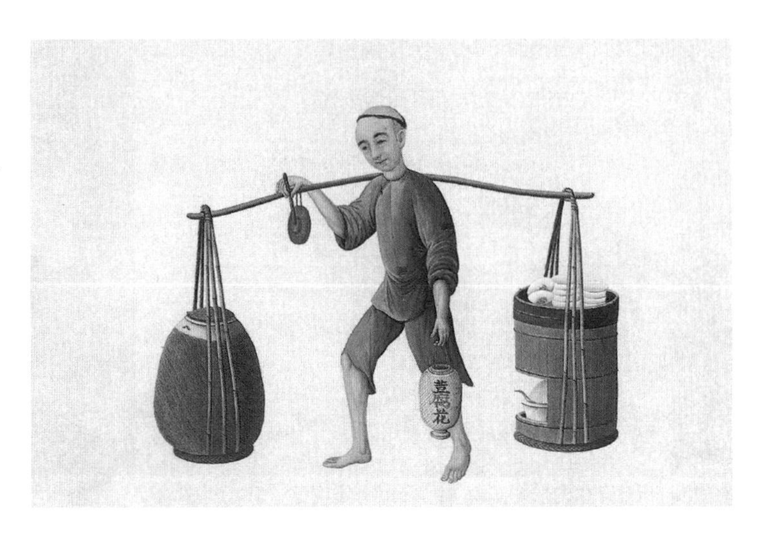

英国维多利亚阿伯特博物馆收藏的1790年间的纸本水彩画：豆腐花（又称豆花儿、豆腐脑儿）。以豆子为材料制作的豆腐，是中国人的传统食品，豆腐坊每天热火朝天地工作，可以生产出多种豆腐制品，豆腐花是其中的一种，它鲜嫩、滑润，浇上卤汁即美味无比。图中所描绘的这种场景上了年纪的人都是熟悉的，如今在一些小的城镇也许还能碰到，就着吆喝声，站在街头巷尾吃它那么一小碗，那种心情比现在城里人坐在某某豆浆连锁店里快活多了。

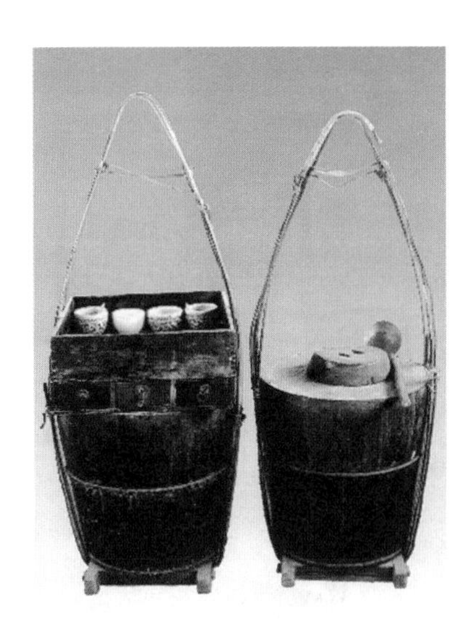

民国时期江苏省无锡市的豆腐花担。这副木制豆腐花担，其形制与上图广州地区的相似：两个木桶，一个盛放豆腐花，一个放置食具与调料，考究一些的人家做的放豆腐花的桶，还会有简单的保温功能。这副木担可爱之处是还有三个抽屉，可以分门别类地放些杂物，抑或调料什么的，大大方方、干干净净。

现代江苏省无锡市的油豆腐粉丝汤担。这里只是这副担子的一头，木制的框架，泥制的炉灶，以及铁锅一口，锅是有分档的，锅盖为两瓣，意思与我们现在小吃店里的四川麻辣烫极相似，只是它的原材料更单纯一些，油豆腐跟粉丝而已。这些原材料和柴火就挑在另一头。

英国维多利亚阿伯特博物馆收藏的1790间的纸本水彩画：麻糍。中国人喜食芝麻，因为它有一种特殊的香味，并且还有药用功能。芝麻被用来榨油，也会包在甜食里、撒在糕点上吃，现在还有芝麻糊可以喝，喷喷香很过瘾。图为麻糍担，图中白芝麻粒粒可现，画得很是生动而有趣。

乃服[1]　第二

宋子曰：人为万物之灵，五官百体[2]，赅[3]而存焉。贵者垂衣裳[4]，煌煌山龙[5]，以治天下。贱者裋褐[6]枲裳[7]，冬以御寒，夏以蔽体，以自别于禽兽。是故其质则造物[8]之所具也。属草木者为枲麻苘葛[9]，属禽兽与昆虫者为裘[10]褐丝绵，各载其半，而裳服充焉矣。

天孙机杼[11]，传巧人间。从本质而见花，因绣濯而得锦。乃杼柚[12]遍天下，而得见花机之巧者，能几人哉？治乱经纶[13]字义，学者童而习之，而终身不见其形像，岂非缺憾也！先列饲蚕之法，以知丝源之所自。盖人物相丽[14]，贵贱有章[15]，天实为之矣。

注释

〔1〕乃服：指衣服，出自《千字文》："乃服衣裳。"

〔2〕五官：通常指脸部的耳、目、口、鼻、舌五种器官。《灵枢·五阅五使》："鼻者肺之官也，目者肝之官也，口唇者脾之官也，舌者心之官也，耳者肾之官也。"还有指耳、目、口、鼻、心。《荀子》："心居中虚，以治五官。"　百体：身体的各部分。

〔3〕赅：概括，完备。

〔4〕垂衣裳：指衣服华贵。语出《周易·系辞下》："黄帝尧舜垂衣裳而天下治。"喻以礼治国，终致天下太平。

〔5〕煌煌山龙：指富贵人家的衣服上绣有鲜丽的山水、龙凤图案。

〔6〕裋褐：贫困人家穿的短而窄的粗布衣服。

〔7〕枲裳：麻布做的衣服。

〔8〕造物：即自然界的创造者，也指自然。

〔9〕苘：即苘麻，一年生草本植物，茎皮多纤维，麻质略粗，可做绳索、织麻袋。种子可入药，是收敛剂，对痢疾有疗效。　葛：通称葛麻。多年生草本植物，茎皮可制葛布；根肥大，可制淀粉，也供药用，能发汗、解热。

〔10〕裘：毛皮的衣服。

〔11〕天孙：即织女星。织女是神话中善于织造的天帝的孙女，故名。　机杼：指织布机。古乐府《木兰诗》："不闻机杼声，惟闻女叹息。"引申为纺织。

〔12〕杼柚：指织布机。杼是织布的梭子，用来穿织纬线，柚是织布机上的筘，用来承理经线。

〔13〕治乱经纶：原为纺织名词。"治"是丝缕畅顺，"乱"是丝缕不整齐。引申为治理国家的混乱。"经纶"原为整理丝缕的意思，引申为处理国家大事，也指政治才能。

〔14〕人物相丽：物指衣服，丽为附着，意为衬托，即人和衣服互相衬托。

〔15〕章：区别。

注释者按

中国的农耕时代是一个男耕女织的社会，大家都熟悉神话传说中牛郎织女的故事，诸多文献中也有耕与织分配的相关记述。比如《吕氏春秋》中说道："丈夫不织而衣，妇人不耕而食，男女贸功以长生，此圣人之制也。"耕与织的分与合，事实上就是男人与女人的相互依托，是家庭的根本，进而也就是社会的根本，所以过去各朝各代都竭尽全力推行农耕、鼓励纺织。

中国古代纺织的源头是桑蚕的生产，具体源于何时，无从考究，但从古籍文献的记载和出土文物的推断，应该是五千年前就开始了。对于蚕的认识和培育，我国古代养蚕业经过了三个时期：最先是野茧采摘，而后过渡到桑麻放养，最后成为蚕座家养。

蚕的生长发育通常要经过四个形态完全有别的时期：卵、幼虫、蛹、成虫，蚕在每个阶段都有着其独特的习性。为了能让蚕吐出好丝，养蚕就愈加辛苦，样样事情都要做得很细致，什么时候要多喂，什么时候要减食；什么时候喂干叶，什么时候喂湿叶；何时需要暖和些，何时需要寒冷些等，一点也马虎不得。一般情况下，一只蚕能吐丝800—1000米，这些由蚕茧中得来的纤维，经过一道叫缫丝的工序，使其多根相合而成为生丝。由生丝再加工，通过解丝、并丝、捻丝等工序，各种丝线就可以根据需要来用于染色或织造了。

蚕种[1]

凡蛹变蚕蛾，旬日破茧而出，雌雄均等。雌者伏而不动，雄者两翅飞扑，遇雌即交。交一日半日方解，解脱之后，雄者中枯而死，雌者即时生卵。承藉卵生者，或纸或布，随方所用（嘉湖[2]用桑皮厚纸，来年尚可再用）。一蛾计生卵二百余粒，自然粘于纸上，粒粒匀铺，天然无一堆积。蚕主收贮，以待来年。

注释

〔1〕蚕种：指作种用的蚕卵。

〔2〕嘉湖：今浙江嘉兴、湖州一带。

民间版画，传说中的蚕神：蚕皇、蚕母娘娘、蚕三姑。文献上关于蚕神的记载有很多，中国最早的神话故事《山海经》中说：“欧丝之野在大踵东，一女子跪据树欧丝。”所谓欧丝就是吐丝。我们都知道“嫘祖始蚕”的故事。《通鉴纲目·外纪》中说：嫘祖“始教民育蚕，治丝茧以供衣服，而天下无皴瘃之患，后世祀先蚕”。宋代罗泌《路史·后纪五》也说：“黄帝元妃西陵氏曰嫘祖，以其始蚕，故又祀先蚕。”元代王祯《农书》说蚕神为三姑，是三个女子共骑一马的形象，民间称为“三姑”，也有叫“马头娘娘”的。总之，所有的记载与传说，蚕神的故事都与女性相关，这也充分说明了女织的历史由来。

甘肃省临洮冯家坪齐家文化遗址出土的约公元前2200年的蚕形昆虫双联陶罐。在全国各地的出土文物中，蚕纹、蚕饰均有发现，这说明了蚕与人的紧密关系，也说明了桑蚕生产在我国古代的普及。

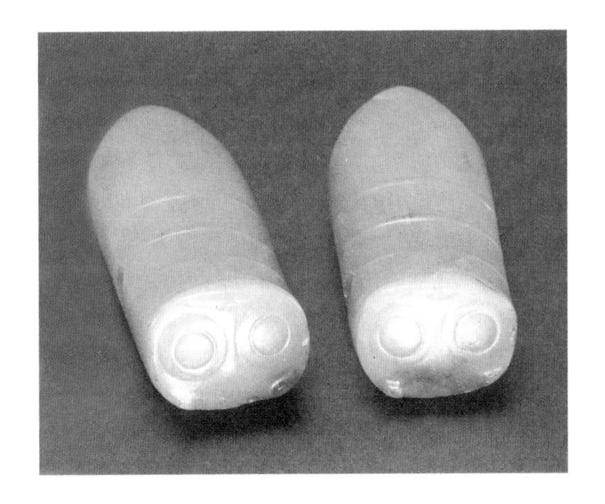

内蒙古自治区赤峰市巴林右旗那斯台红山文化墓葬出土的玉蚕。这对玉蚕宽3厘米多，长约9厘米，蚕身呈圆柱体，头部较粗，头部后两侧有两个小洞为穿孔，雕有圆眼，尾部细而上翘，模样可爱。这种蚕不是桑蚕的体态，它叫柞蚕，也是人工可以养殖的种类。在其他地区有桑蚕体态的玉蚕出土，比如河南安阳、山东益都等地的商代墓葬中。

蚕浴[1]

凡蚕用浴法，唯嘉、湖两郡。湖多用天露、石灰[2]，嘉多用盐卤水[3]。每蚕纸一张，用盐仓走出卤水二升，参水浸于盂内，纸浮其面（石灰仿此）。逢腊月十二即浸浴，至二十四日，计十二日周即漉起[4]，用微火炡[5]干，从此珍重箱匣中，半点风湿不受，直待清明抱产[6]。其天露浴者，时日相同，以篾盘盛纸，摊开屋上，四隅小石镇压，任从霜雪风雨雷电，满十二日方收，珍重待时如前法。盖低种经浴则自死不出，不费叶故，且得丝亦多也。晚种[7]不用浴。

注释

〔1〕蚕浴：即浴种，是对蚕种进行处理的方法，其作用是消毒和选种。

〔2〕天露、石灰：两种浴种的方法。天露法是在农历十二月，把蚕卵纸铺在室外，靠风霜雨露来浴种。石灰法是将蚕卵放在石灰水中浸浴，两种方法都能淘汰病弱的劣种。

〔3〕卤水：食盐潮解后得到的卤水，含有氯化钠、氯化镁等，味苦有毒，这种卤水可用作消毒，也用作制豆腐的凝固剂。

〔4〕漉起：从水里捞起东西，并使水慢慢滴干。

〔5〕炡：用火或蒸气使物体变热或干燥。

〔6〕抱产：孵化出幼蚕。

〔7〕晚种：即一年中孵化、饲养二次（春、秋）的品种。

蚕浴。《天工开物》插图。蚕种在孵化前要进行浴洗，即将粘有蚕卵的纸放在石灰水、盐卤水，或自然的露水中浸泡多日，然后再将纸水沥干，用文火慢慢烘干，放入干净的盒子中等到来年的清明时孵化。浴洗的目的是淘汰残败的蚕卵，使其不能孵化，如此才能不浪费桑叶，且保证每只蚕都能吐出好丝。

种忌[1]

凡蚕纸用竹木四条为方架，高悬透风避日梁枋[2]之上，其下忌桐油、烟煤、火气。冬月忌雪映[3]，一映即空。遇大雪下时，即忙收贮，明日雪过，依然悬挂，直待腊月浴藏。

注释

〔1〕种忌：培育蚕种的禁忌。

〔2〕枋：房屋两柱之间起连接作用的方形横木。

〔3〕雪映：雪光映照。

种类[1]

凡蚕有早、晚二种[2]。晚种每年先早种五六日出（川中者不同），结茧亦在先，其茧较轻三分之一。若早蚕结茧时，彼已出蛾生卵，以便再养矣（晚蛹戒不宜食）。

凡三样浴种[3]，皆谨视原记[4]。如一错误，或将天露者投盐浴，则尽空不出矣。凡茧色唯黄、白二种。川、陕、晋、豫有黄无白；嘉湖有白无黄。若将白雄配黄雌，则其嗣变成褐茧。黄丝以猪胰[5]漂洗，亦成白色，但终不可染漂白、桃红二色。

凡茧形亦有数种：晚茧结成亚腰葫芦样，天露茧尖长如榧子[6]形，又或圆扁如核桃形。又一种不忌泥涂叶者，名为贱蚕[7]，得丝偏多。凡蚕形[8]亦有纯白、虎斑、纯黑、花纹数种，吐丝则同。

今寒家有将早雄配晚雌者，幻出嘉种[9]，一异也。

野蚕[10]自为茧，出青州、沂水[11]等地，树老即自生。其丝为衣，能御雨及垢污。其蛾出即能飞，不传种纸上。他处亦有，但稀少耳。

注释

〔1〕种类：指蚕的品种类别。

〔2〕早、晚二种：早蚕指一化性蚕，即一年孵化一次，晚蚕指二化性蚕，一年孵化二次。但在广东等省区还有多化性蚕种。

〔3〕三样浴种：指用石灰水、盐卤水和天露三种方法浴蚕种。

〔4〕记：标记，记号。

〔5〕猪胰：古代用猪的胰脏和纯碱（碳酸钠）合制的一种浴液，能使黄蚕茧丝漂白。

〔6〕榧子：常绿乔木，通称香榧，种子有硬壳，两头尖，仁可以吃，也可入药。

〔7〕贱蚕：抗逆力强的蚕。

〔8〕蚕形：这里指蚕身的颜色，不是蚕身的形状。

〔9〕早雄配晚雌者，幻出嘉种：将一化性雄蚕蛾与二化性雌蚕蛾配种，可获得良种。这是杂交育种技术的最早记录。　幻：变化。

〔10〕野蚕：即柞蚕，比家蚕大，将变成蛹的幼虫全身长有褐色长毛，吃栎树的叶子，吐的丝是纺织品的重要原料。

〔11〕青州、沂水：今山东益都、沂水一带。

江苏蚕蚁匾。在竹制的蚕蚁匾中的白纸上，那些黑色物就是刚刚由蚕卵孵化出来的蚕蚁，由于太稚嫩又细小，所以一般得用鹅毛收拢它们，无须太长时日，这些黑色的蚕蚁便会慢慢长大变白。

抱养[1]

凡清明逝三日，蚕虲[2]即不偎[3]衣衾[4]暖气，自然生出。蚕室宜向东南，周围用纸糊风隙。上无棚板者宜顶格[5]。值寒冷则用炭火于室内助暖。

凡初乳蚕[6]，将桑叶切为细条。切叶不[7]，束稻麦稿为之，则不损刀。摘叶用瓮坛盛，不欲风吹枯悴。二眠[8]以前，腾筐[9]方法皆用尖圆小竹筷提过。二眠以后，则不用箸[10]，而手指可拈矣。凡腾筐勤苦，皆视人工。怠于腾者，厚叶与粪湿蒸，多致压死。凡眠齐[11]时，皆吐丝而后眠。若腾过，须将旧叶些微拣净。若粘带丝缠叶在中，眠起之时，恐其即食一口，则其病为胀死。三眠已过，若天气炎热，急宜搬出宽凉所，亦忌风吹，凡大眠[12]后，计上叶十二餐方腾，太勤则丝糙。

注释

〔1〕抱养：喂养，饲养。

〔2〕蚕虲：初生的幼蚕，昆虫的幼虫都叫虲。

〔3〕偎：靠近，紧挨着。

〔4〕衾：被子。

〔5〕顶格：装上顶棚，即加上天花板。

〔6〕乳蚕：最初给幼蚕喂叶。

〔7〕不（dǔn）：墩子。这里指砧板。

〔8〕二眠：眠是昆虫的一种生理状态。幼虫的外表皮是质地较硬的角质层，不能随着虫体的生长而扩大。当生长受到外表皮限制时，就要蜕去这层皮。蚕的幼虫期一般要经过四次蜕皮然后才吐丝结茧。二眠指第二次蜕皮，这段时间蚕不吃不动，所以叫眠。

〔9〕腾筐：也叫“除沙”。为了清除蚕筐中的残叶、蚕粪和蜕皮等脏物，把蚕转移到另一个洁净的蚕筐中去叫腾筐。

〔10〕箸：筷子。

〔11〕眠齐：蚕进入眠期。

〔12〕大眠：指第四次蜕皮前的眠。

养忌[1]

凡蚕畏香复畏臭。若焚骨灰淘毛圊[2]者，顺风吹来，多致触死。隔壁煎鲍鱼[3]宿脂[4]，亦或触死。灶烧煤炭、炉爇沉檀[5]，亦触死。懒妇便器摇动气侵，亦有损伤。若风则偏忌西南，西南风太劲，则有合箔皆僵[6]者。凡臭气触来，急烧残桑叶烟以抵之。

注释

〔1〕养忌：养蚕的禁忌。

〔2〕毛圊：厕所。

〔3〕鲍鱼：咸鱼。

〔4〕宿脂：不新鲜的肉食和油脂。

〔5〕爇：点燃。沉香，常绿乔木，产于亚热带，花白色。木材质地坚硬而重，黄色，有香味。中医入药，有镇痛健胃等作用。檀香，常绿乔木，产于印度、马来半岛等热带地方。木质坚硬，有香气，可制器物、熏东西，也可提取药物或香料。

〔6〕僵：僵硬不活动，由于某种病菌或感染而僵死的蚕。

英国维多利亚阿伯特博物馆收藏的1870—1890年间的纸本水彩画，《制丝》组图：喂蚕，吴俊作。养蚕的盛盘过去叫作“箔”，江浙一带称箔为蚕匾，广东地区称其为蚕窝。蚕箔多以竹、藤编制，长方形居多，用称作“槌”的木架来支撑，层间必须有相应的高度，层数六至九层不等。

现代江苏无锡蚕匾及支架。这只蚕匾呈椭圆形，由T形的竹支架依托，喂食和清理蚕沙时，取匾非常方便。

叶料〔1〕

凡桑叶无土不生。嘉湖用枝条垂压〔2〕，今年视桑树傍生条，用竹钩挂卧，逐渐近地面，至冬月则抛土压之，来春每节生根，则剪开他栽。其树精华皆聚叶上，不复生葚〔3〕与开花矣。欲叶便剪摘，则树至七八尺，即斩截当顶叶，则婆娑〔4〕可扳伐，不必乘梯缘木也。其他用子种者，立夏桑葚紫熟时取来，用黄泥水搓洗，并水浇于地面，本秋即长尺余，来春移栽，倘灌粪勤劳，亦易长茂。但间有生葚与开花者，则叶最薄少耳。又有花桑，叶薄不堪用者，其树接过，亦生厚叶也。又有柘叶〔5〕三种，以济桑叶之穷。柘叶浙中不经见，川中最多。寒家用浙种桑叶穷时，仍啖柘叶，则物理一也。凡琴弦、弓弦丝，用柘养蚕，名曰棘茧，谓最坚韧。

凡取叶必用剪。铁剪出嘉郡桐乡〔6〕者最犀利，他乡未得其利。剪枝之法，再生条次月叶愈茂，取资既多，人工复便。凡再生条叶，仲夏以养晚蚕，则止摘叶而不剪条。二叶摘后，秋来三叶复茂，浙人听其经霜自落，片片扫拾，以饲绵羊，大获绒毡之利。

注释

〔1〕叶料：蚕吃的桑叶、柘叶等食料。

〔2〕枝条垂压：把桑树条压在土里繁殖的方法。

〔3〕葚：桑树的果实，成熟时紫黑色或白色，味甜，可以吃，也可以入药。

〔4〕婆娑：盘旋舞蹈，形容树的枝叶茂盛，高低疏密有致，枝叶扶疏。

〔5〕柘：又名“黄桑”，叶卵形或椭圆形，可以喂蚕。

〔6〕桐乡：今浙江桐乡县。

食忌[1]

凡蚕大眠以后，径食[2]湿叶，雨天摘来者，任从铺地加餐，晴日摘来者，以水洒湿而饲之，则丝有光泽。未大眠时，雨天摘叶，用绳悬挂透风檐下，时振其绳，待风吹干。若用手掌拍干，则叶焦而不滋润，他时丝亦枯色。凡食叶，眠前必令饱足而眠，眠起，即迟半日上叶无妨也。雾天湿叶甚坏蚕，其晨有雾，切勿摘叶，待雾收时或晴或雨，方剪伐也。露珠水亦待旴干[3]而后剪摘。

注释

〔1〕食忌：喂蚕的禁忌。
〔2〕径食：直接食用。
〔3〕旴干：晒干。太阳初升叫旴。

英国维多利亚阿伯特博物馆收藏的1870—1890年间的纸本水彩画，《制丝》组图：采摘荆桑，采摘鲁桑，吴俊作。桑树在我国分布很广，但由于区域不同、地理环境有别，桑树的种类也是不一样的。荆桑是乔木类，枝干高大，需踏梯攀爬摘叶；鲁桑属灌木类，多生长在南方气候温暖地区，树形矮小，却产量大、生长迅速。

病症

凡蚕卵中受病，已详前款。出后湿热积压，妨（防）[1]忌在人。初眠腾时用漆盒者，不可盖掩逼出炁（气）[2]水。凡蚕将病，则脑上[3]放光，通身黄色，头渐大而尾渐小。并及眠之时，游走不眠，食叶又不多者，皆病作也。急择而去之，勿使败群。凡蚕强美者必眠叶面，压在下者，或力弱或性懒，作茧亦薄。其作茧不知收法[4]，妄[5]吐丝成阔窝者，乃蠢蚕[6]，非懒蚕[7]也。

注释

〔1〕妨：通“防”，妨止，预防。

〔2〕炁：同“气”。

〔3〕脑：实际指蚕的胸部。一般蚕农把蚕的胸部看作是头。把头部看作是蚕的嘴。

〔4〕收法：蚕正常的吐丝是呈“S”形排列。不知收法指不正常的结茧。

〔5〕妄：胡乱。

〔6〕蠢蚕：愚笨的蚕，指不正常的蚕。

〔7〕懒蚕：不大活动的蚕，即不健康的蚕。

老足[1]

凡蚕食叶足候，只争时刻。自卵出蚴，多在辰巳二时[2]，故老足结茧，亦多辰巳二时。老足者，喉下两吷[3]通明。捉时嫩一分[4]则丝少；过老一分，又吐去丝，茧壳必薄。捉者眼法高[5]，一只不差方妙。黑色蚕不见身中透光，最难捉。

注释

〔1〕老足：指蚕已发育成熟，即将吐丝结茧。

〔2〕辰巳二时：我国古老的民间计时法，以12个地支顺序排列，每个时辰为2个小时，子时为午夜11时至凌晨1时，辰时则是上午7—9时，巳时为9—11时。这是作者通过深入实践调查，总结出蚕孵化和成熟的时间规律，也是世界上最早做出的纪录，至今未变。

〔3〕吷：猴类把食物贮藏在口内颊部。这里指蚕胸部下边两侧的丝腺。

〔4〕嫩一分：蚕尚未成熟，仍需要吃少量桑叶。

〔5〕眼法高：眼法高明，看得准，善于辨认蚕是否真熟。

老足。《天工开物》插图。老足是指蚕已发育成熟，即将吐丝结茧。由于每一只蚕的成长期有别，所以对于早成熟的蚕必须要有人及时地挑取出来，使其从蚕箔中移至蚕蔟上，这个过程就叫作“上蔟”。

结茧　山箔

凡结茧必如嘉湖，方尽其法。他国[1]不知用火烘[2]，听[3]蚕结出，甚至丛秆之内，箱匣之中，火不经，风不透。故所为屯、漳[4]等绢，豫、蜀等绸，皆易朽烂。若嘉湖产丝成衣，即入水浣濯百余度[5]，其质尚存。其法析竹编箔[6]，其下横架料木，约六尺高，地下摆列炭火（炭忌爆炸），方圆去四五尺即列火一盆。初上山[7]时，火分两略轻少，引他成绪，蚕恋火意，即时造茧，不复缘走。茧绪既成，即每盆加火半斤，吐出丝来，随即干燥，所以经久不坏也。其茧室不宜楼板遮盖，下欲火而上欲风凉也。凡火顶上者不以为种，取种宁用火偏者。其箔上山，用麦稻稿斩齐，随手纠捩[8]成山，顿插箔土（上）。做山之人，最宜手健。箔竹稀疏，用短稿略铺洒，防蚕跌坠地下与火中也。

注释

〔1〕他国：指其他地方。

〔2〕火烘：蚕结茧时用炭火加温，可使蚕吐丝快而匀，并能增加吐丝量，又能及时干燥。

〔3〕听：听从，任凭。

〔4〕屯：今安徽屯溪。　　漳：福建漳州。

〔5〕浣濯：洗涤。　　度：次，回。

〔6〕析：分开，散开。　　编箔：用竹篾编织的席子、匾、筛、帘子等，供养蚕用，一般称蚕箔，江浙一带称蚕匾，广东地区称蚕窝。

〔7〕上山：又叫“上蔟”。将要吐丝的蚕移到蚕蔟上，以供吐丝结茧，蚕蔟大都由细软的麦、稻、禾秆或竹篾等做成。

〔8〕纠捩：扭转。

山箔。《天工开物》插图。蚕上山作茧的环境是有要求的，比如要通风，但又不能强风直吹，温度要暖和些，但又不能让太阳直射。而光线也是有讲究的，要求均匀，稍许偏暗，所以图中所绘的蚕房四周都有帷幔，可以做到适时调节。地上的火盆是升温用的。这种景象在江浙一带很典型。

英国维多利亚阿伯特博物馆收藏的1870—1890年间的纸本水彩画，《制丝》组图：炙箔，吴俊作。炙箔顾名思义就是给蚕箔加温。

英国维多利亚阿伯特博物馆收藏的1870—1890年间的纸本水彩画,《制丝》组图:上蔟,吴俊作。通常用来待蚕爬上去做茧的蔟,是用稻草、麦秆或茅草、竹苇做成的,其形制长久以来一直为"山"形,所以蚕蔟又俗称"蚕山",蚕上蔟结茧又叫"上山"。图中所描绘的是广州地区的做茧场景。

现代江苏省无锡市的蚕蔟。这件蚕蔟一侧是传统的“山”形的蚕蔟，另一侧是盒子形的“方格”蔟，“方格”蔟的好处是更利于蚕茧的成形，使蚕茧外形更加规范，易于缫丝。

取茧

凡茧造三日，则下箔而取之。其壳外浮丝，一名丝匡者，湖郡老妇贱价买去（每斤百文），用铜钱坠打成线，织成湖绸。去浮之后，其茧必用大盘摊开架上，以听治丝[1]、扩绵[2]。若用厨箱掩盖，则浥郁[3]而丝绪断绝矣。

注释

〔1〕治丝：把蚕茧浸在热水里，抽出蚕丝，也叫缫丝。

〔2〕扩绵：拉丝绵。

〔3〕浥郁：沾湿滞结。

取茧。《天工开物》插图。取茧就是把蚕蔟上的蚕茧摘取下来，一般是在蚕茧结成后三天左右，蚕丝已经干燥之后。

物害

凡害蚕者，有雀、鼠、蚊三种。雀害不及茧，蚊害不及早蚕，鼠害则与之相终始。防驱之智[1]，是不一法，唯人所行也（雀屎粘叶，蚕食之立刻死烂）。

注释

〔1〕防驱之智：防除物害的方法、技巧。

择茧

凡取丝必用圆正独蚕茧，则绪不乱。若双茧[1]并四五蚕共为茧，择去取绵用。或以为丝，则粗甚。

注释

〔1〕双茧：两条蚕共同结的茧，茧形较大。

择茧。《天工开物》插图。缫丝时如果用的茧形状相似，大小接近，那么缫出的丝就会均匀整齐，品相好。所以择茧的工作就是将蚕茧按等次分类，上等的蚕茧用来缫丝，其他的可以做丝绵。

这是一张实物照片。采摘出来的茧子，不能胡乱堆放，通常以二三粒茧为厚度铺放在蚕匾上。

造绵[1]

凡双茧，并缫丝锅底零余[2]，并出种茧壳[3]，皆绪断乱不可为丝，用以取绵。用稻灰水煮过（不宜石灰），倾入清水盆内。手大指去甲净尽，指头顶开四个[4]，四四数足[5]，用拳顶开又四四十六拳数，然后上小竹弓[6]。此庄子所谓洴澼绕[7]也。

湖绵独白净清化者，总缘手法之妙。上弓之时，惟取快捷，带水扩开，若稍缓水流去，则结块不尽解，而色不纯白矣。

其治丝余者，名锅底绵，装绵衣衾内以御重寒，谓之挟纩[8]。凡取绵人工，难于取丝八倍，竟日只得四两余。用此绵坠打线织湖绸者，价颇重。以绵线登花机[9]者，名曰花绵，价尤重。

注释

〔1〕造绵：制造丝绵。

〔2〕锅底零余：缫丝中剩在锅底的断茧碎丝。

〔3〕出种茧壳：种茧出蛾后的茧壳。

〔4〕指头顶开四个：这是拉丝绵的操作过程。将茧套在并拢的四个指头上。

〔5〕四四数足：连续套入四个茧，取出成为一个小抖。

〔6〕用拳顶开又四四十六拳数，然后上小竹弓：双手伸入小抖内，再用拳头一组组地顶开，四组共十六拳，然后套在小竹弓上。或者再用拳头顶开，拉宽套入大竹弓，晾干，扯松，即为丝绵。

〔7〕洴澼绕：语出庄子《逍遥游》："世世以洴澼絖为事。"意为世代在水里漂洗丝绵为业。　洴澼：漂洗。　絖：同"纩"，丝绵。

〔8〕挟纩：把丝绵做成锦衣、锦被。

〔9〕花机：能提花的织机。

英国维多利亚阿伯特博物馆收藏的1870—1890年间的纸本水彩画，《制丝》组图：浴茧，吴俊作。浴茧是在缫丝之前的一道工序，即将蚕茧洗净。

治丝　缫车

凡治丝先制丝车，其尺寸器具开载后图。

锅煎极沸汤，丝粗细视投茧多寡。穷日之力，一人可取三十两。若包头丝[1]则只取二十两，以其苗长[2]也。凡绫罗丝[3]，一起投茧二十枚，包头丝只投十余枚。

凡茧滚沸时，以竹签拨动水面，丝绪自见。提绪入手，引入竹针眼，先绕星丁头[4]（以竹棍做成，如香筒样），然后由送丝竿[5]勾挂，以登大关车[6]。断绝之时，寻绪丢上，不必绕接。其丝排匀不堆积者，全在送丝竿与磨木[7]之上。川蜀丝车制稍异，其法架横锅上，引四五绪而上，两人对寻锅中绪。然终不若湖制之尽善也。

凡供治丝薪，取极燥无烟湿者，则宝色不损。丝美之法有六字：一曰“出口干”，即结茧时用炭火烘；一曰“出水干”，则治丝登车时，用炭火四五两，盆盛，去车关五寸许。运转如风时，转转火意照干，是曰“出水干”也（若晴光又风色，则不用火）。

注释

〔1〕包头丝：织头巾，手巾用的丝。

〔2〕苗长：细长。

〔3〕绫罗丝：质地薄而稀疏的丝织品。

〔4〕星丁头：缫车上起导丝作用的滑轮。

〔5〕送丝竿：移丝竿。

〔6〕大关车：用脚踏转动的绕丝机件。

〔7〕磨木：带动送丝竿往返运动的脚踏摇柄。

注释者按

西方人称我们是“丝绸之国”，是因为世界上没有一个国家像中国的丝织业这样发达。

有人认为中国养蚕业的起始和丝绸业的起源，不应该仅仅是一个简单的偶然，这个想法是很有道理的。固然自然环境是其先决条件，但中国文化的独特背景，更催生出了中国丝绸文化特有的内涵。

蚕的一生几眠几起，作茧自缚后又化蛹为蝶。蚕的“生死”之状态似乎与人类的“生”之生活和“死”之生活的愿望相一致，古人崇尚以丝裹尸，大抵就是仿蚕作茧之状，以求“得道升仙”。所以，在中国的古代，丝最先是用来事鬼神的。到了春秋战国时期，一则“百家争鸣”解放了思想，一则生产力的提高，丝绸才开始在现实生活中普及。发展到唐代，打开了丝绸之路。

制丝是件复杂的工作，需要经过许多道工序，缺一不可，而丝织品的织造，就更是一件精深的事情了。在中国古代纺织业的发展中，许多纺织机械，诸如缫丝车、纺车、提花机等，是中国特有的创造。

治丝。《天工开物》插图。蚕茧并不是都能用来缫丝的，被淘汰下来的不适合缫成生丝的茧，通常都用来制成丝绵。制作丝绵也是一件技术活，一要讲究丝绵蓬松，纤维均匀，二是要讲究色泽纯白干净，要达到这样的品相，工作的时候就必须动作麻利，防止纤维纠缠。图中所描绘的就是在缫丝过后将残余部分制成丝绵的场景。

治丝。《天工开物》插图。

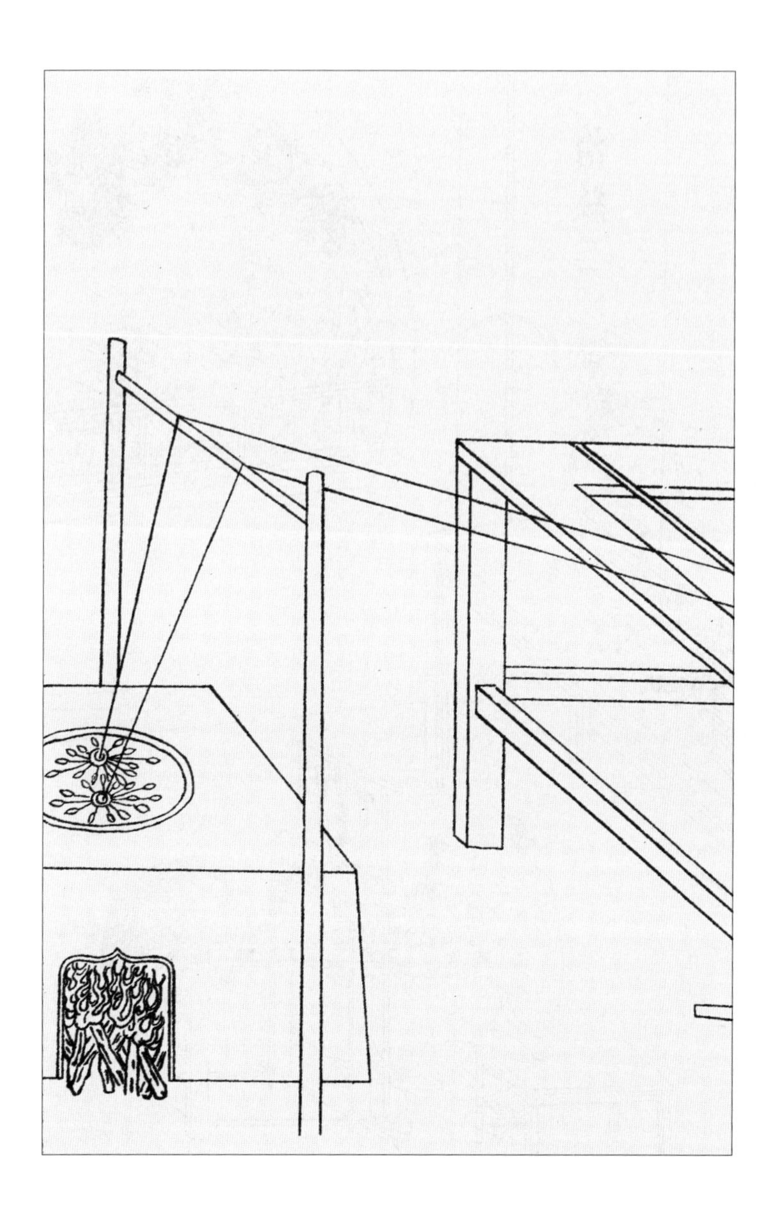

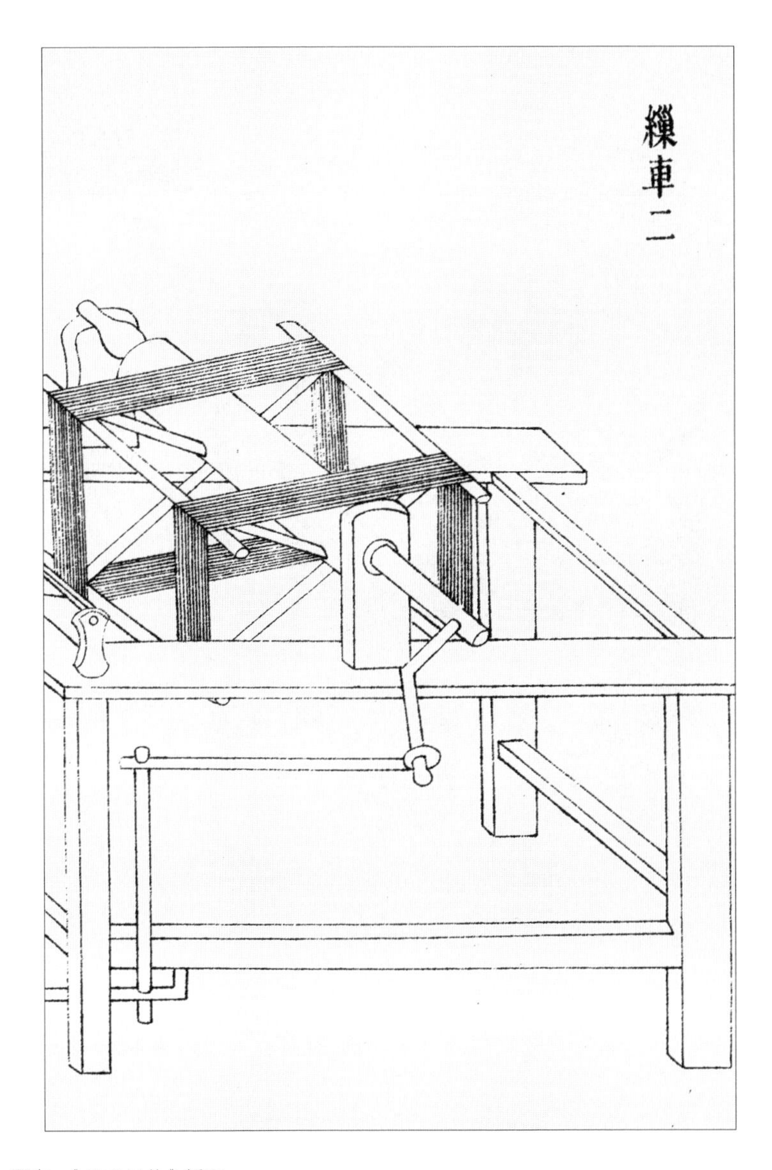

缫车。《天工开物》插图。

前面两张图中的缫车同为手摇缫车，这件缫车是脚踏缫车。脚踏缫车是在手摇缫车的基础上发展出来的，宋代时已普遍使用。它的优点是可以腾出双手来做其他的工作，比如索绪、添绪等。图中描绘的车型较大，它正在同时绕两束生丝。据王祯《农书》描述，脚踏缫车的形制南北有别，此为北缫车制式。

现代江苏省无锡市脚踏缫车。这件缫车的外形与王祯《农书》南北缫车的描述一致，是典型的南缫车形制。这里示范的是绕丝三束，显然脚踏缫车比手摇缫车效率要高很多。当然，绕丝一束或两束工作也是可以的，这完全由工时和工力的情况而定。

英国维多利亚阿伯特博物馆收藏的1870—1890年间的纸本水彩画，《制丝》组图：缫丝，吴俊作。治丝就是缫丝，即将蚕茧中的丝纤维分解抽取出来形成一种长丝状的丝束，它的主要工具就叫缫车。中国古代的缫丝技术在殷商时期就已经非常成熟，之后历代缫丝工具的外形随时代变迁而有所差异，但其结构和原理始终是一脉相承的。整个缫丝过程主要分为四个步骤：烫茧、索绪、集绪和绕丝。如图所示，缫车旁边支着一个炉灶，灶膛中柴火正旺，烧得铁锅中的水已经沸腾，此时投入蚕茧，使其软化分解浮出丝绪；接着开始索绪，即挑出丝头，索绪的工具多用草茎或竹签，也有用筷子的；因单根的蚕丝太细，强度也差，集绪的工作就是使多根蚕丝合而为一，并且及时续上断落的纤维，以保证生丝的粗细均匀，将其缠绕起来成为丝束，以便使用。

英国维多利亚阿伯特博物馆收藏的1870—1890年间的纸本水彩画，《制丝》组图：浣丝，吴俊作。浣丝就是将生丝放到溪水中清洗，因为丝的表面上有一层叫作丝胶的物质，只有将其洗尽，丝才能呈现出亮丽润滑的特性。

英国维多利亚阿伯特博物馆收藏的1870—1890年间的纸本水彩画，《制丝》组图：络丝，吴俊作。络丝又叫调丝、解丝，这道工序的目的是整理丝线，并且通过左手的牵引和右手的缠绕，能加强丝纤维的韧性。

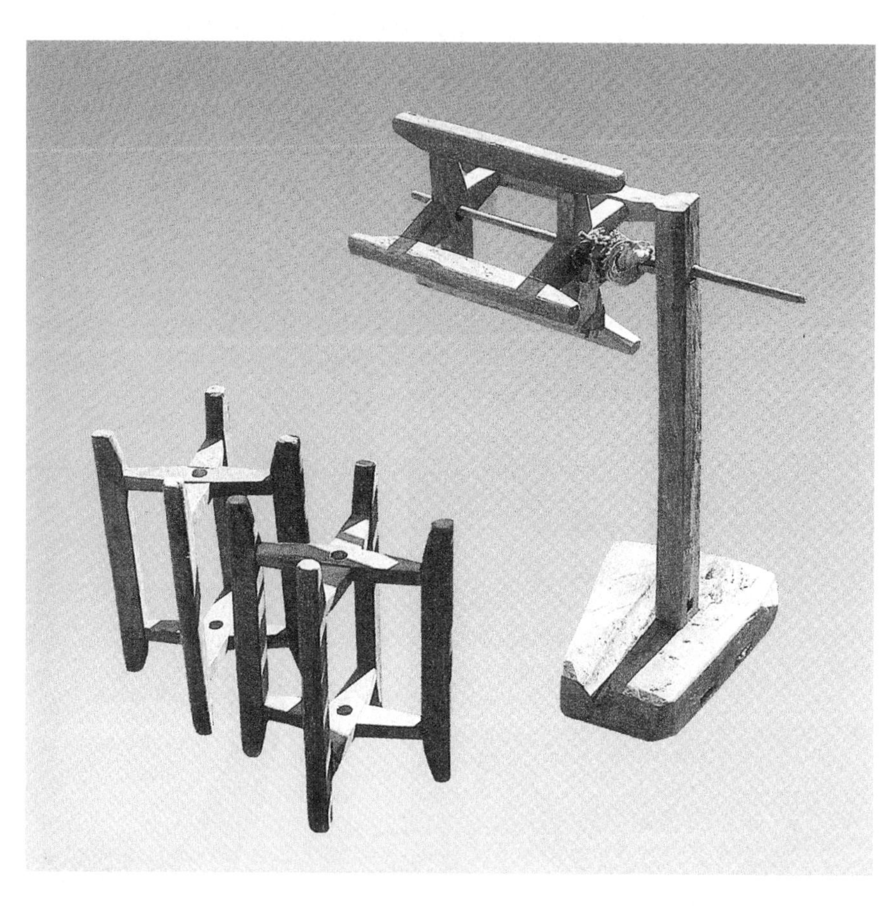

江苏省高淳县现代络车。这件络车与一三五页图中描绘相近。但此络车是一种闲置状态，工作时还需要有其他部件。

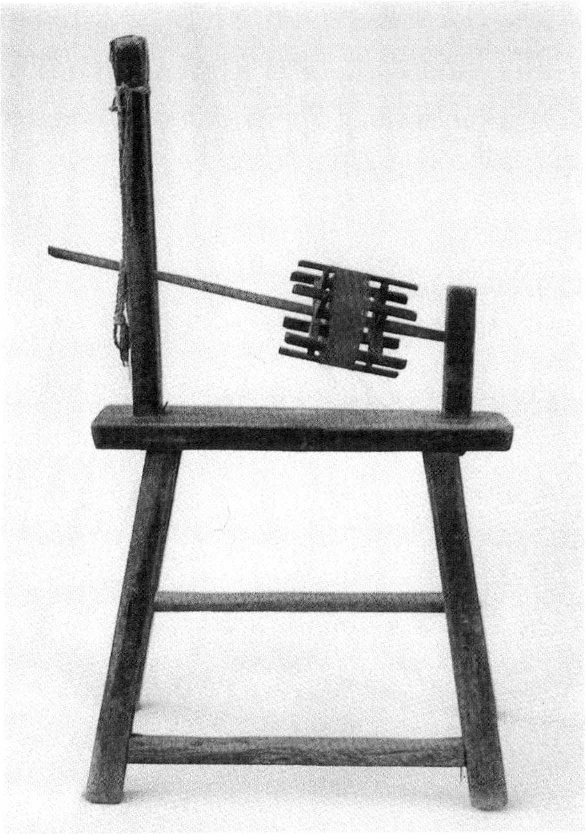

这是一件清代江苏省的络车实物图片。

调丝[1]

凡丝议织时，最先用调。透光檐端宇下，以木架铺地，植竹四根于上，名曰络笃[2]。丝匡竹上，其傍倚柱高八尺处，钉具斜安小竹偃月[3]挂钩，悬搭丝于钩内，手中执籰[4]旋缠，以俟牵经织纬[5]之用。小竹坠石为活头，接断之时，扳之即下。

注释

〔1〕调丝：将丝绕在籰（yuè）子（一绕丝工具）上。

〔2〕络笃：绕丝用具，江浙称丝驼，广东称丝。

〔3〕偃月：半月形。

〔4〕籰：同“籰”，绕丝线的工具。

〔5〕经：织品上的纵线。　纬：织品上的横线。

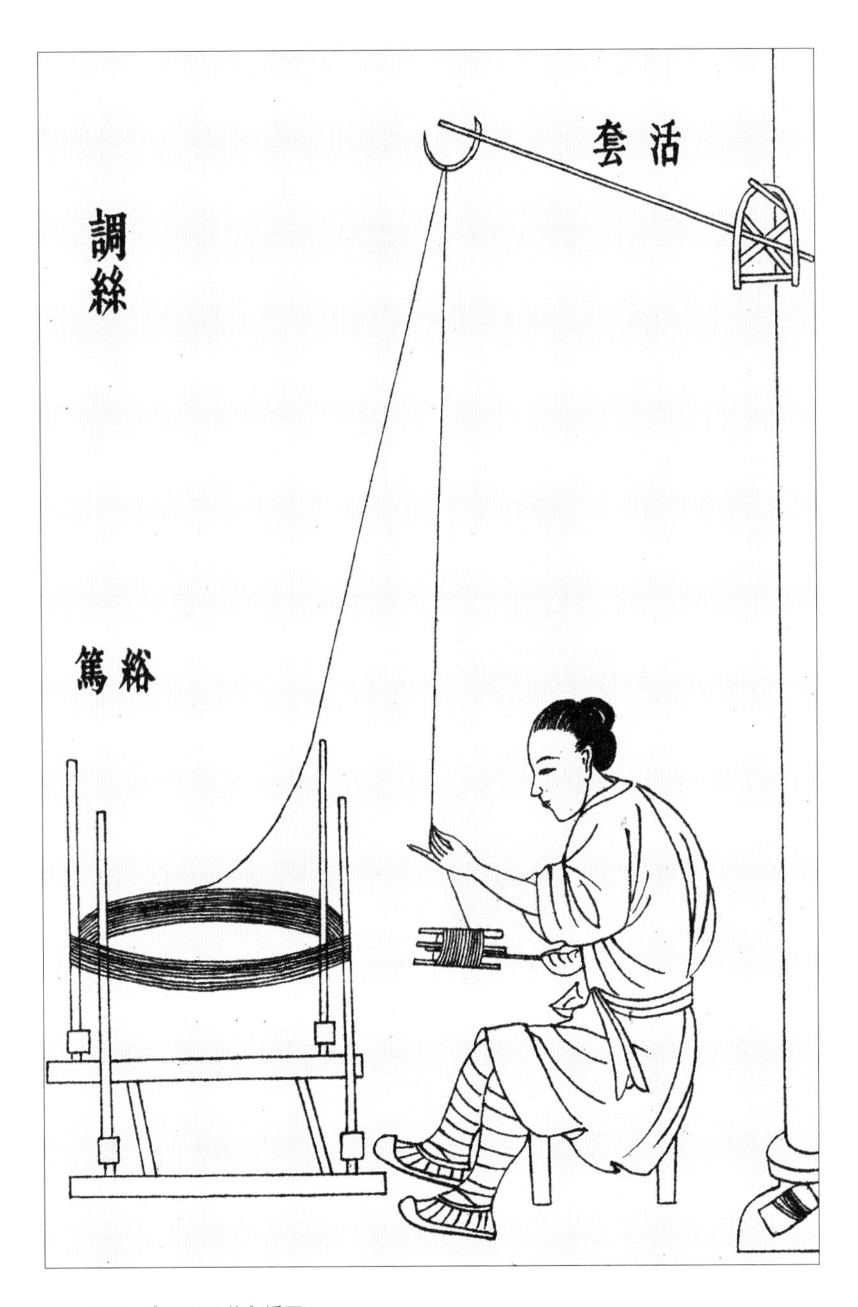

调丝。《天工开物》插图。

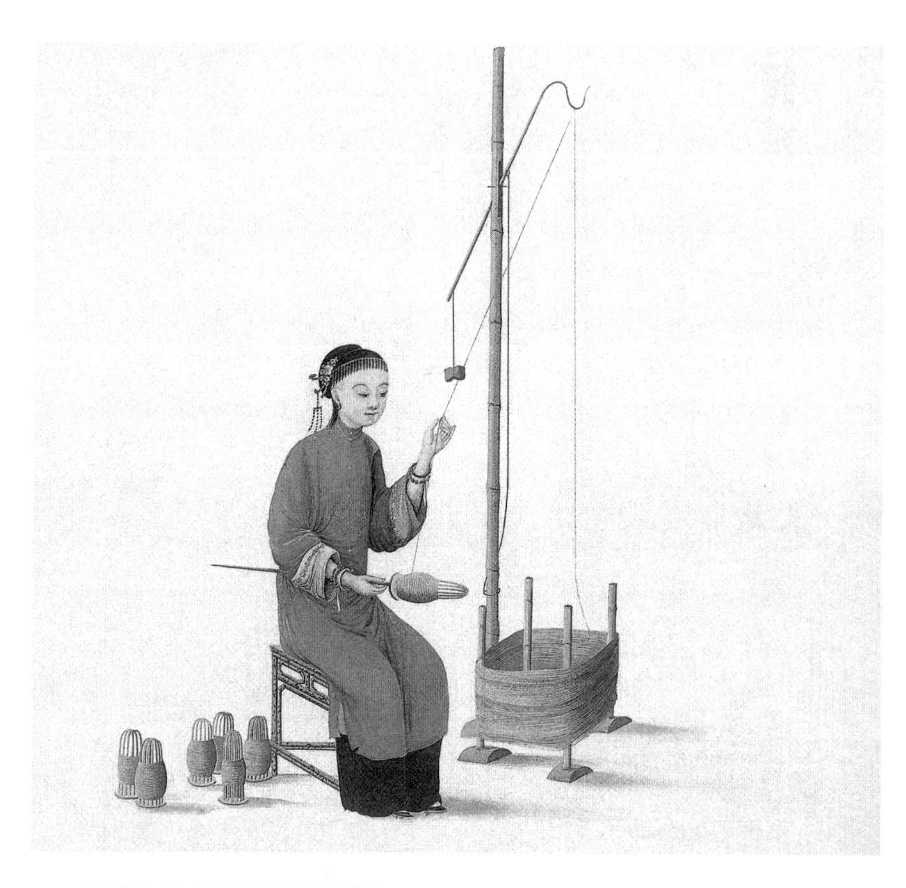

英国维多利亚阿伯特博物馆收藏的1790年间的水粉画：调丝。从图中可以比较清楚地看到调丝时的全套工具样式和动作要领。

纬络[1]　纺车

凡丝既籰之后，以就经纬。经质用少，而纬质用多。每丝十两，经四纬六，此大略也。凡供纬籰，以水沃[2]湿丝，摇车转铤[3]，而纺于竹管之上（竹用小箭竹[4]）。

注释

〔1〕纬络：又叫卷纬、摇纡。卷绕织物的纬线。

〔2〕沃：浇，浸泡。

〔3〕铤：锭子，纺车和纺织机上绕纱的机件。

〔4〕箭竹：一种坚劲而有弹性的竹子。

纺车图。《天工开物》插图。络好的丝可以用来做经线，也可以用来做纬线，而纬线比经线要粗一些，所以常常通过纺车，又叫纬车的转轮工具，将几锭丝捻合为一股，缠绕起来待用。

这是两件清代江苏省的纬车。纬车功能一样，但材质、外形却有所差异，使用起来当各有千秋。

英国维多利亚阿伯特博物馆收藏的1870—1890年间的纸本水彩画，《制丝》组图：牵经，吴俊作。牵经是织造之前的第一道工序，就是将络好的丝线按预定的长度和宽度平行排列缠绕在经轴上，它要求每根经丝的张力必须相等。

经具[1]　溜眼　掌扇　经耙　印架

凡丝既籰之后，牵经就织。以直竹竿穿眼三十余，透过篾圈，名曰溜眼[2]。竿横架柱上，丝从圈透过掌扇[3]，然后缠绕经耙[4]之上。度数既足，将印架[5]捆卷。既捆，中以交竹[6]二度，一上一下间丝，然后扱于筘内（此筘非织筘）。扱筘[7]之后，以的杠[8]与印架相望，登开五七丈。或过糊[9]者，就此过糊，或不过糊，就此卷于的杠，穿综[10]就织。

注释

〔1〕经具：牵引经线的工具。
〔2〕溜眼：经眼。也叫篾圈、篾眼等。
〔3〕掌扇：分交用的经牌，或称分绞筘。
〔4〕经耙：经架。
〔5〕印架：织前整理经线的工具，又叫卷经架。
〔6〕交竹：又叫交棒，穿经时使丝线上下交错分开的竹棒。
〔7〕扱筘：定幅。
〔8〕的杠：经轴，织机上卷绕经线的部件。
〔9〕过糊：上浆。
〔10〕综：织机上使经线上下交错的部件。穿综，即经线穿过综眼。

經耙
交頭

溜眼掌扇经耙图。《天工开物》插图。

溜眼、掌扇、经耙都是牵经工具的各个部位称谓，如图所示。图中所描绘的这种耙式整经方法，我国在春秋战国时期就已经开始运用。

过糊

凡糊用面觔[1]内小粉[2]为质。纱罗[3]所必用，绫绸[4]或用或不用。其染纱不存素质[5]者，用牛胶水为之，名曰清胶纱。糊浆承于筘上，推移染透，推移就干。天气暗（晴）明，顷刻而燥，阴天必借风力之吹也。

注释

〔1〕面觔：觔同筋。小麦粉中的胶质部分，可在水中洗出。

〔2〕小粉：做面筋时沉淀于底部的极细的粉。

〔3〕纱罗：轻薄而没有花纹的丝织品，也叫纺。

〔4〕绫绸：较厚有斜纹并有底面之分的丝织品。

〔5〕素质：织物本身原来具有的特性。

民国时期江苏省南通市的浆纱车实物照片。

印架过糊图。《天工开物》插图。在经丝的表面上涂抹浆糊，就叫过糊。过糊的目的就是使纤维挺括。图中经线上悬挂的如梳子状的东西是用来梳理浆料的，可以帮助纤维快速干燥。

边维[1]

凡帛[2]不论绫罗，皆别牵边，两傍各二十余缕。边缕必过糊，用箝推移梳干。凡绫罗必三十丈、五六十丈一穿，以省穿接繁苦。每匹[3]应截画墨于边丝之上，即知其丈尺之足。边丝不登的杠，别绕机梁之上。

注释

〔1〕边维：边经。

〔2〕帛：丝织品的总称。

〔3〕匹：纺织品的量名，古代织物长四丈为一匹。

经数[1]

凡织帛，罗纱筘以八百齿为率，绫绢筘以一千二百齿为率。每筘齿中度经过糊者，四缕合为二缕，罗纱经计三千二百缕，绫绸经计五千六千缕。古书八十缕为一升[2]，今绫绢厚者，古所谓六十升布也。凡织花文必用嘉湖出口、出水皆干[3]丝为经，则任从提挈，不忧断接。他省者即勉强提花[4]，潦草而已。

注释

〔1〕经数：经线的数目。
〔2〕升：一根经丝为一缕，古代八十缕为一升。
〔3〕出口、出水皆干：结茧和缫丝时均用炭火烘干。
〔4〕提花：提花织物。

英国维多利亚阿伯特博物馆收藏的1870—1890年间的纸本水彩画，《制丝》组图：织丝，吴俊作。当所有制丝工序完成后，经线上机床，以纬线交织，就可以完成一件丝织物了。中国古代的机床很多样，比如我们较为熟悉的有踏板织机、腰机、提花机等。这些织机有前后承继的关系，也有因织造手法的需要而改进的。

机式[1]

凡花机通身度长一丈六尺，隆起花楼[2]，中托衢盘[3]，下垂衢脚[4]（水磨竹棍为之，计一千八百根）。对花楼下掘坑二尺许，以藏衢脚（地气湿者，架棚二尺代之）。提花小厮[5]坐立花楼架木上。机末以的杠卷丝，中用叠助木[6]两枝，直穿二木，约四尺长，其尖插于筘两头。

叠助，织纱罗者视织绫绢者减轻十余斤方妙。其素罗不起花纹，与软纱绫绢踏成浪梅小花者，视素罗只加桄[7]二扇，一人踏织自成。不用提花之人闲住花楼，亦不设衢盘与衢脚也。其机式两接[8]，前一接平安[9]，自花楼向身一接斜倚低下尺许，则叠助力雄。若织包头细软，则另为均平[10]不斜之机，坐处斗二脚。以其丝微细，防遏叠助之力也。

注释

〔1〕机式：提花机的构造。
〔2〕花楼：提花织机上控制经线起落的部件。
〔3〕衢盘：调整经线开口位置的部件。
〔4〕衢脚：使经线复位的部件。
〔5〕小厮：旧时称年轻的童仆。
〔6〕叠助木：绷紧经线打筘用的压木。
〔7〕桄：综框，或叫综片。织机上的横木。
〔8〕两接：两段。
〔9〕平安：平放。
〔10〕平：拼合，安装。

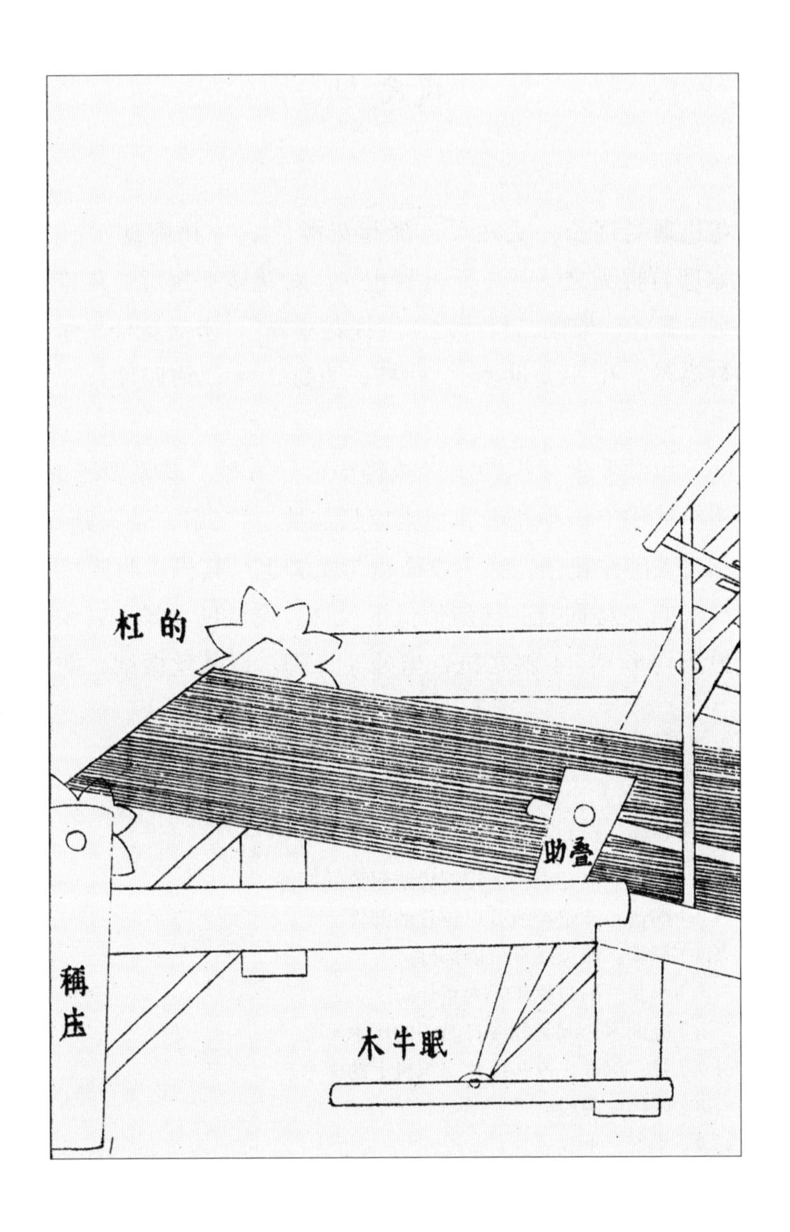

杠的
助叠
稱
压
木牛眠

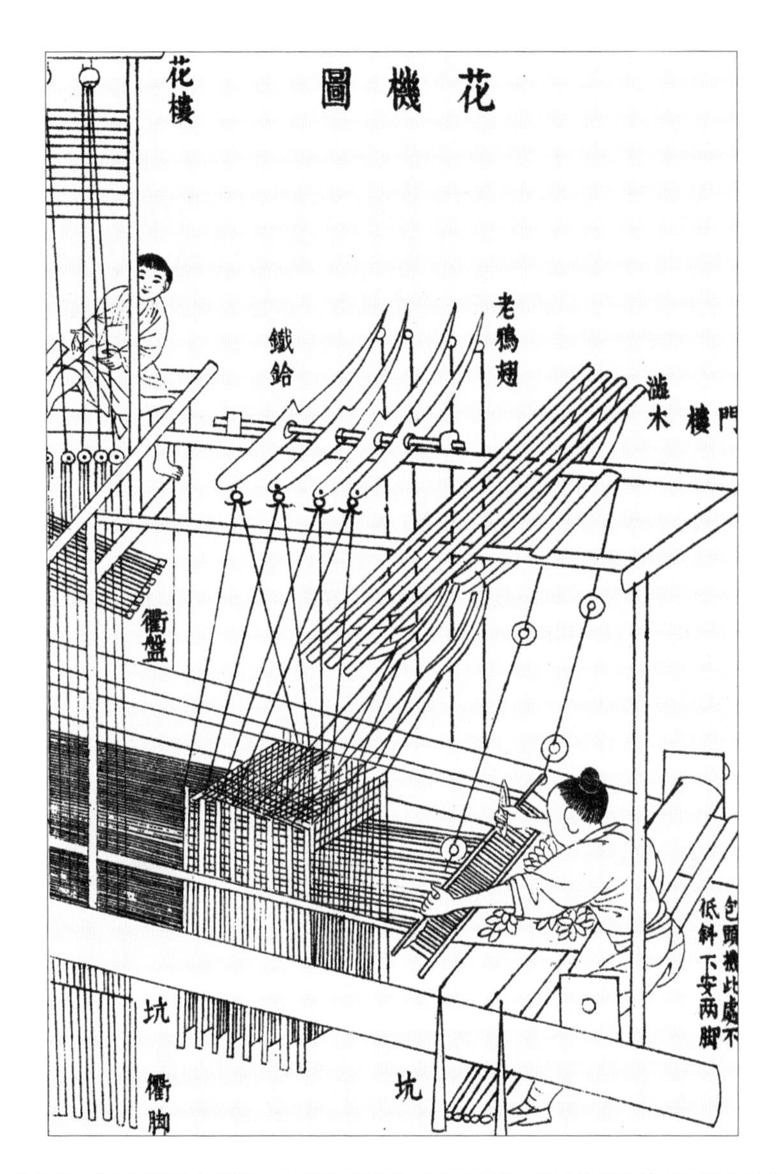

花机图。《天工开物》插图。花机即提花机，又叫花楼。中国的提花技术在汉代就有了。我们都大致了解织物的基本结构是经纬线的交织，所以织床上的经线在有纬线穿过时必须设有分经线的装置：综。如果一架织床只设了两个综框，那么织出的织物只能是平纹，三综以上可以织出斜纹，一般来讲，控制经线的踏板“综”越多，织出的织物花纹就越复杂。图中标有“老鸭翅”的部件就是提综的杠杆。

腰机[1]式

凡织杭西、罗地等绢，轻素等绸，银条[2]、巾帽等纱，不必用花机，只用小机。织匠以熟皮一方置坐下，其力全在腰尻[3]之上，故名腰机。普天织葛苎[4]棉布者，用此机法，布帛更整齐坚泽，惜今传之犹未广也。

注释

〔1〕腰机：用于织窄幅丝织品的织机。

〔2〕杭西、罗地、轻素、银条：都是古代丝织品的名称。

〔3〕尻：臀部。

〔4〕苎：苎麻属荨麻科。多年生草本植物，茎皮纤维洁白有光泽，拉力和耐热力强，是纺织用的重要原料。

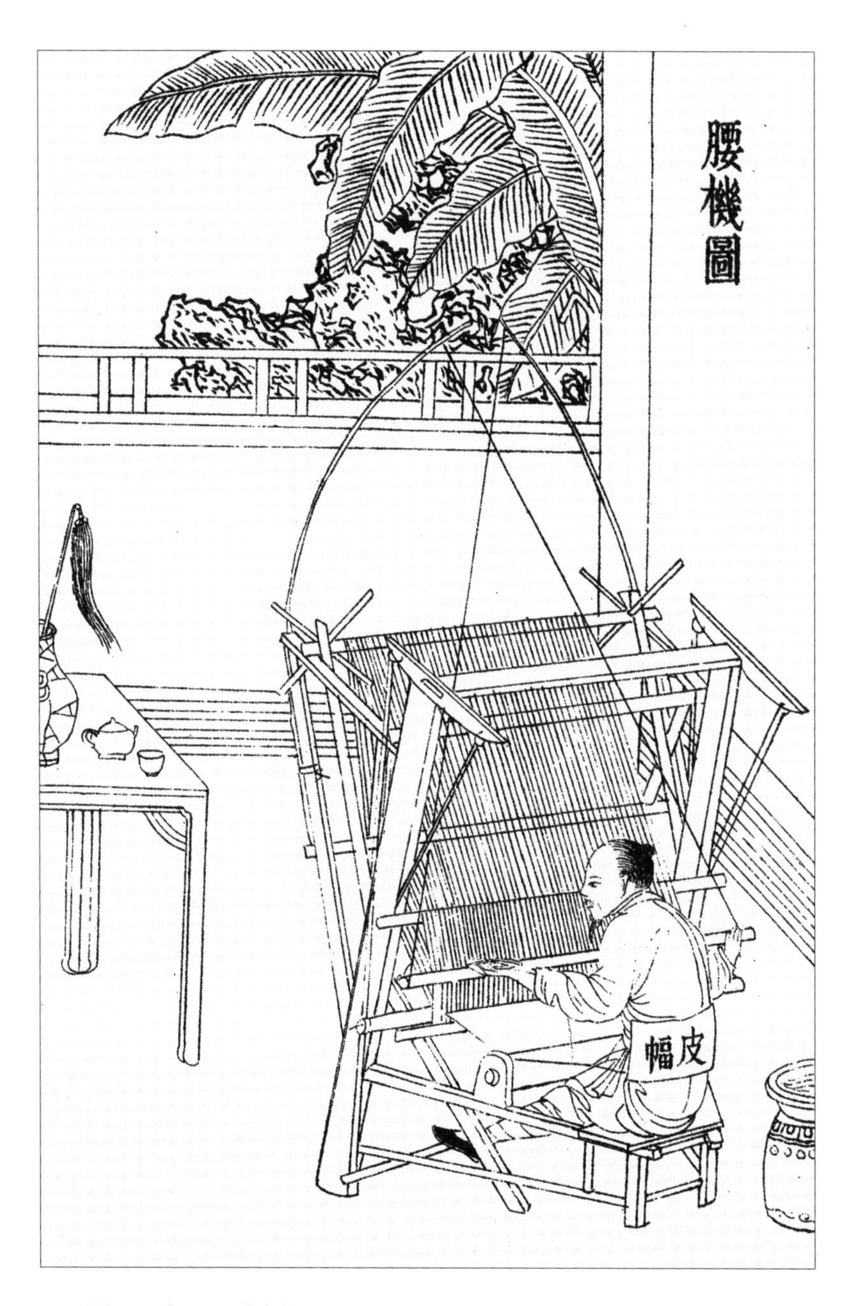

腰机图。《天工开物》插图。

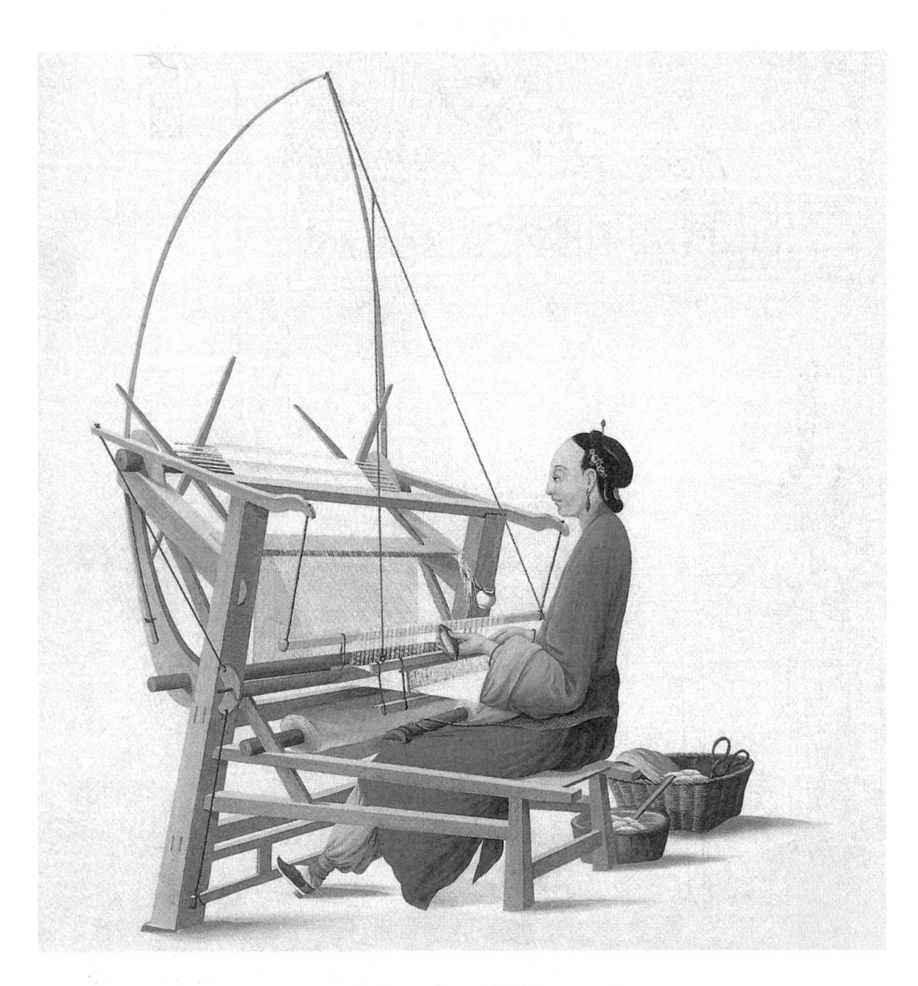

英国维多利亚阿伯特博物馆收藏的1790年间的水粉画：织布。

近代江苏省吴县的腰机实物照片。腰机的使用在民间非常普遍，南北皆有。对照图片来看，这部腰机的形制与上两图所描绘的完全一致，这种又被称为卧机子的腰机看起来已经很复杂。

事实上，腰机是中国古代最原始的织造工具，它的原理再简单不过，就是将经线的一头缠绕在木棍上，相当于现代织机上的经轴，用双脚抵住棍子的两端，另一端织好的织物也卷在另根木棍上，即相当于卷布轴，两头用绳索系于腰后。由于方便，现在许多少数民族地区仍在沿用原始腰机织造一些织物。卧机子在原始腰机的基础上发展了很多，但工作原理仍然一致，织工依然要利用双脚对踏板的移动和后腰的力量来控制经线的张力，但由于运用了张力补偿原理而改进了的机床结构，能使织出来的织物更加平整耐用。

花本

凡工匠结花本[1]者，心计最精巧。画师先画何等花色于纸上，结本[2]者以丝线随画量度，算计分寸杪忽[3]而结成之。张悬花楼之上，即织者不知成何花色，穿综带经，随其尺寸度数提起衢脚，梭过之后，居然花现。盖绫绢以浮经而见花，纱罗以纠纬而见花。绫绢一梭一提，纱罗来梭提，往梭不提。天孙机杼，人巧备矣[4]。

注释

〔1〕花本：提花机上控制经线的起落，以构成织物花纹的装置，俗称“纹样”。

〔2〕结本：根据手绘的图案纹样放成丝线的花纹，称为结本。

〔3〕杪忽：杪，末尾；忽，一厘的千分之一。杪忽是指极小的长度单位。

〔4〕天孙机杼，人巧备矣：天上织女的纺织本领，人间都巧妙地具备了。

穿经[1]

凡丝穿综度经[2]，必用四人列坐。过筘之人，手执筘耙[3]先插以待丝至。丝过筘，则两指执定，足五七十筘，则绦结[4]之。不乱之妙，消息[5]全在交竹，即接断，就丝一扯即长数寸，打结之后，依还原度，此丝本质自具之妙也。

注释

〔1〕穿经：把经线穿过综和筘的程序。

〔2〕穿综度经：织物的两个工序，先将丝穿过综，然后再过筘，都要两人操作。

〔3〕筘耙：引丝过筘的工具。

〔4〕绦结：打结。绦，用丝线编织的绳子或带子。

〔5〕消息：机关。

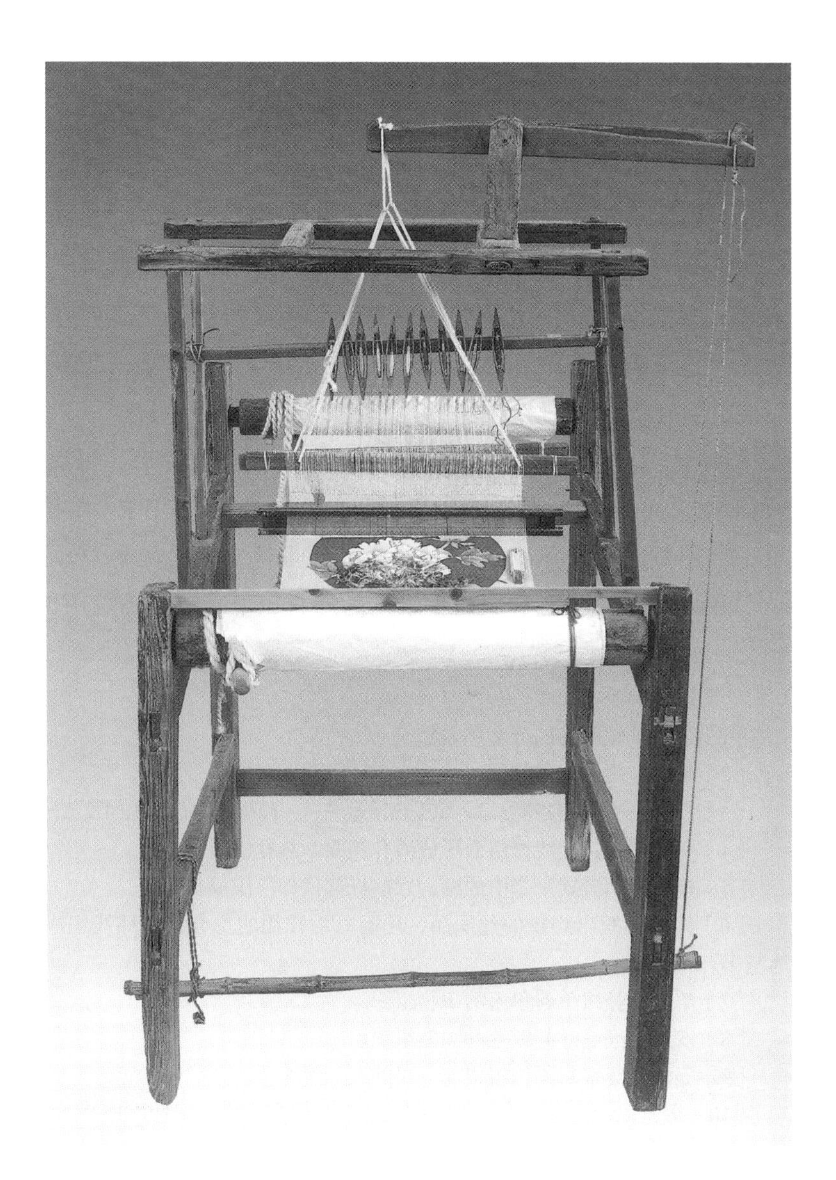

清代江苏省南京市缂丝机。缂丝是一种特殊的丝织工艺，织物表面光洁，图案复杂、色彩绚丽，它是根据花纹的需要通过断纬的手法来进行织造的。从照片中可以看到，这件织物的织造需要11个纬线梭，它们将按照图案花色的要求，在同根纬线中切换，这种切换我们在织物的背面可以看到痕迹。制造缂丝，对于丝的品相和染色都有讲究，加上非常费时费工，所以缂丝成品的价格都很高。

分名〔1〕

凡罗，中空小路以透风凉，其消息全在软综〔2〕之中。衮头两扇打综，一软一硬〔3〕，凡五梭三梭（最厚者七梭）之后，踏起软综，自然纠转诸经，空路不粘〔4〕。若平过不空路而仍稀者曰纱，消息亦在两扇衮头之上。直至织花绫绸，则去此两扇，而用桄综〔5〕八扇。凡左右手各用一梭，交互织者，曰绉纱〔6〕。凡单经〔7〕曰罗地，双经〔8〕曰绢地，五经〔9〕曰绫地。凡花分实地与绫地，绫地者光，实地者暗。先染丝而后织者曰缎〔10〕（北土屯绢，亦先染丝）。就丝绸机上织时，两梭轻，一梭重，空出稀路者，名曰秋罗，此法亦起近代。凡吴越秋罗，闽广怀素〔11〕，皆利缙绅〔12〕当暑服，屯绢则为外官、卑官逊别锦绣用也。

注释

〔1〕分名：丝织物的分类和名称。

〔2〕软综：用细绳做的综。

〔3〕一软一硬：一软指纹综，织平纹或素纹；一硬指起纹孔，织纠纹或网纹。

〔4〕空路不粘：经线绞组而形成纱孔网眼，纱孔清晰。

〔5〕桄综：用辘踏来牵引的综，八扇综起伏即可织成花纹。

〔6〕绉纱：织出绉纹的丝织品，用起收缩作用的捻合线做纬线织成，质地坚牢。

〔7〕单经：经线单起单落的织物组织。

〔8〕双经：经线双起双落的织物组织。

〔9〕五经：经线每隔四根提起一根的织物组织。

〔10〕缎：质地较厚，一面平滑有光彩的丝织品，是我国特产之一。

〔11〕怀素：熟纱。

〔12〕缙绅：古代称有官职的或做过官的人。

熟练[1]

凡帛织就，犹是生丝，煮练方熟。练用稻稿灰入水煮，以猪胰脂陈宿一晚，入汤浣之，宝色烨然[2]。或用乌梅者，宝色略减。凡早丝为经、晚丝为纬者，练熟之时，每十两轻去三两。经纬皆美好早丝，轻化只二两。练后日干张急[3]，以大蚌壳磨使乖钝，通身极力刮过，以成宝色。

注释

〔1〕熟练：用洗涤剂、润滑剂等加水煮练，以除去丝胶等天然杂质的一种加工过程。

〔2〕烨然：光辉灿烂。

〔3〕张急：煮练后洗净绷紧晒干。

龙袍

凡上供龙袍[1]，我朝局在苏杭。其花楼高一丈五尺，能手两人，扳提花本，织过数寸，即换龙形。各房斗合，不出一手[2]。赭[3]黄亦先染丝，工器原无殊异，但人工慎重[4]与资本皆数十倍，以效忠敬之谊。其中节目微细[5]，不可得而详考云。

注释

〔1〕龙袍：帝王的朝服，上面有织绣的龙形图纹。

〔2〕各房斗合，不出一手：龙袍上的图案由各机房分织拼合而成，不是一人织成的。

〔3〕赭：红褐色。

〔4〕慎重：这里意为“繁重”。

〔5〕节目微细：指织造过程的细节。

清代皇帝龙袍。

倭缎

凡倭缎[1]制起东夷[2]，漳泉[3]海滨效法为之。丝质来自川蜀，商人万里贩来，以易胡椒归里。其织法亦自夷国传来。盖质已先染，而斮绵[4]夹藏经面，织过数寸，即刮成黑光。北虏[5]互市者见而悦之。但其帛最易朽污，冠弁[6]之上，顷刻集灰；衣领之间，移日损坏。今华夷皆贱之，将来为弃物，织法可不传云。

注释

〔1〕倭缎：指漳绒，过去称天鹅绒。表面有一层绒毛的纺织品，有丝绒、棉绒、灯芯绒、长毛绒等。

〔2〕东夷：古代汉族对东方各族的泛称。这里指日本。

〔3〕漳泉：今福建漳州、泉州一带。

〔4〕斮：斩，削。　斮绵：削丝绵。

〔5〕北虏：古代汉族对北方少数民族的贬称。

〔6〕冠弁：古时男人戴的一种帽子。

布衣　赶　弹　纺

凡棉布御寒，贵贱同之。棉花古书名枲麻[1]，种遍天下。种有木棉、草棉[2]两者，花有白、紫二色，种者白居十九，紫居十一。

凡棉春种秋花，花先绽[3]者逐日摘取，取不一时。其花粘子于腹，登赶车[4]而分之。去子取花，悬弓弹化（为挟纩温衾袄者，就此止功）。弹后以木板擦成长条，以登纺车，引绪纠成纱缕，然后绕篗、牵经就织。凡访（纺）工能者一手握三管[5]，纺于铤上（捷则不坚）。

凡棉布寸土皆有，而织造尚淞江[6]，浆染尚芜湖[7]。凡布缕紧则坚，缓则脆。碾石取江北性冷质腻者（每块佳者值十余金），石不发烧，则缕紧不松泛。芜湖巨店，首尚佳石。广南为布薮[8]而偏取远产，必有所试矣。为衣敝浣，犹尚寒砧捣声[9]，其义亦犹是也。

外国朝鲜，造法相同，惟西洋则未核其质，并不得其机织之妙。凡织布有云花、斜文、象眼等，皆仿花机而生义。然既曰布衣，太素[10]足矣。织机十室必有，不必具图。

注释

〔1〕枲麻：大麻的雄株，也叫花麻。并非棉花。

〔2〕木棉：属锦葵科，又名中棉、亚洲棉、树棉。是我国长江、黄河流域久经栽培的土棉，并不是木棉科的木棉。　草棉：属锦葵科。

〔3〕绽：裂开。

〔4〕赶车：轧花机，是除去棉籽的工具。

〔5〕管：指纺锤。

〔6〕淞江：今上海松江一带。

〔7〕芜湖：今安徽芜湖一带。

〔8〕薮：人或物聚集的地方。

〔9〕寒砧捣声：把衣服放在性冷的石砧上捶打的声音。

〔10〕太素：朴素。这里指最普通的平纹织法。

注释者按

中国古代除丝织业以外，棉、麻、毛纺织业也很发达，在许多新石器时代的遗址中，我们都能够看到麻制品和丝帛残片同时发掘，一些文字记载也表明，中国古代是桑麻并重的。

我国棉花的种植比桑麻要晚，至汉代才由西北少数民族地区传入中原。内地棉纺织业的发达是元代之后的事情，一个叫黄道婆的妇人起了相当大的作用。至明代，棉花的地位从数量上已经远远地超出了桑麻。

赶棉。《天工开物》插图。赶棉即轧棉，就是将棉花籽从棉纤维中分离出来。

清代云南省基诺族手摇轧花机。

清代江苏省脚踏轧花机。轧棉机有手摇的，也有脚踏的，它的工作原理就是运用上下两根粗细不一的棍子旋转牵引，使棉籽脱离出来。

擦条。《天工开物》插图。这是将棉絮拿去纺线前的一道工序，即把松散蓬松的棉絮搓成长短粗细相仿的棉条，待用。

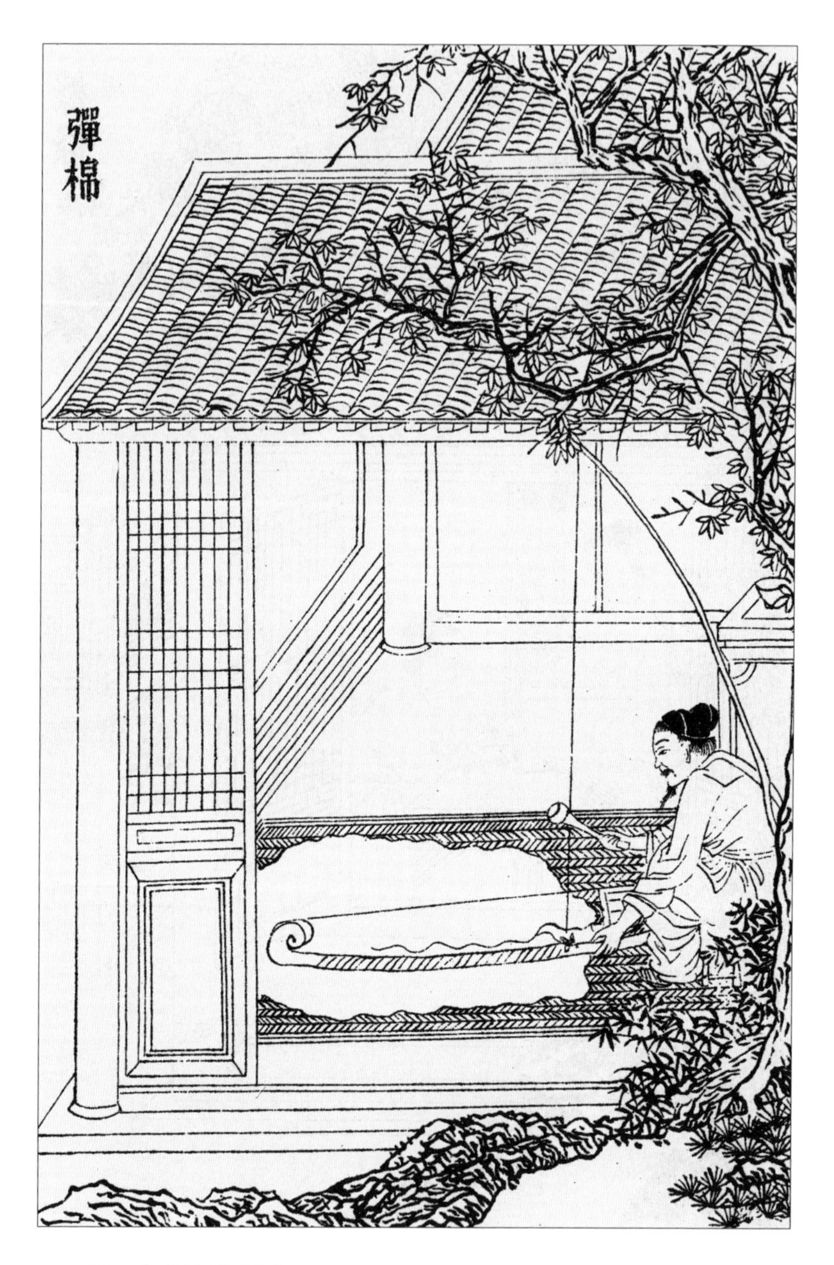

弹棉。《天工开物》插图。

英国维多利亚阿伯特博物馆收藏的1790年间的水粉画：弹棉花。去籽后的棉花纤维蓬松度不一，必须通过工具使其松散均匀，运用弹棉弓和小棰的震动，不仅能够达到这个效果，同时还可以去除棉花中的杂质。弹棉匠弹花时都很有节奏，棉弓会发出声音，视声音的大小，可以判断力度的强弱。

纺缕图一。《天工开物》插图。我国的手摇纺车大概出现在战国秦汉年间，最早是用于纺丝的，至魏晋南北朝时才开始用于纺纱。纺车工作时，以手柄带动大轮，再通过轮绳牵引纱锭，因轮与锭直径的差异，便可以造成高效卷绕的功效。

纺缕图二。《天工开物》插图。脚踏纺车是在手摇纺车的基础上发展起来的，它可以纺单锭也可以纺多锭，大幅度地提高了效率。无论是手摇纺车还是脚踏纺车，都可以用来纺麻线和毛线。

民国时期江苏省南通市的手摇纺车。纺车是纺线用的工具，但线的质地、用途不一样，比如，是纺丝还是纺纱，是纺经还是卷纬，在纺线的具体操作中都是有差别的。

现代江苏省无锡市的脚踏纺车。这件脚踏纺车的形制与《天工开物》插图中所描绘的非常相似。

天门邓家湾屈家岭文化出土的新石器时代的彩陶纺轮。纺轮是纺车发明的起点，中国的纺织从徒手搓绳到纺轮的出现，再到纺车的发明，历史漫长。目前发现的最早的纺轮距今大约已有7000年的历史。纺轮作为成纱的工具，它的大小、重量与纺织品的纤维粗细、软硬程度有关，所以我们才能够看到多种直径大小不一，轮体厚薄有别的纺轮。

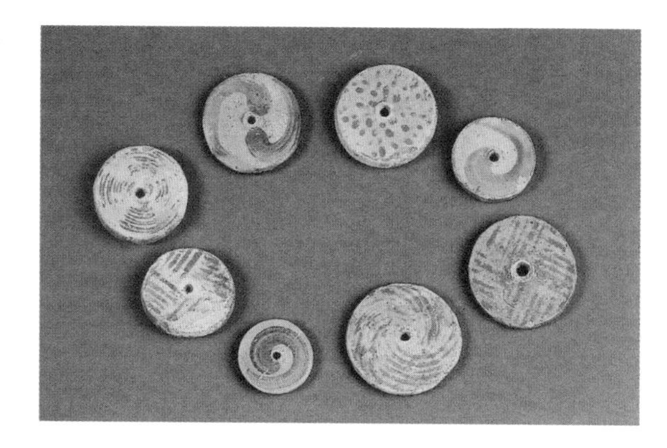

内蒙古包头市阿拉善遗址出土的骨针和骨针筒。这些针的长度在3.8—10.5厘米之间，磨制非常精细，它们是缝纫工具，同时也是古代纺织发展的佐证。

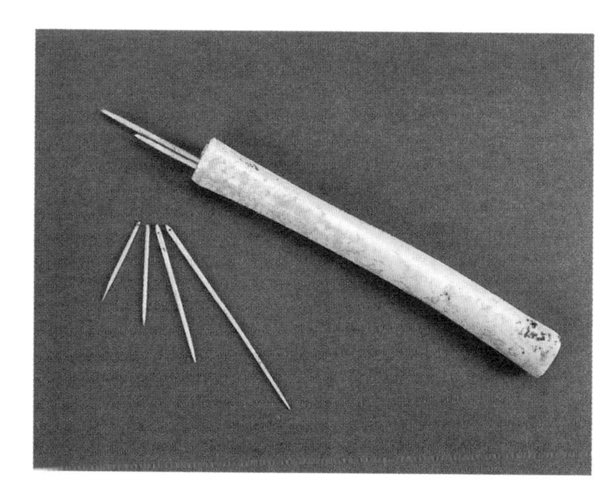

枲著[1]

凡衣衾挟纩[2]御寒，百人之中，止一人用茧绵，余皆枲著。古缊袍[3]，今俗名“胖袄”[4]。棉花既弹化，相[5]衣衾格式而入装之。新装者附体轻暖，经年板紧，暖气渐无，取出弹化而重装之，其暖如故。

注释

〔1〕枲著：这里指棉衣服。

〔2〕衣衾挟纩：棉衣，棉被。

〔3〕缊袍：棉袍。

〔4〕胖袄：大棉袄。

〔5〕相：按照，依据。

夏服

凡苎麻无土不生。其种植有撒子、分头[1]两法，（池郡[2]每岁以草粪压头，其根随土而高。广南青麻[3]，撒子种田茂甚）。色有青、黄两样。每岁有雨（两）刈者，有三刈者，绩[4]为当暑衣裳帷帐。

凡苎皮剥取后，喜日燥干，见水即烂。破析时则以水浸之，然只耐二十刻[5]，久而不析则亦烂。苎质本淡黄，漂工化成至白色（先用稻灰、石灰水煮过，入长流水再漂、再晒，以成至白）。

纺苎纱，能者用脚车[6]，一女工并敌[7]三工。惟破析时，穷日之力只得三五铢[8]重。织苎机具与织棉者同。凡布衣缝线，革履[9]串绳，其质必用苎纠合。

凡葛蔓生，质长于苎数尺，破析至细者，成布贵重。又有苘麻一种，成布甚粗，最粗者以充丧服。即苎布，有极粗者，漆家以盛布灰，大内以充火炬。又有蕉纱[10]，乃闽中取芭蕉皮析缉[11]为之，轻细之甚，值贱而质枵[12]，不可为衣也。

注释

〔1〕分头：分株。

〔2〕池郡：今安徽池州一带。

〔3〕青麻：苘麻的通称，即青叶的苎麻。

〔4〕绩：加工纺织。

〔5〕刻：古代用漏壶计时，一昼夜共一百刻，一刻相当于现在钟表的十四分二十四秒。

〔6〕脚车：脚踏纺车。

〔7〕敌：相当，等同。

〔8〕铢：古代重量单位，但各个朝代的标准不一，如汉代，二十四铢为一两，十六两为一斤；唐代以后，十钱为一两，一钱等于二铢四絫。

〔9〕革履：皮鞋。

〔10〕蕉纱：芭蕉茎纤维制成的蕉麻。
〔11〕缉：把麻析成缕后连接起来。
〔12〕楞：纱缕稀而薄的布。

裘

凡取兽皮制服，统名曰裘。贵至貂、狐[1]，贱至羊、麂[2]，值分百等。

貂产辽东外徼建州地[3]及朝鲜国。其鼠好食松子，夷人夜伺树下，屏息悄声而射取之。一貂之皮，方不盈尺，积六十余貂，仅成一裘。服貂裘者，立风雪中，更暖于宇下；眯[4]入目中，拭之即出，所以贵也。色有三种：一白者曰银貂，一纯黑、一黯黄（黑而毛长者，近值一帽套已五十金）。

凡狐貉[5]亦产燕、齐、辽、汴诸道。纯白狐腋裘价与貂相仿，黄褐狐裘，值貂五分之一，御寒温体功用次于貂。凡关外狐，取毛见底青黑，中国[6]者吹开见白色，以此分优劣。

羊皮裘，母贱子贵。在腹者名曰胞羔（毛文略具），初生者名曰乳羔（皮上毛似耳环脚），三月者曰跑羔，七月者曰走羔（毛文渐直）。胞羔、乳羔，为裘不膻。古者羔裘为大夫[7]之服，今西北缙绅亦贵重之。其老大羊皮，硝熟[8]为裘，裘质痴重，则贱者之服耳，然此皆绵羊所为。若南方短毛革硝，其鞟[9]如纸薄，止供画灯之用而已。服羊裘者，腥膻之气，习久而俱化[10]，南方不习者不堪也。然寒凉渐杀，亦无所用之。

麂皮去毛，硝熟为袄裤，御风便体，袜靴更佳。此物广南繁生外，中土[11]则积集楚中望华山为市皮之所。麂皮且御蝎[12]患，北人制衣而外，割条以缘衾边，则蝎自远去。

虎豹至文，将军用以彰[13]身；犬豕至贱，役夫用以适足。西戎[14]尚獭[15]皮，以为毳[16]衣领饰。襄黄之人[17]，穷山越国，射取而远货，得重价焉。殊方异物，如金丝猿[18]，上[19]用为帽套；扯里狲[20]，御服以为袍，皆非中华物也。兽皮衣人，此其大略，方物则不可殚述。飞禽之中，有取鹰腹雁胁毳毛。杀生盈万乃得一裘，名天鹅绒者，将焉用之？

注释

〔1〕貂：哺乳动物鼬科。身体细长，四肢短，尾粗，毛长约一寸，黄色或紫黑色。毛皮珍贵。　狐：哺乳动物犬科。通称狐狸，形略似狼，尾长，毛通常赤黄色，毛皮可做衣服。

〔2〕麂：哺乳动物鹿科，通称麂子。小型鹿类，雄的有长牙和短角。毛棕色，皮很柔软，可以制革。

〔3〕外徼：边境地区。　建州地：今辽宁新宾、吉林珲春一带。

〔4〕眯：灰沙入眼。

〔5〕貉：哺乳动物犬科。外形似狐，但体较胖，尾较短，毛色棕灰。皮毛可做衣、帽，尾毛可制毛笔。

〔6〕中国：这里指我国中原地区。

〔7〕大夫：古代在国君之下有卿、大夫、士三级。大夫一般称中层的官员。

〔8〕硝熟：用芒硝等鞣制毛皮的过程。

〔9〕鞟：去毛的兽皮。

〔10〕俱化："习惯了"的意思。

〔11〕中土：我国中部地区。

〔12〕蝎：节肢动物，胎生。多为黄褐色，口部两侧有一对螯，胸部有四对脚，前腹部较粗，后腹部细长，末端有毒钩。是一种有毒昆虫，中医入药。

〔13〕彰：显扬，表明。

〔14〕西戎：我国古代对西部民族的总称。

〔15〕獭：哺乳动物鼬科，又名水獭。皮毛棕色，可做衣领、帽子、袖口等。

〔16〕毳：鸟兽的细毛。

〔17〕襄黄之人：指东西女真族。

〔18〕金丝猿：即金丝猴，是我国特产的一种珍贵动物，群栖在四川、甘肃、陕西等省，身体瘦长，毛黄灰色，鼻孔向上，尾巴长，背部长毛达一尺多，毛质柔软，非常珍贵。

〔19〕上：指皇帝。

〔20〕扯里狲：哺乳动物猫科，又名猞猁、林独。外形像猫，但体形较大，两耳的尖端和两颊有长毛。全身淡黄色，有灰褐色斑点，尾端黑色，能爬树，皮毛厚而软。

褐毡[1]

凡绵羊[2]有二种，一曰蓑衣羊[3]，剪其毳为毡，为绒片，帽袜遍天下，胥[4]此出焉。古者西域[5]羊未入中国，作褐为贱者服，亦以其毛为之。褐有粗而无精，今日粗褐亦间出此羊之身。此种自徐淮[6]以北州郡无不繁生。南方唯湖郡[7]饲畜绵羊，一岁三剪毛（夏季希革[8]不生），每羊一只，岁得绒袜料三双。生羔牝牡[9]合数得二羔，故北方家畜绵羊百只，则岁入计百金云。

一种矞艻（艻）羊[10]（番语），唐末始自西域传来，外毛不甚蓑长，内毳细软，取织绒褐，秦人名曰山羊，以别于绵羊。此种先自西域传入临洮[11]，今兰州独盛，故褐之细者皆出兰州。一曰兰绒，番语谓之孤古绒，从其初号也。山羊毳绒亦分两等：一曰搊[12]绒，用梳栉[13]搊下，打线织帛，曰褐子、把子诸名色；一曰拔绒，乃毳毛精细者，以雨（两）指甲逐茎捋下，打线织绒褐。此褐织成，揩面如丝帛滑腻，每人穷日之力，打线只得一钱重，费半载工夫方成匹帛之料。若搊绒打线，日多拔绒数倍。凡打褐绒线，冶铅为锤，坠于绪端，两手宛转搓成。

凡织绒褐机大于布机，用综八扇，穿经度缕，下施四踏轮，踏起经隔二抛纬[14]，故织出纹成斜现，其梭长一尺二寸。机织、羊种皆彼时归夷传来（名姓再详），故至今织工皆其族类，中国无与也。凡绵羊剪毳，粗者为毡，细者为绒。毡皆煎烧沸汤投于其中搓洗，俟其粘合，以木板定物式，铺绒其上，运轴赶[15]成。凡毡绒白黑为本色，其余皆染色。其氍毹[16]、氆氇[17]等名称，皆华夷各方语所命。若最粗而为毯者，则驽马[18]诸料杂错而成，非专取料于羊也。

注释

〔1〕褐毡：粗毛布，毛毡。

〔2〕绵羊：羊的一种，公羊多有螺旋状大角，母羊角细小或无角，口吻长，四肢短，尾肥大，毛白色，长而卷曲。变种很多，有灰黑等颜色。毛是纺织品重要原料，皮可制革。

〔3〕蓑衣羊：即蒙古羊，原产蒙古高原，是我国分布广、产量多的绵羊品种。适应性强，耐粗饲，体质强健，肉质良好，毛质较粗。

〔4〕胥：齐，皆。

〔5〕西域：古时指现在玉门关以西的广大地区。

〔6〕徐淮：今江苏徐州地区及淮河流域。

〔7〕湖郡：今浙江湖州一带。

〔8〕希革：换新毛。

〔9〕牝牡：牝，雌性的鸟兽。　牡：雄性的鸟兽。

〔10〕矞芀羊：又叫羖䍽羊，产于陕西、甘肃一带地区，有褐色、黑色、白色三种，毛长而厚，毛质较好。

〔11〕临洮：今甘肃临洮一带。

〔12〕挡：梳下。

〔13〕栉：梳子、篦子等用具。

〔14〕踏起经隔二抛纬：踏起两根经线，才过一次纬线。

〔15〕赶：轧。

〔16〕氍毹：毛织的地毯。

〔17〕氆氇：藏族地区出产的一种羊毛织品，可以做床毯，衣服等。

〔18〕驽马：跑不快的劣马。

彰施[1] 第三

宋子曰：霄汉[2]之间，云霞异色，阎浮[3]之内，花叶殊形。天垂象而圣人则之[4]。以五彩彰施于五色[5]，有虞氏[6]岂无所用其心哉？飞禽众而凤[7]则丹，走兽盈而麟[8]则碧，夫林林青衣[9]望阙而拜黄朱也[10]，其义亦犹是矣。老子曰“甘受和，白受采”[11]，世间丝、麻、裘、褐皆具素质，而使殊颜异色得以尚焉。谓造物不劳心者，吾不信也。

注释

〔1〕彰施：语出《尚书·益稷》：“以五彩彰施于五色，作服，汝明。” 彰：明显，显露。 施：给予。这里说的彰施是染色。

〔2〕霄汉：天空。

〔3〕阎浮：泛指大地，是印度梵文的音译。

〔4〕天垂象而圣人则之：语出《周易·系辞上》：“天垂象，见吉凶，圣人象之。河出图，洛出书，圣人则之。”这里的“天”，指大自然。 垂象：呈现出某种现象。 则之：效法。

〔5〕以五彩彰施于五色：原来指赤、黄、青、白、黑为五彩，后来泛指颜色多。这句话的意思是，按照五彩把衣服染成五种颜色。

〔6〕有虞氏：即虞舜，传说中的古代帝王。

〔7〕凤：古代传说中百鸟之王，羽毛美丽，雄的叫凤，雌的叫凰。常用来象征祥瑞。

〔8〕麟：麒麟的简称。古代传说中的一种动物，形状像鹿，头上有角，全身有麟甲，有尾。古人拿它象征吉祥。

〔9〕林林：众多。　青衣：黑衣。古时平民只能穿黑衣，这里指平民百姓。

〔10〕阙：宫门前两边供瞭望的楼，泛指帝王的住所。　黄朱：黄袍朱衣，都是帝王的服色，这里引申指帝王。

〔11〕老子曰“甘受和，白受采”：语出《礼记·礼器》，意思是甘味可调和各种味道，白色可染成各种颜色。　老子：此处应为“君子”，原文误为“老子”。

注释者按

说到织造业不能不提染色，尽管这是两个行当。

染和织，可以先染后织，也可以先织后染，先染的必定是丝线或者纱线，后染的肯定是织物了。过去有专门做织物染色的手艺人，人们称之为染布匠。

在我们的记忆中，好像染色并不复杂，因为许多家庭都有过染色的经验，在计划经济的年代，人们将颜色不如意的布料，将褪了色的衣衫重新染过，便有了焕然一新的感觉。的确，我们大多数人都穿过自己改造过颜色的服装，但真正的染房里的事情却没有那么简单，对于那些大缸中用矿物和植物制成的彩色染水，不是把要染的东西投进去泡泡就行的。染色，既是技术活，也是一个体力活。

当然，对于色彩，中国人也是有自己的要求的，古时候的人们讲究青、黄、赤、白、黑五色，这五种颜色源于天空色彩的变换，在很长的时间中，它也象征着等级。然而，任何禁忌也止不住人们追求美好之心，由此五色衍生出的便是万紫千红。

诸色质料

大红色。（其质红花[1]饼一味，用乌梅[2]水煎出，又用碱水澄数次。或稻稿灰代碱，功用亦同。澄得多次，色则鲜甚。染房讨便宜者先染芦木[3]打脚。凡红花最忌沉、麝[4]，袍服与衣香[5]共收，旬月之间，其色即毁。凡红花染帛之后，若欲退转，但浸湿所染帛，以碱水、稻灰水滴上数十点，其红一毫收转，仍还原质。所收之水藏于绿豆粉[6]内，放出染红，半滴不耗。染家以为秘诀，不以告人。）

莲红，桃红色，银红，水红色。（以上质亦红花饼一味，浅深分两加减而成。是四色皆非黄茧丝所可为，必用白丝方现。）

木红色。（用苏木[7]煎水，入明矾[8]、棓子[9]。）

紫色。（苏木为地，青矾[10]尚之。）

赭黄色。（制未详。）

鹅黄色。（黄檗[11]煎水染，靛水[12]盖上。）

金黄色。（芦木煎水染，复用麻稿灰淋，碱水漂。）

茶褐色。（莲子壳[13]煎水染，复用青矾水盖。）

大红官绿色。（槐花[14]煎水染，蓝淀盖，浅深皆用明矾。）

豆绿色。（黄檗水染，靛水盖。今用小叶苋蓝[15]煎水盖者名“草豆绿”，色甚鲜。）

油绿色。（槐花薄染，青矾盖。）

天青色。（入靛缸浅染，苏木水盖。）

蒲（葡）萄青色。（入靛缸深染，苏木水深盖。）

蛋青色。（黄檗水染，然后入靛缸。）

翠蓝，天蓝。（二色俱靛水分深浅。）

玄色[16]。（靛水染深青，芦木、杨梅皮[17]等分煎水盖。又一法：将蓝芽叶[18]水浸，然后下青矾、棓子同浸，令布帛易朽。）

月白、草白二色。(俱靛水微染。今法用苋蓝煎水，半生半熟染。)

象牙色。(芦木煎水薄染，或用黄土。)

藕褐色。(苏木水薄染，入莲子壳、青矾水薄盖。)

附：染包头青色。(此黑不出蓝靛，用栗壳〔19〕或莲子壳煎煮一日，漉起，然后入铁砂、皂矾〔20〕锅内，再煮一宵即成深黑色。)

附：染毛青布色法。(布青初尚芜湖千百年矣，以其浆碾成青光，边方外国皆贵重之。人情久则生厌。毛青乃出近代，其法取淞江美布染成深青，不复浆碾，吹干，用胶水参豆浆水一过。先蓄好靛，名曰标缸，入内薄染即起，红焰之色隐然。此布一时重用。)

注释

〔1〕红花：菊科植物，一年生草本，夏季开花，花橘红色，可制红染料。

〔2〕乌梅：经过熏制的梅子。将其在水中煎煮而得酸性液，可借以除去红花中残存的黄色素。

〔3〕芦木：古植物，漆树科，木材中可提取出黄色染料。　打脚：染底色。

〔4〕麝：哺乳动物，形状像鹿而小，无角。雄麝的肚脐和生殖器之间的腺囊中的分泌物，干燥后呈颗粒状或块状，有特殊的香气，有苦味，可以制成香料，也可以入药，可做兴奋、镇痛、消肿剂。

〔5〕衣香：熏衣服的香料。

〔6〕绿豆粉：用作色素的吸附剂。

〔7〕苏木：也叫苏方，枝干中心部红色，可提取红色染料，根部可提取黄色染料。

〔8〕明矾：俗称白矾，在染色过程中可作媒染剂。

〔9〕棓子：即五倍子，是寄生在漆树科青麸和盐肤木等植物枝叶上的虫瘿，表面灰褐色，含有单宁酸。采集下来，把虫烫死，可以入药，也用于染料、制革等工业。

〔10〕青矾：也可作媒染剂。

〔11〕黄檗：也叫黄柏，落叶乔木，茎可提取黄色染料。

〔12〕靛水：蓝淀水，用来染布，颜色经久不退。

〔13〕莲子壳：莲子的果皮。

〔14〕槐花：槐树的花，黄白色，果实可提取黄色染料。

〔15〕苋蓝：蓼蓝的一种，叶含蓝汁，可作蓝色染料。

〔16〕玄色：黑中含红色。

〔17〕杨梅皮：杨梅的树皮，含有单宁，能起固色、配色的作用。

〔18〕蓝芽叶：即蓼蓝的嫩叶。

〔19〕栗壳：板栗的苞壳。

〔20〕皂矾：即青矾。

英国维多利亚阿伯特博物馆收藏的1870—1890年间的水粉画，《制丝》组图：染色，吴俊作。这是对染丝线的场景描绘，在图中我们可以看到有染泡、拧干和晾晒的工具，每个染工都挽着衣袖，穿着长而宽的围裙，画面很生动。

蓝淀[1]

凡蓝五种，皆可为淀。茶蓝即菘蓝，插根活。蓼蓝、马蓝、吴蓝等皆撒子生。近又出蓼蓝小叶者，俗名苋蓝，种更佳。

凡种茶蓝法，冬月割获，将叶片片削下，入窖造淀；其身斩去上下，近根留数寸，薰干，埋藏土内；春月烧净山土，使极肥松，然后用锥锄（其锄勾末向身长八寸许）刺土打斜眼，插入于内，自然活根生叶。其余蓝皆收子撒种畦圃中，暮春生苗，六月采实，七月刈身造淀。

凡造淀，叶与茎多者入窖，少者入桶与缸。水浸七日，其汁自来。每水浆一石下石灰五升，搅冲数十下，淀信即结，水性定时，淀澄于底。

近来出产，闽人种山皆茶蓝，其数倍于诸蓝。山中结箬篓[2]，输入舟航。

其掠出浮沫晒干者，曰靛花。凡靛入缸，必用稻灰水先和，每日手执竹棍搅动，不可计数。其最佳者曰标缸。

注释

〔1〕蓝淀：通称蓝靛，有的地区称靛青，简称靛。一种深蓝色染料，用蓼蓝的叶子发酵制成。我国在商周时期已广泛采用蓝靛等天然物进行织物染色。五世纪时，贾思勰在《齐民要术》中曾详细记述过马蓝的栽培、制配方法。种植茶蓝的方法在《天工开物》中第一次提到。

〔2〕箬篓：用箬竹编的篓子。箬竹，竹的一种，茎高三四尺，叶阔大，茎叶都可用于编织、包物等。

现代江南的靛蓝作坊。

云南省白族使用的靛蓝桶实物照片。靛蓝是我国民间使用最广的染料之一，取材方便，容易成形。用靛蓝可以加工蜡染、夹缬花布等。一般稍有规模的小作坊，如图片中的样子，都应该设有放置染料的缸桶、浸泡织物的池子、沥水的木架和搅棒等。

近代江苏省启东县的染房沥水架。沥水架在靛蓝作坊中是不可或缺的工具，因为靛蓝不是染泡一次就可以成色的，它通常需要浸泡、沥干水，再浸泡，再沥水，反复多次。如此，染出来的颜色才能成为蓝中发黑的深蓝色。

江苏省启东县的染房专用工具。这件工具很特别，石制，形似元宝，它的作用就是将浸泡了的织物放在“元宝”之下充分挤压滚动，使染料融入纤维中去。

近代浙江省桐庐县的染房专用工具。这件工具俗称撬马，它的作用是拧干浸泡物的水分，使用时要将织物与撬马缠绕挤压。

红花

红花，场圃撒子种，二月初下种。若太早种者，苗高尺许，即生虫如黑蚁，食根立毙。凡种地肥者，苗高二三尺。每路打撅（橛）[1]，缚绳横阑，以备狂风拗折。若瘦地，尺五以下者，不必为之。

红花入夏即放绽[2]，花下作梂彙[3]，多刺，花出梂上。采花者必侵晨[4]带露摘取。若日高露旰，其花即已结闭成实，不可采矣。其朝阴雨无露，放花较少，旰摘无防，以无日色故也。红花逐日放绽，经月乃尽。

入药用者，不必制饼。若入染家用者，必以法成饼然后用，则黄汁净尽，而真红乃现也。其子煎压出油，或以银箔贴扇面，用此油一刷，火上照干，立成金色。

注释

〔1〕橛：短木桩。

〔2〕放绽：开花。

〔3〕梂彙：红花的球状形花托。

〔4〕侵晨：凌晨，天渐亮时。

造红花饼法

带露摘红花，捣熟，以水淘，布袋绞去黄汁。又捣，以酸粟或米泔清[1]。又淘，又绞袋去汁，以青蒿[2]覆一宿，捏成薄饼，阴干收贮。染家得法“我朱孔阳[3]”，所谓猩红也。（染纸吉礼用，亦必用制饼，不然全无色。）

注释

〔1〕米泔清：淘米的泔水沉清后，由于酵母的作用而变酸，可以除去红花中的黄色素。

〔2〕青蒿：菊科植物，可杀虫、抑菌，可入药。

〔3〕我朱孔阳：语出《诗经·豳风·七月》：“我朱孔阳，为公子裳。”朱，红色。孔阳，色泽鲜明。

附：燕脂[1]

燕脂古造法以紫铆[2]染绵者为上，红花汁及山榴[3]花汁者次之。近济宁路[4]但取染残红花滓为之，值甚贱。其滓干者名曰紫粉，丹青家[5]或收用，染家则糟粕弃也。

注释

〔1〕燕脂：即胭脂，一种红色染料。也可作化妆品，涂在两颊或嘴唇上。也用作国画的颜料。

〔2〕紫铆：蝶形花科植物，又名紫胶、虫胶。紫胶虫的分泌物，呈红色，可作染料，古时用它作胭脂。

〔3〕山榴：杜鹃花科。又名映山红、山石榴、红踯躅，花汁可作染料，根、果皮等可入药。

〔4〕济宁路：今山东济宁一带。

〔5〕丹青家：画家。

槐花

凡槐树十余年后方生花实。花初试未开者曰槐蕊[1]，绿衣所需，犹红花之成红也。取者张度与（簸[2]）稠其下而承之。以水煮一沸，漉干，捏成饼，入染家用。既放之花色渐入黄，收用者以石灰少许晒拌而藏之。

注释

〔1〕蕊：俗叫花心。
〔2〕簸：竹篓子，竹筐。

粹精[1] 第四

宋子曰：天生五谷以育民，美在其中，有“黄裳[2]”之意焉。稻以糠为甲[3]；麦以麸为衣；粟、粱、黍、稷毛羽[4]隐然。播精而择粹，其道宁终秘也？

饮食而知味者，“食不厌精[5]”。杵臼之利，万民以济，盖取诸“小过”[6]。为此者，岂非人貌而天者哉[7]！

注释

〔1〕粹精：语出《周易·文言》：“刚健中正，纯粹精也。”粹：纯粹，没有杂质。精：精华，精美。这里指谷物加工。

〔2〕黄裳：语出《周易·坤卦》：“黄裳，元吉。”这里说自然界生长五谷以养育人类，五谷的精华都包藏在金黄的外衣里面。

〔3〕甲：壳。

〔4〕毛羽：某些禾本植物籽实带芒的硬壳。

〔5〕食不厌精：语出《论语·乡党》：“食不厌精，脍不厌细。”这里借用说明人们对提高生活水平的要求。

〔6〕杵臼之利，万民以济，盖取诸“小过”：语出《周易·系辞》“断木为杵，掘地为臼，臼杵之利，万民以济，盖取诸‘小过’。”杵是舂米的木椎，臼是舂米的容器。“小过”是《周易》的六十二卦。意思说发明杵臼，以利民食，是取象于“小过”上动下静的卦形制造的。

〔7〕为此者，岂非人貌而天者哉：创造这种技术的人，难道不是人的智慧，而是天赐予的吗？

注释者按

中国有句老话叫作“民以食为天”，意思就是吃饱饭是人的根本。在《论语》中有个词叫作“食不厌精”，意思就是光吃饱是不够的，还要吃好。

世界上万物皆有皮壳。稻有糠，麦有麸，小米、高粱、玉米也都隐藏着它们最精粹的部分。我们种植培育作物，为的就是获取其精华，所以我们必须加工谷物，为其去衣剥皮，目的是让人类的食物更加细致精美。

对于谷物的加工，无论稻谷，还是麦子，抑或杂粮，其主要的工序不外乎脱粒、去皮、除尘、磨粉，今天这些工作已经都由机器来完成。但是在农耕时代，大量的还是要靠人力和相应的辅助工具来共同操作，人与物的关系在那个时候比如今更加紧密，同时因劳作方式，人与物的关系也亲切许多。

攻稻[1]　击禾[2]　风车[3]　石碾　碓[4]　轧禾　水碓[5]　臼　筛

凡稻刈获之后，离稿取粒。束稿于手而击取者半，聚稿于场而曳牛滚石以取者半。凡束手而击者，受击之物，或用木桶，或用石板。收获之时，雨多霁少，田稻交湿，不可登场者，以木桶就田击取。晴霁稻干，则用石板甚便也。凡服牛曳[6]石滚压场中，视人手击取者力省三倍。但作种之谷，恐磨去壳尖[7]减削生机，故南方多种之家，场禾多借牛力，而来年作种者则宁向石板击取也。

凡稻最佳者九穰一秕[8]。倘风雨不时，耘耔失节[9]，则六穰四秕者容有之。凡去秕，南方尽用风车扇去。北方稻少，用扬法[10]，即以扬麦、黍者扬稻，盖不若风车之便也。

凡稻去壳用砻[11]，去膜用舂、用碾。然水碓主舂，则兼并砻功。燥干之谷入碾亦省砻也。凡砻有二种：一用木为之，截木尺许（质多用松），斫合成大磨形，两扇皆凿纵斜齿，下合植笋[12]穿贯上合，空中受谷。木砻攻米二千余石，其身乃尽。凡木砻，谷不甚燥者入砻亦不碎，故入贡军国，漕[13]储千万，皆出此中也。一土砻，析竹匡围成圈，实洁净黄土于内，上下两面各嵌竹齿。上合筥空受谷，其量倍于木砻。谷稍滋湿者，入其中即碎断。土砻攻米二百石，其身乃朽。凡木砻必用健夫，土砻即孱[14]妇弱子可胜其任。庶民饔飧[15]皆出此中也。

凡既砻，则风扇以去糠秕，倾入筛中团转。谷未剖破者浮出筛面，重复入砻。凡筛大者围五尺，小者平（半）之。大者其中心偃隆而起，健夫利用；小者弦高二寸，其中平洼，妇子所需也。

凡稻米既筛之后，入臼而舂。臼亦两种。八口以上之家，掘地藏石臼其上。臼量大者容五斗，小者半之。横木穿插碓头（碓嘴冶铁为之，用醋滓合上），足踏其末而舂之。不及则粗，太过则粉，精粮从此出焉。晨炊无多者，断木为手杵，其臼或木或石，以受舂也。既舂以后，皮膜成粉，名曰细糠，以供犬豕之豢。荒歉之岁，人亦可食也。细糠随风扇播扬分去，则膜尘净尽而粹精见矣。

凡水碓，山国之人居河滨者之所为也。攻稻之法，省人力十倍，人乐为之。引水成功，即筒车灌田同一制度也。设臼多寡不一，值流水少而地窄者，或两三臼；流水洪而地室宽者，即并列十臼无忧也。江南信郡，水碓之法巧绝。盖水碓所愁者，埋臼之地卑则洪潦为患，高则承流不及。信郡造法，即以一舟为地，橛椿（桩）维之。筑土舟中，陷臼于其上。中流微堰石梁，而碓已造成，不烦椓木[16]壅坡之力也。又有一举而三用者，激水转轮头，一节转磨成面，二节运碓成米，三节引水灌于稻田，此心计无遗者之所为也。凡河滨水碓之国，有老死不见砻者，去糠去膜皆以臼相终始。惟风筛之法则无不同也。

凡碾[17]，砌石为之，承藉[18]、转轮皆用石。牛犊马驹，惟之所使。盖一牛之力，日可得五人。但入其中者，必极燥之谷，稍润则碎断也。

注释

〔1〕攻稻：加工稻谷。

〔2〕击禾：收取稻谷。

〔3〕风车：又叫扇车、风柜等。用人力转动风扇，以除去稻谷中的叶片、灰尘。

〔4〕水碓：利用水力带动的一种舂米设备。

〔5〕碓：舂米工具，用柱子架起一根木杠，杠的一端安装一块圆形的石头，用脚连续踏另一端，石头就连续起落，去掉下面石臼中稻谷的皮，或将稻谷舂成粉。简单的碓只是一个石臼，用杵捣谷物。

〔6〕曳：拖，拉，牵引。

〔7〕壳尖：谷壳两端都叫壳尖，胚芽在靠柄的一端，是种子的重要部位。磨损保护着胚芽的谷尖会减低发芽率。

〔8〕穰：谷粒饱满。　　秕：不饱满或中空的谷粒。
〔9〕耘耔失节：中耕除草不及时。
〔10〕扬法：用工具将谷物向上抛起，借助风力吹拂除去秕子、草灰等杂物。
〔11〕砻：去掉稻壳的工具，形象略像磨，多用木料制成。
〔12〕植笋：安装凸出于砻下扇的轴心。
〔13〕漕：水路运粮。
〔14〕孱：瘦弱，软弱。
〔15〕饔飧：熟食。
〔16〕椓木：打桩。
〔17〕碨：石磨。
〔18〕承藉：指碨盘。

湿田击稻图。《天工开物》插图。脱粒有直接手持摔打脱落和石礤磨碾脱落两种方式，湿田击稻和场中打稻（下图）的方法都属于第一种。一般情况下，稻熟收割后是先要将稻谷运到打谷场然后再脱粒的，但南方多阴雨天气，如果收割之时正是雨天，那么就用湿田击稻的办法来脱粒，因为是直接在田中操作，所以必须用木桶来拢住脱落的谷粒。打谷场中的脱粒，就可以直接在石板或木制的掼床上操作，然后将四处飞溅的谷粒扫拢就行。

场中打稻图。《天工开物》插图。

近代江苏掼床。我们视其形态，就可以理解它的使用方法，同时也不难想象到劳作的场景。它巧妙的设计在于掼床床面的空隙间隔，这很有助于谷粒的脱落和收拢。

赶稻及菽图。《天工开物》插图。图中描绘的就是另外的一种脱粒方法：用石碌磨碾稻、麦及豆秆，使谷粒、豆粒得以脱落。这种方式比手持摔打要省力多倍，但如果粮食要留着做种，这种方式不合适，因为反复磨碾会使壳尖损伤，出芽率下降。

这是两件西北地区石碾，一件是民国时期甘肃省甘南地区的石碌碡，一件是近代山西省侯马市的石碌碡，形制与《天工开物》插图描绘一致。通常石碾都由牲口牵引，有时也用人力牵拉。

砻。《天工开物》插图。砻是专门去除稻壳的工具，形制与工作原理都和石磨相仿，只是磨盘用硬木做成，上面凿有浅槽作为磨齿，或以黄土和竹片混合做成磨盘，所以砻又分为木砻和土砻两种。

木砻。《天工开物》插图。做木砻，一般都要选用粗直径的硬质原木，截取一尺多高的样子，将其分成上下两片，上片中间留有一定体积的洞孔用来投放谷粒，上、下片接触的一面都要凿有浅齿，通过轴芯的固定和推杆的运动，使上片原木做细小的圆心运动，上下摩擦，从孔中滑落的粮食就达到脱壳的目的。

近代江苏省木砻。这件木砻形制较大，恐怕需要多人合作才能工作。一般来讲，通过木砻脱壳的稻谷，谷粒较土砻保存得更加完整。

近代云南省瑞丽县木砻。比照《农政全书》中砻的描述，这两件木砻几乎可以一一对应。

土砻。《天工开物》插图。土砻的工作原理与木砻完全一样，只是它的盘体比较特别。《农政全书·农器》中说："砻……编竹作围，内贮泥土，状如小磨，仍以竹木排为密齿，破谷不致损米。"描述的就是土砻。

近代海南省通什地区土砻。

砻磨。《天工开物》插图。砻磨可以运用人力，当然同样可以使用畜力，只要改变一下牵引方式就可以了。

风车。《天工开物》插图。风车俗称扬谷机，属于大型农用器具。这种装置是在谷物脱壳后，利用手摇风扇带动空气流动来分离谷粒和谷皮的。

风车实物照片。清代山东省栖霞县风车（上左）。清代山西省侯马市风车（上右）。清代江苏省吴县风车（下左）。安徽省无为县风车（下右）。风车的主体部分由圆形风箱、方形车身、投放谷物的车斗和谷粒出口四个部分组成。这是四件不同地区的风车，从图中我们可以看到它们的形制略有差异，差异部分主要集中在车身和出口的处理上，一是缩短或省略车身，一是出口位置的安排。事实上，由于风车的工作原理是利用风力的产生和传送方式，使净谷、秕谷和谷皮从不同的位置分流出来，所以风车的设计只要符合这个原理，外形的差异不会导致任何问题。

飏扇。《天工开物》插图。这是一种脚踏的开放式风车，出现的年代较早，大概是在汉代，宋时有记载说，类似的器具还可以用于战争。在元代王祯的《农书》中也有对这种风车的描述，并称其为扇车。

筛谷。《天工开物》插图。这是谷物经去壳和扬谷之后必须反复的一道工序，因为在净谷中还会掺杂有一些没有破壳的稻谷，所以需要通过箕筛筛动使其聚拢于表面，回收之后重新加工。图中所示的支架和筛盘的设计处理，既简单又便捷，操作起来还很省力。

舂臼。《天工开物》插图。舂臼是一种用舂捣的方式简便加工谷物的农具，我们都有用杵臼捣蒜的经验，其原理是一致的，它的作用就是给带壳的粮食去皮或把已经去壳的粮食捣成粉。图中显示，舂臼有手舂和脚踏两种形式，当重物手持时为杵，脚踏的则要称为碓。

上图是近代云南省大理地区木杵臼，下图是近代江苏省无锡市石杵臼。江苏省的木质榔头形双杵和石臼，以锤击的方式给力；云南省的木杵臼，以捣击的方式施力。

碓。《天工开物》插图。脚踏式舂米的农具，其力度要大于手杵，臼的容量也大。过去的大户人家多半喜欢用这种方式加工谷物，自给自足。碓柄以木制居多，碓头以石头和铁铸的为主。

近代江苏省无锡市的碓与臼。木制，其工作原理与前两图中的碓臼一致，形制很讲究，更具有器械的味道，木制的框架轻巧对称，敞口的臼体呈喇叭形，便于捶击和粮食的聚拢，原本木制的碓头现在缚以重石一块，为的是加强碓击的力量。

彩绘砖雕：舂米。这是清水县苏墣墓出土的宋代墓葬砖雕，刻画的是当时人们舂米时的情景，一个妇女脚踏碓面，一个妇女辅助劳作，工具结构清晰可见，场面也很生动。

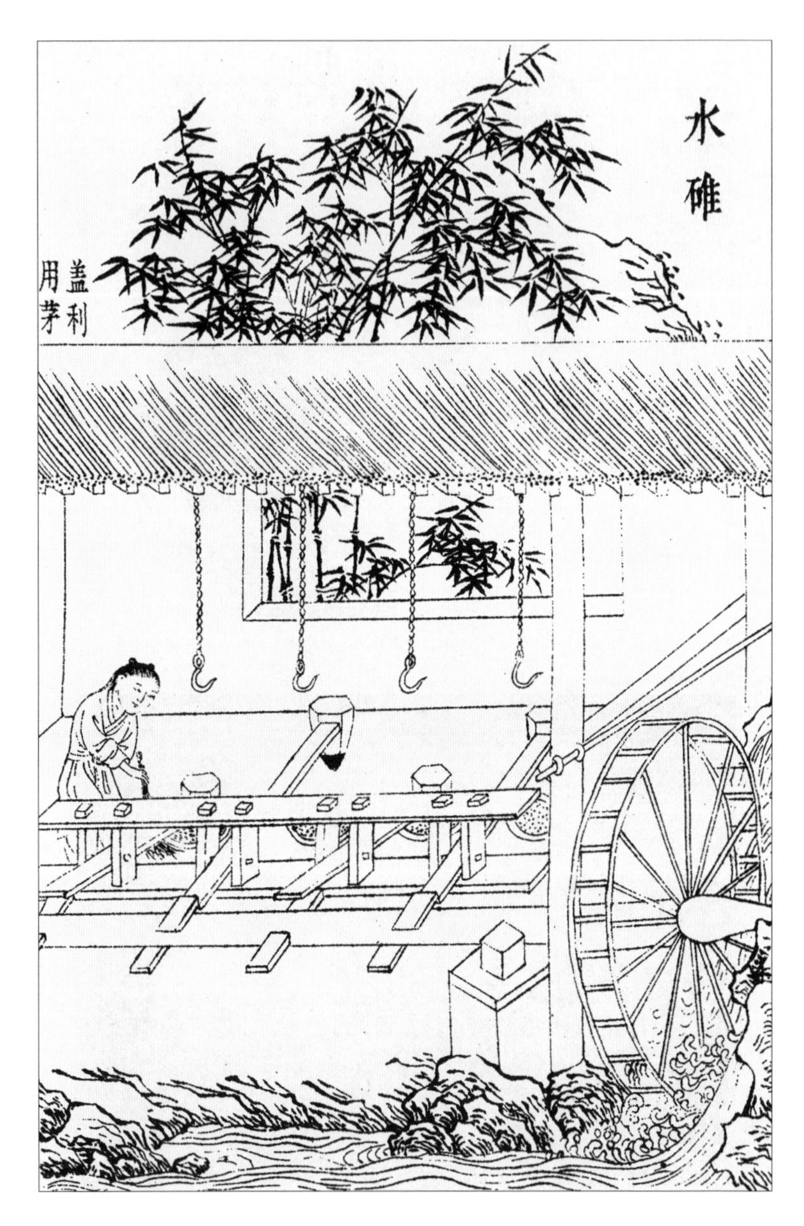

水碓。《天工开物》插图。利用水的流动作为动力的碓，就叫水碓。水碓房一般都建筑在有坡度的水源边，只要水流够大，在动力允许的情况下，水碓可以多个、同时不分昼夜地工作，效率很高。

攻麦　扬[1]　磨　罗

凡小麦，其质为面。盖精之至者，稻中再舂之米；粹之至者，麦中重罗[2]之面也。

小麦收获时，束稿击取，如击稻法。其去秕法，北土用扬，盖风扇流传未遍率土[3]也。凡扬不在宇[4]下，必待风至而后为之。风不至，雨不收，皆不可为也。凡小麦既扬之后，以水淘洗尘垢净尽，又复晒干，然后入磨。

凡小麦有紫、黄二种，紫胜于黄。凡佳者每石得面一百二十斤，劣者损三分之一也。

凡磨大小无定形。大者用肥犍[5]力牛曳转，其牛曳磨时用桐壳掩眸[6]，不然则眩晕，其腹系桶以盛遗，不然则秽也。次者用驴磨，斤两稍轻。又次小磨，则止用人推挨者。凡力牛一日攻麦二石，驴半之，人则强者攻三斗，弱者半之。若水磨之法，其详已载《攻稻·水碓》中，制度相同，其便利又三倍于牛犊也。凡牛、马与水磨，皆悬袋磨上，上宽下窄，贮麦数斗于中，溜入磨眼。人力所挨则不必也。

凡磨石有两种，面品由石而分。江南少粹白上面者，以石怀沙滓，相磨发烧，则其麸并破，故黑颣[7]参和面中，无从罗去也。江北石性冷腻，而产于池郡之九华山[8]者，美更甚。以此石制磨，石不发烧，其麸压至扁秕之极不破，则黑疵一毫不入，而面成至白也。凡江南磨二十日即断齿，江北者经半载方断。南磨破麸得面百斤，北磨只得八十斤，故上面之值增十之二，然面筋、小粉[9]皆从彼磨出，则衡数[10]已足，得值更多焉。

凡麦经磨之后，几番入罗，勤者不厌重复。罗匡之底，用丝织罗地绢为之。湖丝[11]所织者，罗面千石不损，若他方黄丝所为，经百石而已朽也。凡面既成后，寒天可经三月，春夏不出二十日则郁坏。

为食适口，贵及时也。

凡大麦则就舂去膜，炊饭而食，为粉者十无一焉。荞麦则微加舂杵去衣，然后或舂或磨以成粉而后食之。盖此类之视小麦，精粗贵贱大径庭〔12〕也。

注释

〔1〕扬：飞扬，往上撒，扬场。

〔2〕罗：一种竹编的细密的筛子。

〔3〕率土：指四海之内，全国。

〔4〕宇：屋檐。

〔5〕犍：指健壮有力的牛。

〔6〕桐壳掩眸：用油桐果壳遮住牛的眼睛。

〔7〕颣：丝上的缺点、毛病。这里指麸皮。

〔8〕九华山：在今安徽省青阳县西南，为我国佛教圣地之一。

〔9〕面筋、小粉：都是麸皮制成的。把麸皮放在布袋内，在水中滤去皮膜和洗去淀粉后，剩下的淡黄色具有黏韧性的面团就是面筋，是营养价值高的蛋白质，多用作副食品。洗下来的淀粉，沉淀后就是小粉，多用作浆料或糊料。

〔10〕衡数：斤数。

〔11〕湖丝：今浙江吴兴一带产的丝。

〔12〕径庭：相差悬殊。

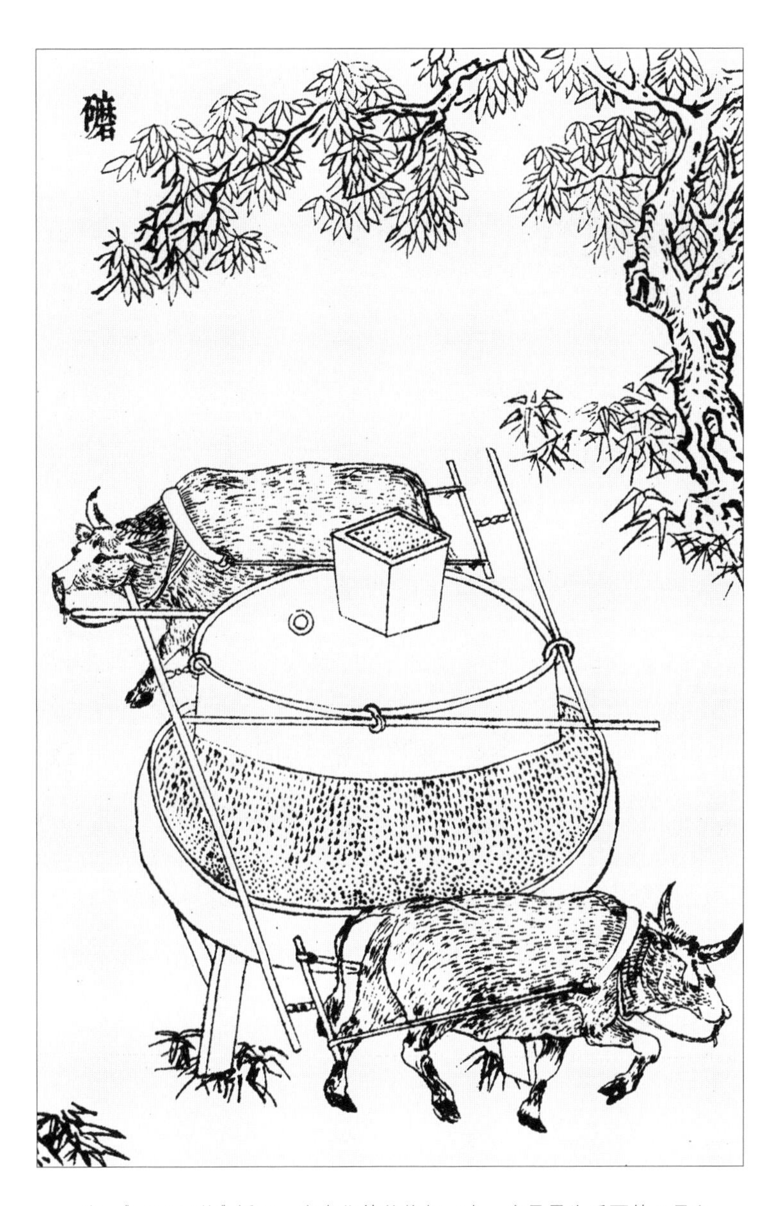

磨。《天工开物》插图。在古代的谷物加工中，磨是最为重要的工具之一，形制也最多。转磨的历史很久远，它的雏形是旧石器时代的石磨盘和石磨棒。我们现在农村使用的转磨形式应该说是从隋唐保留下来的，它的科学性就在于磨齿的分割和排列。图为以畜力牵引的转磨。

转磨的外形虽有所差异，但其主要构造的作用仍旧是一致的，不外乎下扇磨盘中央的短轴、上扇盘体的料眼和手柄、承接粮食的磨床、以及起支架作用的磨床几个部分。这是清水县苏堡墓出土的宋代墓葬砖雕中的另一件彩绘砖雕：推磨。

山东省清代转磨实物照片。磨盘由石头制作，磨床的支架、承盘、推柄均为木制，进料口处设置一个斗漏，通体造型端庄敦厚。

这是近代江苏省的一件石磨实物照片，磨盘与磨床的处理，使造型玲珑剔透，推磨的手柄以拐木形制出现，所以牵引的动作发生改变，使得这类石磨磨转人不转，只要推拉即可，因此被称作牵磨。

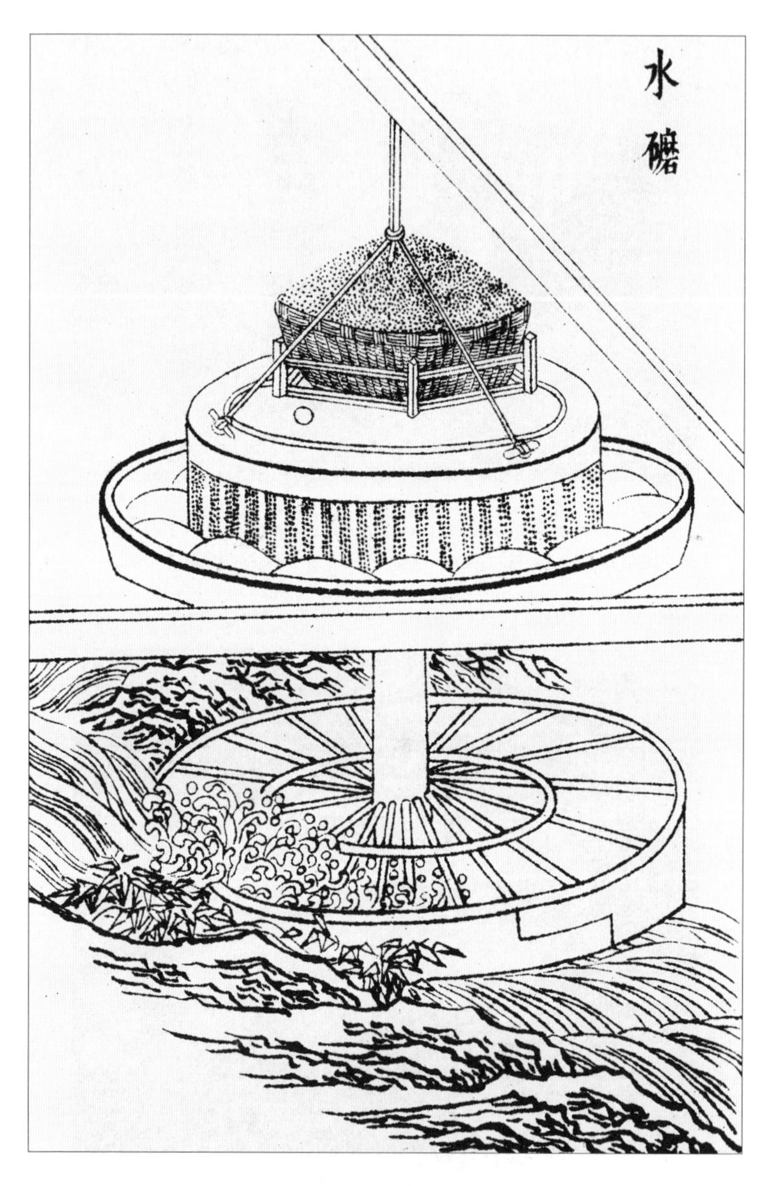

水磨。《天工开物》插图。水磨就是利用水源来作为动力的石磨，图中显示的是一种卧式水轮磨，水流冲击量比较大，以水流带动轮转，牵动主轴旋转磨盘。还有一种立式水轮，立式水轮必须通过两个齿轮的力量转换方能使磨工作，这种水轮的使用，多见于水流冲击力小而流量大的区域。

面罗。《天工开物》插图。麦子磨过之后，必须用罗反复地筛过，以便更好地去粗取精。面罗的筛底是用丝织品制作的，最上乘的罗底织物产于浙江省的吴兴地区。图中所描绘的筛罗是一种半机械的农具，俗称脚打罗。

攻黍 稷 粟 粱 麻 菽 小碾 枷[1]

凡攻治小米，扬得其实，舂得其精，磨得其粹。风扬、车扇而外，簸[2]法生焉。其法篾[3]织为圆盘，铺米其中，挤匀扬播。轻者居前，揲[4]弃地下。重者在后，嘉实存焉。

凡小米舂、磨、扬、播制器，已详《稻》《麦》之中。唯小碾一制，在《稻》《麦》之外。北方攻小米者，家置石墩，中高边下，边沿不开槽。铺米墩上，妇子两人相向，接手而碾之。其碾石圆长如牛赶石，而两头插木柄。米堕边时，随手以小篲[5]扫上。家有此具，杵臼竟悬也。

凡胡麻刈获，于烈日中晒干，束为小把，两手执把相击，麻粒绽落，承藉以簟[6]席也。凡麻筛与米筛小者同形，而目密五倍。麻从目中落，叶残角屑皆浮筛上而弃之。

凡豆菽刈获，少者用枷，多而省力者仍铺场，烈日晒干，牛曳石赶而压落之。凡打豆枷，竹木竿为柄，其端锥圆眼，拴木一条，长三尺许，铺豆于场，执柄而击之。凡豆击之后，用风扇扬去荚叶，筛以继之，嘉实洒然入廪矣。是故，舂磨不及麻，碨碾不及菽也。

注释

〔1〕枷：同“耞”，俗称连枷，打谷物的农具。用木条或厚毛竹，束成平板，阔约四寸，长约三尺，以长竹为柄，柄端系一环轴，柄举起则连枷绕环轴转动，击打谷物，使谷粒脱落。

〔2〕簸：用簸箕簸动谷物，扬去谷物中的糠皮灰尘。

〔3〕篾：用竹皮或芦苇、高粱等茎皮，劈成条状，名为篾，可编制多种用具。

〔4〕揲：折叠。前后来回簸动的意思。

〔5〕篲：扫帚。

〔6〕簟：竹席。

小碾图。《天工开物》插图。这是北方地区加工杂粮的一种简便方法，将粮食放在石磙和石墩子之间碾磨。当然，加工稻谷和麦子的多数器械也同样适用于加工杂粮。

石碾。《天工开物》插图。碾也是一种粮食粉碎加工农具，它是以石碌围绕轴的运转来实施碾压工作的。石碾很重，少有人力牵引，北方以畜力多见，还要为牲口戴上眼罩，以防长时间地旋转而晕眩。南方则以水力为主。

这是近代陕西省佳县（上图）和清代山东省栖霞县（下图）的两件石碾实物照片，石盘石磙，形制接近。

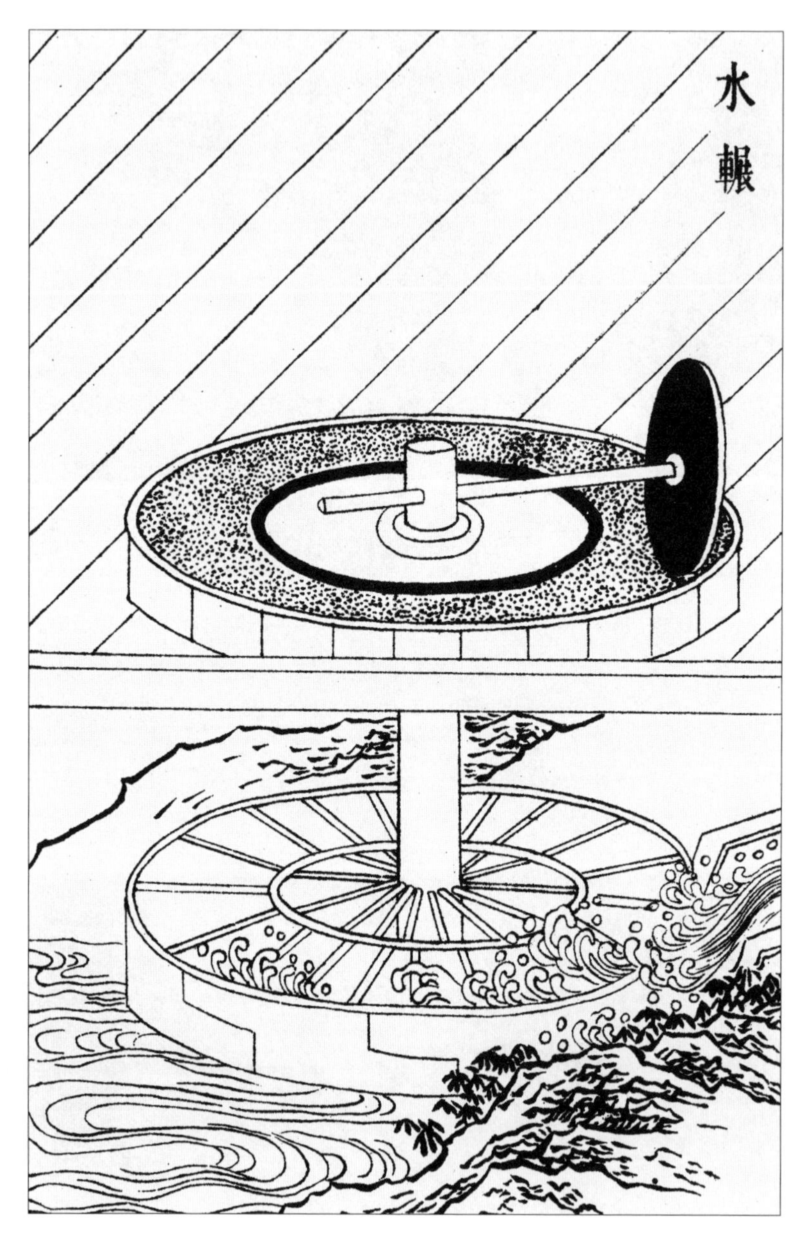

水碾。《天工开物》插图。水碾的形制与石碾有一定的区别，主要体现在盘体和碾磙上，这种差异完全取决于工作现场的需要。这是一件卧式水轮水碾。

这是民国时期广西壮族自治区的一部水碾的实物照片局部，我们可以很清楚地观察到一些细部的结构。

打枷图。《天工开物》插图。图中所示的农人的手持农具叫作连枷，这是一种简便的脱粒工具。枷板与手杆的连接处是以一根短轴来贯穿的，所以在人们举起手杆时，连枷板可以前后翻转活动，当拍打到干燥的豆荚时，施出的力量足以使植物的皮壳破裂，如此，豆粒自然便散落了出来。

这是现代江苏地区的连枷实物照片，形制与《天工开物》插图中所描绘的虽有所差异，但原理与功能完全一致，在这里，我们可以很清楚地看到连枷头部小转轴的样子。

簸扬。《天工开物》插图。簸扬的道理与飏扇车一样，目的是分离良好的和不合格的谷物，并扬去杂质。簸扬工作看似简单，但它必须要在两个条件下才能做好，一是必须有风，二是扬谷时簸箕的角度把握得当。

江南地区扬谷簸箕的实物照片。

击麻。《天工开物》插图。芝麻收割后，晒干捆成小把，拍打脱粒。

作咸[1] 第五

宋子曰：天有五气[2]，是生五味[3]。润下作咸，王访箕子[4]而首闻其义焉。口之于味也，辛酸甘苦，经年绝一无恙[5]。独食盐，禁戒旬日，则缚鸡胜匹[6]，倦怠恹然[7]。岂非“天一生水[8]”，而此味为生人生气之源哉？四海之中，五服[9]而外，为蔬为谷，皆有寂灭之乡[10]，而斥卤[11]则巧生以待。孰知其以然？

注释

〔1〕作咸：制作食盐。语出《尚书·洪范》：“润下作咸。”

〔2〕五气：五行之气，指水、火、木、金、土。

〔3〕五味：五行之味，指甜、酸、苦、辣、咸。

〔4〕王访箕子：王指周武王姬发。箕子：商纣王的朝臣，官为太师。曾劝谏纣王，被纣王囚禁。周武王灭商后释放了他。

〔5〕恙：病。

〔6〕缚：捆绑。胜：提，举。匹：通“鹜”，鸭子。“缚鸡胜匹”比喻没有力气。

〔7〕恹然：精神疲乏的样子。

〔8〕天一生水：语出《汉书·律历志》：“天以一生水，地以二生火。”作者在这里强调水和盐的重要性。

〔9〕五服：古代在国都四周按每五百里的距离划成五个“服”，其名称为甸服、侯服、绥服、要服、荒服。“五服而外”即指边区。

〔10〕寂灭之乡：佛教把死亡叫作“寂灭”，这里指不长植物的不毛之地。

〔11〕斥卤：原指盐碱地，这里指食盐。

注释者按

对于人类来说，盐的作用不亚于粮食，它是五味之一，是人体必需的成分，人体缺少盐分必将体力不支、精神疲软，所以，获取和加工食盐自然就成为人类生活的一部分了。

盐的分布很广，在五湖四海的水域、土壤和岩沙中均有盐分存在，因此食盐就有了海盐、池盐、井盐、土盐、岩盐等的种类，不同的食盐种类获取的方法迥异，其中海盐的收集和加工程序相对要简便一些，所以海盐占据了我国食盐总数的80%。

盐产

凡盐产最不一：海、池、井、土、崖、砂石，略分六种，而东夷树叶〔1〕、西戎光明〔2〕不与焉。赤县〔3〕之内，海卤居十之八，而其二为井、池、土碱。或假〔4〕人力，或由天造。总之，一经舟车穷窘〔5〕，则造物〔6〕应付出焉。

注释

〔1〕东夷树叶：东夷，指古代我国东北地区。古史有产树叶盐的记载，《魏书·勿吉传》："勿吉国，水气咸，凝盐生树上。"《北史·勿吉传》："勿吉国，水气咸，生盐于树皮之上。"勿吉国在今黑龙江、吉林东部一带。当地的柳等都是典型的泌盐植物，干燥时树叶上出现一层盐霜，可取下食用。

〔2〕西戎：指古代我国西北部少数民族。　光明：一种矿盐，又称"水晶盐"。据明代李时珍《本草纲目》第十一卷记载，这种盐有"开盲明目"的疗效。多数产在山石上，无色水晶状，不用加工便可食用。

〔3〕赤县：指中国。

〔4〕假：凭借。

〔5〕穷窘：缺乏。

〔6〕造物：指自然界。

海水盐

凡海水自具咸质[1]。海滨地高者名潮墩，下者名草荡，地皆产盐。同一海卤传神[2]，而取法则异。一法：高堰地，潮波不没者，地可种盐。种户各有区画经界，不相侵越。度诘朝无雨[3]，则今日广布稻麦稿灰及芦茅灰寸许于地上，压使平匀。明晨露气冲腾，则其下盐茅勃发[4]，日中晴霁，灰、盐一并扫起淋煎。一法：潮波浅被地，不用灰压，候潮一过，明日天晴，半日晒出盐霜，疾趋扫起煎炼。一法：逼海潮深地，先掘深坑，横架竹木，上铺席苇，又铺沙于苇席之上。候潮灭顶冲过，卤气[5]由沙渗下坑中，撤去沙、苇，以灯烛之，卤气冲灯即灭，取卤水[6]煎炼。总之功在晴霁。若淫雨连旬[7]，则谓之盐荒[8]。

又淮场地面，有日晒自然生霜如马牙[9]者，谓之大晒盐。不由煎炼，扫起即食。海水顺风漂来断草[10]，勾取煎炼，名蓬盐。

凡淋煎法，掘坑二个，一浅一深。浅者尺许，以竹木架芦席于上，将扫来盐料（不论有灰无灰，淋法皆同），铺于席上。四周隆起，作一堤垱[11]形，中以海水灌淋，渗下浅坑中。深者深七八尺，受浅坑所淋之汁，然后入锅煎炼。凡煎盐锅古谓之牢盆，亦有两种制度。其盆周阔数丈，径亦丈许。用铁者以铁打成叶片，铁钉拴合，其底平如盂，其四周高尺二寸，其合缝处一经卤汁结塞，永无隙漏。其下列灶燃薪，多者十二三眼，少者七八眼，共煎此盘。南海有编竹为者，将竹编成阔丈深尺，糊以蜃灰[12]，附于釜背。火燃釜底，滚沸延及成盐。亦名盐盆，然不若铁叶镶成之便也。凡煎卤未即凝结，将皂角椎碎，和粟米糠二味，卤沸之时，投入其中搅和，盐即顷刻结成。盖皂角[13]结盐，犹石膏之结腐[14]也。

凡盐，淮扬场者，质重而黑，其他质轻而白。以量较之，淮场者一升重十两，则广浙长芦[15]者，只重六七两。

凡蓬草盐不可常期，或数年一至，或一月数至。

凡盐见水即化，见风即卤，见火愈坚。凡收藏不必用仓廪，盐性畏风不畏湿，地下叠稿三寸，任从卑湿无伤。周遭以土砖泥隙[16]，上盖茅草尺许，百年如故也。

注释

〔1〕咸质：海水中盐类的总含量，即盐度。各有差别，我国南海为千分浓度的34，东海、黄海为30—32，渤海为25—28。

〔2〕海卤传神：用海水制盐。

〔3〕度诘朝无雨：估计明天不会下雨。　度：估计，猜测。　诘朝：明天，明晨。

〔4〕盐茅勃发：露水把地面表层所含的盐分溶解为卤水，被草灰吸收而浓缩，第二天阳光照晒，盐分便像茅草般地大量析出。

〔5〕卤气：指未成结晶盐时的状态。

〔6〕卤水：含盐分较多的水。

〔7〕淫雨连旬：阴雨连绵。

〔8〕盐荒：古代制海盐全靠晴天，如连续阴雨，就无法生产，便造成盐荒。

〔9〕马牙：即马牙硝，特点是芒长，较纯。

〔10〕断草：海藻之类的海洋植物。

〔11〕垱：挡水的小堤。

〔12〕蜃灰：蛤蜊壳烧成的灰，性质与石灰相同。

〔13〕皂角：豆科植物，又名皂荚。可以絮凝卤水中的杂质，促使食盐结晶。

〔14〕结腐：做豆腐时加入石膏使其凝结。

〔15〕长芦：河北省渤海沿岸的长芦盐场。

〔16〕泥隙：用泥堵塞缝隙。

海盐。宋代《重修政和本草》插图。中国用海水煮盐的技术在远古时期就已经开始，起先是直接煎炼海水，蒸发水分获取盐的晶体，后来又有了如上图所示的淋卤煎盐的方法。由直接煎炼到淋卤煎盐的发展，是海盐生产的一大进步，一则它提高了产量和质量，二则可以节省煎炼的燃料。

布灰种盐。《天工开物》插图。这是利用海水制造食盐的一种方法，这种方法用在海边地势较高、海浪淹及不到的地方。如图中所示，前一天先在盐田中铺撒一寸厚的草木灰，第二天早晨待露水过后，盐霜便长了出来，中午后将其收集起来，再冲洗、煎熬就可以了。制造海盐，一是要因地制宜，就地势选择取盐的方法，二是必须在晴天有太阳的情况下才能长出盐料来。

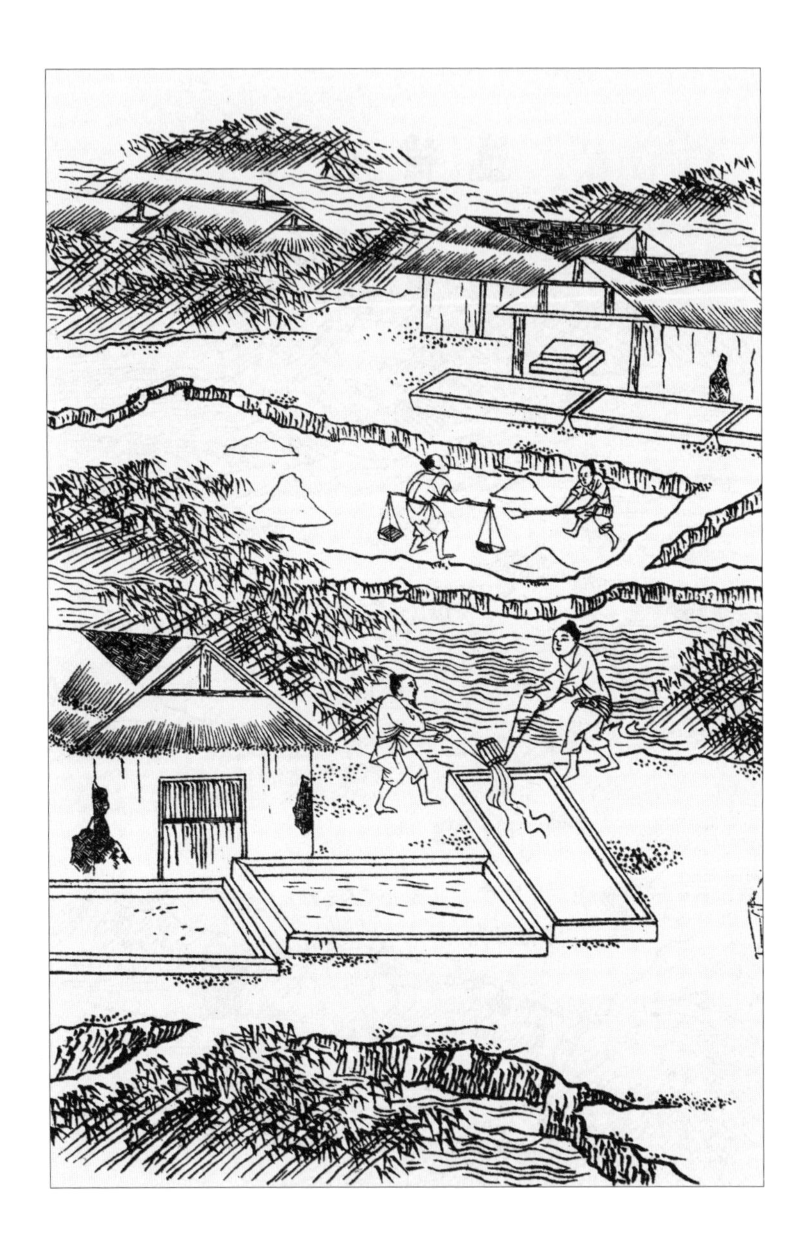

淋水先入浅坑。《天工开物》插图。当从盐田中收拢到盐的固体后，无论有没有草木灰都要采用淋水的办法使灰和沙土中的盐充分溶解。如图所示，挖两个深浅不一的坑，在浅坑上面铺草席，四周垫高，如此用海水冲洗草席上的盐料，滤下的便是盐卤水。当水面到达一定高度后会自动流入深坑储蓄起来，这些卤水就可以被送去煎熬，炼制成结晶盐了。

海卤煎炼。《天工开物》插图。煎炼海盐的锅多用铁片制成，很大，灶有多个口，可以同时点柴火加温，这种盐锅被称作牢盆。牢，结实的意思。

量较收藏。《天工开物》插图。盐场生产出来的食盐与粮食一样是需要储存的，盐的习性是遇水溶解、见风流卤，所以只要将其与水隔离、挡住风口，即使有些湿气也不用担心，用茅草铺垫、土砖围护便可以解决问题。图中描绘的就是收藏海盐的场景。

池盐

凡池盐，宇内[1]有二：一出宁夏，供食边镇；一出山西解池[2]，供晋豫诸郡县。解池界安邑[3]、猗氏[4]、临晋[5]之间，其池外有城堞[6]，周遭禁御。池水深聚处，其色绿沉。土人种盐者，池旁耕地为畦陇[7]，引清水入所耕畦中，忌浊水，参入即淤淀盐脉。

凡引水种盐，春间即为之，久则水成赤色。待夏秋之交，南风大起，则一宵结成，名曰颗盐，即古志所谓大盐也。以海水煎者细碎，而此成粒颗，故得大名。其盐凝结之后，扫起即成食味。种盐之人，积扫一石交官，得钱数十文而已。

其海丰、深州[8]，引海水入池晒成者，凝结之时，扫食不加人力，与解盐同。但成盐时日，与不借南风则大异也。

注释

〔1〕宇内：国内。

〔2〕解池：盐地名，在今山西省运城东，中条山北麓。

〔3〕安邑：古县名，在解城附近。

〔4〕猗氏：古地名，在今山西省临猗县之南，有盐池。

〔5〕临晋：古县名，在今山西省西南部，已与猗氏县合并为临猗县。

〔6〕城堞：城墙。

〔7〕畦陇：畦：田园中划分的小区。　陇：耕地上培成的土堆。

〔8〕海丰：今河北省盐山县。　深州：今河北省深县、安平一带。

图为山西运城盐池的今日面貌。我们常称盐池为解池，是因为运城古代被称为解州，此地在汉代时就已经开始大规模地开采和炼制内陆食盐了。

鹽
引水入畦
南風結熟

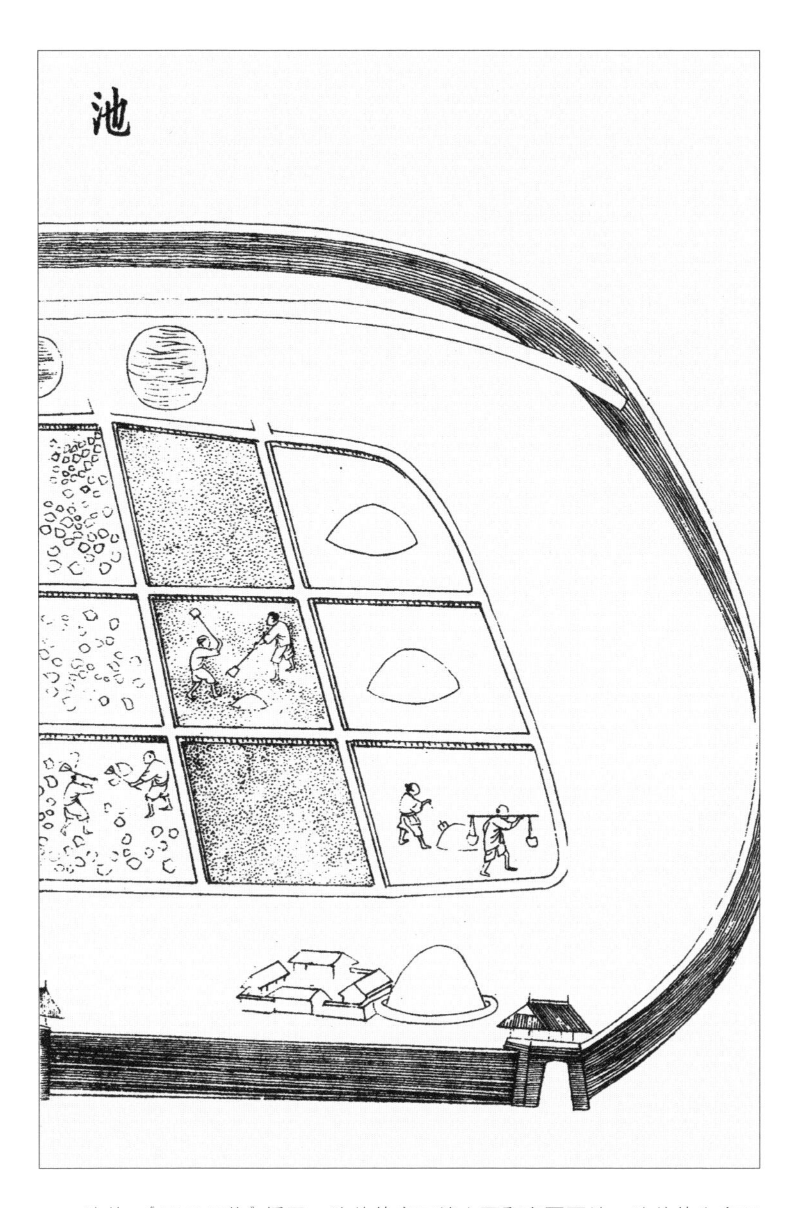

池盐。《天工开物》插图。池盐的产区就山西和宁夏两地，池盐的生产无须像海盐一样要通过煎炼，它会自然结晶，多在每年的春季有南风的时节制盐，与海盐相比，池盐的颗粒较为粗大，所以俗称“大盐”。图中描绘的是盐工们在盐田中生产池盐的场景。

井盐

凡滇蜀两省，远离海滨，舟车艰通，形势高上，其咸脉即蕴藏地中。

凡蜀中石山去河不远者，多可造井取盐，盐井周圆不过数寸，其上口一小盂覆之有余，深必十丈以外，乃得卤信[1]，故造井功费甚难。其器冶铁锥，如碓嘴形，其尖使极刚利，向石山舂凿成孔。其身破竹缠绳，夹悬此锥。每舂深入数尺，则又以竹接其身，使引而长。初入丈许，或以足踏碓稍（梢），如舂米形。太深则用手捧持顿下。所舂石成碎粉，随以长竹接引，悬铁盏挖之而上。大抵深者半载，浅者月余，乃得一井成就。盖井中空阔，则卤气游散，不克[2]结盐故也。

井及泉后，择美竹长丈者，凿净其中节，留底不去。其喉下安消息[3]，吸水入筒，用长絙[4]系竹沉下，其中水满。井上悬桔槔、辘轳诸具，制盘驾牛，牛拽盘转，辘轳绞絙，汲水而上。入于釜中煎炼（只用中釜，不用牢盆），顷刻结盐，色成至白。

西川有火井[5]，事奇甚。其井居然冷水，绝无火气。但以长竹剖开去节，合缝漆布，一头插入井底，其上曲接，以口紧对釜脐，注卤水釜中，只见火意烘烘，水即滚沸。启竹而视之，绝无半点焦炎意。未见火形而用火神[6]，此世间大奇事也！

凡川滇盐井，逃课[7]掩盖至易，不可穷诘。

注释

〔1〕卤信：盐层。

〔2〕不克：不能。

〔3〕消息：指阀门。当竹筒沉到水下时，装在下端的阀门受卤水的压力而开启，当竹筒提升时，筒中卤水的重力又将阀门关闭，这种方法叫作“吊筒吸卤”。

〔4〕絙：粗绳子。

〔5〕火井：天然气井，即蕴藏在地下的沼气。

〔6〕火形、火神：火的形状和精神，天然气燃烧时温度很高，火焰微呈蓝色或无色，燃烧后没有残渣。

〔7〕课：官税。

今日四川省自贡市的盐场外景照片。

开井口。《天工开物》插图。像四川这样深居内陆的省份如果食用海盐，那运输的路途就太遥远了，所以人们因地制宜发明了挖井取盐的办法，从几百米的地下盐层获取盐料。图中描绘的是开凿井口的场景。

下石圈。《天工开物》插图。在开好的井口上放置井圈的场景。

鑿井

凿井。《天工开物》插图。开凿盐井不仅是一件特别艰苦的工作，而且必须要有独特的技术和多项的分工合作，过去开凿一口井少则几个月，多则要好几年。凿井要用铁锥，传动装置也相当复杂，一般用畜力来带动，大概情景正如图中所示。

这是四川成都出土的东汉时期的井盐画像砖。

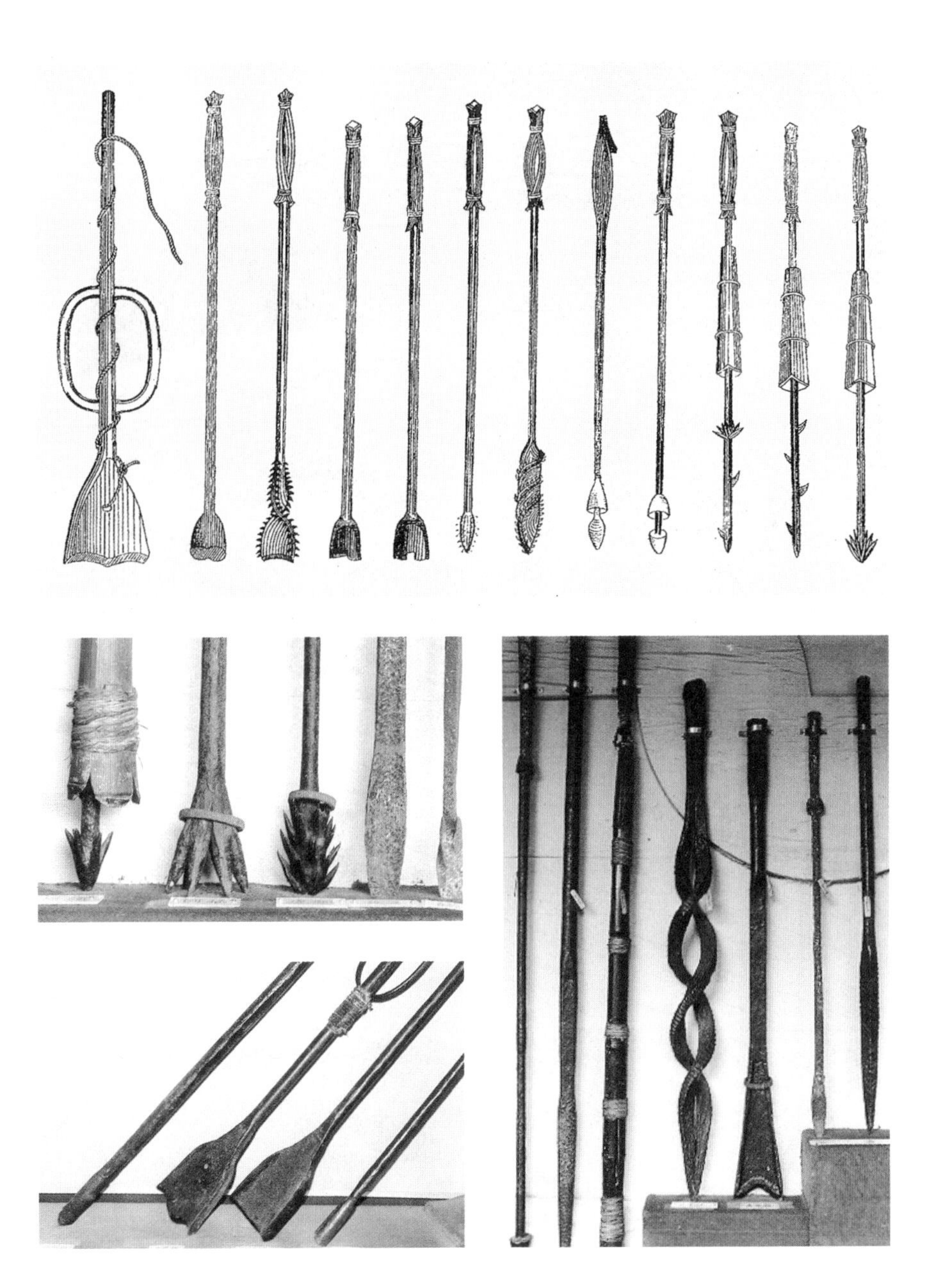

图为凿井常用工具示意图，和近代四川省自贡市的凿井工具实物照片。

制木竹。《天工开物》插图。

下木竹。《天工开物》插图。凿井用的铁锥锥柄过去都用竹竿制成，方法是将竹子剖开，夹住锥头后用绳子扎紧。当井深在一丈之内时，还可以用舂米式的脚踏方式凿井，但当井凿的深度一点点深下去的时候，竹竿也要一段一段地接长，凿时就要用力将竹竿拉高，再松开使锥头猛力下凿。插图描述的就是这样的场景。

汲卤

汲卤。《天工开物》插图。井凿好之后就可以投入生产井盐了，依然用牲口作为汲卤的动力，通过辘轳、转盘、吊杆等井上提水工具，将装有阀门的汲卤竹筒从井底提拉上来，如此，卤水便可源源不断地被送去提炼。

场灶煮盐。《天工开物》插图。

井火煮盐。《天工开物》插图。在四川提炼井盐有两种方法，一种是用炭火作为燃料，一种是用天然气作为燃料来煮盐，《天工开物》中说的井火就是指的天然气。天然气与炭火相比效率要高很多，四川盛产天然气，人们对天然气的认识早在秦汉时期就已经成熟。这两幅插图描绘的就是这两种不同形式的煮盐场景，其锅台、设备装置的特征差异表达得非常明确。

川滇載運

川滇载运。《天工开物》插图。盐虽然遍布在自然界的各种物质中，但由于提炼条件的各种限制，我国的产盐区仍然相对集中，无法做到各个区域的自给自足，所以盐的经营与买卖应运而生。总的说来我国的东部沿海地区以经销海盐为主，中部及西南部以经销井矿盐居多，西部经营池盐，这种格局已经维持了很长的时间。此图描绘的就是一幅盐运的场景，虽然水陆均可运输，但古代水运较陆地运输更为便捷发达。

末盐〔1〕

凡地碱煎盐，除并州〔2〕末盐外，长芦分司〔3〕地土人，亦有刮削煎成者，带杂黑色，味不甚佳。

注释

〔1〕末盐：粉末状的食盐。

〔2〕并州：古代九州之一，今山西省太原一带。

〔3〕分司：明代在产盐地设运盐使，下面设分司，掌管盐政。

崖盐[1]

凡西省阶、凤[2]等州邑，海井交穷[3]，其岩穴自生盐，色如红土，恣[4]人刮取，不假[5]煎炼。

注释

〔1〕崖盐：也称岩盐或石盐。纯净的崖盐白色透明，可供食用。

〔2〕西省阶、凤：今陕西省阶州、凤县。

〔3〕海井交穷：海盐和井盐都没有。

〔4〕恣：任凭，听任。

〔5〕不假：不必，用不着。

甘嗜[1] 第六

宋子曰：气至于芳，色至于艶[2]，味至于甘，人之大欲存焉。芳而烈，艶而艳，甘而甜，则造物有尤异之思矣。世间作甘之味，十八产于草木，而飞虫竭力争衡[3]，采取百花，酿成佳味，使草木无全功。孰主张是[4]而颐养[5]遍于天下哉？

注释

〔1〕甘嗜：词出《尚书·甘誓》："甘酒嗜音。"甘是五味之一的甜味，嗜为爱好，这里甘嗜指制糖。

〔2〕艶：青黑色，这里泛指浓艳的色彩。

〔3〕争衡：争强斗胜。

〔4〕孰主张是：语出《庄子·天运》："日月其争于所乎，孰主张是？"意为是谁主宰这个呢？

〔5〕颐养：保养。

注释者按

糖虽然没有盐对人体那么重要，各种各样的自然食物中也都或多或少的含有糖的成分，所以我们在一日三餐之外不额外吃糖并无大碍，但人们终究还是禁不住糖的味道的诱惑，因此提炼糖也成了人类生活的必需。糖的来源最主要的有三种：蜂蜜、甘蔗和其他植物，其中甘蔗制糖是我们最容易理解的方式，但它却并不是我们本土的发明，甘蔗制糖方式是大唐年间从西域传入内地的。

蔗种

凡甘蔗有二种，产繁闽广间，他方合并，得其十一而已。似竹而大者为果蔗[1]，截断生啖[2]，取汁适口，不可以造糖。似荻而小者为糖蔗，口啖即棘伤唇舌，人不敢食，白霜红砂[3]皆从此出。凡蔗古来中国不知造糖，唐大历[4]间，西僧邹和尚游蜀中遂宁[5]，始传其法。今蜀中种盛，亦自西域渐来也。

凡种荻蔗[6]，冬初霜将至，将蔗砍伐，去杪[7]与根，埋藏土内（土忌洼聚水湿处）。雨水[8]前五六日，天色晴明，即开出，去外壳，砍断约五六寸长，以两个节为率。密布地上，微以土掩之，头尾相枕，若鱼鳞然。两芽平放，不得一上一下，致芽向土难发。芽长一二寸，频以清粪水浇之，俟长六七寸，锄起分栽。

凡栽蔗必用夹沙土，河滨洲土为第一。试验土色：掘坑尺五许，将沙土入口尝味，味苦者不可栽蔗。凡洲土近深山上流河滨者，即土味甘亦不可种。盖山气凝寒，则他日糖味亦焦苦。去山四五十里，平阳洲土[9]择佳而为之（黄泥脚地毫不可为。）

凡栽蔗治畦，行阔四尺，犁沟深四寸。庶栽沟内，约七尺列三丛[10]。掩土寸许，土太厚则芽发稀少也。芽发三四个或六七个时，渐渐下土，遇锄耨时加之。加土渐厚，则身长根深，庶免欹[11]倒之患。

凡锄耨不厌勤过，浇粪多少视土地肥硗。长至一二尺，则将胡麻或芸苔枯浸和水灌，灌肥欲施行内。高二三尺则用牛进行内耕之，半月一耕，用犁一次垦土断旁根[12]，一次掩土培根。九月初培土护根，以防砍后霜雪。

注释

〔1〕果蔗：作为水果而培植的甘蔗品种，茎粗，汁多，质脆，适宜生吃。

〔2〕啖：吃。

〔3〕白霜红砂：白砂糖和红砂糖。

〔4〕大历：唐代宗李豫的年号。

〔5〕遂宁：今四川遂宁县。

〔6〕荻蔗：我国古代最早种植的一种甘蔗品种，因茎细如芦荻而得名。

〔7〕杪：末梢，末尾。

〔8〕雨水：二十四节气之一，在立春以后半个月，公历的二月十九日左右。春天开始，雨水渐多，有利于作物生长。

〔9〕平阳洲土：平坦而阳光充足的水边土地。

〔10〕七尺列三丛：七尺种三株。

〔11〕欹：歪斜，不正。

〔12〕垦土断旁根：垦土可改善土壤，断旁根是犁断旧根，促使新根生长，有利吸收营养。

蔗品

凡荻蔗造糖，有凝冰[1]、白霜、红砂三品。糖品之分，分于蔗浆之老嫩。凡蔗性[2]至秋渐转红黑色，冬至以后，由红转褐，以成至白。五岭以南无霜国土，蓄蔗不伐以取糖霜。若韶雄[3]以化（北），十月霜侵，蔗质[4]遇霜即杀，其身不能久待以成白色，故速伐以取红糖也。凡取红糖，穷十日之力而为之。十日以前，其浆尚未满足，十日以后，恐霜气逼侵，前功尽弃。故种蔗十亩之家，即制车釜[5]一付，以供急用。若广南无霜，迟早惟人也。

注释

〔1〕凝冰：冰糖。
〔2〕蔗性：甘蔗表皮的性状。
〔3〕韶雄：今广东韶关和南雄。
〔4〕蔗质：甘蔗内的含糖量。杀：蔗质受霜后就会破坏。
〔5〕车釜：榨汁取浆的工具。

造糖

凡造糖车[1]，制用横板二片，长五尺，厚五寸，阔二尺，两头凿眼安柱，上榫出少许，下榫出版（板）二三尺，埋筑土内，使安稳不摇。上板中凿二眼，并列巨轴两根（木用至坚重者），轴木大七尺围方妙。两轴一长三尺，一长四尺五寸，其长者出榫安犁担。担用屈木，长一丈五尺，以便驾牛团转走。轴上凿齿分配雌雄，其合缝处须直而圆，圆而缝合。夹蔗于中，一轧而过，与棉花赶车同义。蔗过浆流，再拾其滓，向轴上鸭嘴扱入，再轧又三轧之，其汁尽矣。其滓为薪[2]。其下板承轴凿眼，只深一寸五分，使轴脚不穿透，以便板上受汁也。其轴脚嵌安铁锭于中，以便捩[3]转。凡汁浆流板有槽，枧汁入于缸内。每汁一石下石灰五合于中[4]。凡取汁煎糖，并列三锅如品字，先将稠汁聚入一锅，然后逐加稀汁两锅之内。若火力少束薪，其糖即成顽糖[5]，起沫不中用。

注释

〔1〕糖车：木制的双辊式压榨机。

〔2〕其滓为薪：把甘蔗渣用作煮糖的燃料。

〔3〕捩：扭转。

〔4〕下石灰：使蔗汁里杂质沉淀并中和酸性物质。　合：古代的容量单位，十合为一升。

〔5〕顽糖：糖呈黏胶状，难以起砂结晶。

这是广西南宁市民国时期的一架糖车实物照片，与《天工开物》中的描述几乎一致。

我国南方地区盛产甘蔗，每当甘蔗收获时节，许多家庭和小吃摊点还有一种小型的甘蔗榨汁工具用来榨取新鲜的浆汁喝，即图中的榨汁凳，这是一种土生土长的中国式的榨汁机，造型可爱，小巧别致，现在有些江南人家还在使用。

出筍
鴨嘴

轧蔗取浆图。《天工开物》插图。轧取甘蔗浆汁的轧浆机俗称“糖车”。图中标出了糖车最主要的几个部件，犁担是牲口牵引的杠杆，鸭嘴是甘蔗与轧具的接触口，当两个轧轮反向旋转时，带动甘蔗前行并挤出汁水来，糖水流入沟槽中，就可以准备煎熬制成蔗糖了。

造白糖

凡闽广南方经冬老蔗，用车同前法。笮[1]汁入缸，看水花为火色。其花煎至细嫩，如煮羹沸，以手捻[2]试，粘手则信来矣。此时尚黄黑色，将桶盛贮，凝成黑沙[3]。然后，以瓦溜[4]（教陶家烧造）置缸上。其溜上宽下尖，底有一小孔，将草塞住，倾桶中黑沙于内，待黑沙结定，然后去孔中塞草，用黄泥水[5]淋下。其中黑滓[6]入缸内，溜内尽成白霜。最上一层厚五寸许，洁白异常，名曰洋糖（西洋糖绝白美，故名）。下者稍黄褐。

造冰糖者，将洋糖煎化，蛋青[7]澄去浮滓，候视火色。将新青竹破成篾片，寸斩撒入其中，经过一宵，即成天然冰块。

造狮、象、人物等，质料精粗由人。

凡白糖有五品："石山"为上，"团枝"次之，"瓮鉴"次之，"小颗"又次，"沙脚"为下。

注释

〔1〕笮：把物体里的汁液压出来。

〔2〕捻：用手指搓转。

〔3〕黑沙：用蔗汁煮成的浓糖浆，冷却后成褐色的晶状砂糖。又叫糖膏。

〔4〕瓦溜：一种制糖用的器具。

〔5〕黄泥水：用一种活性黏土或含矾土的泥调水，稍经沉淀，取其上层液体，可脱除糖中的颜色和气味。

〔6〕黑滓：糖蜜。

〔7〕蛋青：蛋白。利用蛋白受热凝固后吸附杂质的能力，可以把砂糖精炼成冰糖。

澄结糖霜瓦器。《天工开物》插图。用甘蔗汁熬制出来的原始糖膏的凝结物是黄黑色的，如果要制作白糖，那就需要进行再加工。糖之所以会有颜色、形态相异的结晶体，并不在于原料的区别，而是在于精制的程度。一般来讲，颜色越浅的糖纯度越高，但纯度与甜度却也不是成正比的。

饴饧[1]

凡饴饧，稻、麦、黍、粟，皆可为之。《洪范》[2]云："稼穑[3]作甘。"及此乃穷其理。其法用稻麦之类浸湿，生芽暴干[4]，然后煎炼调化而成。色以白者为上。赤色者名曰胶饴，一时宫中尚之，含于口内即溶化，形如琥珀。南方造饼饵者谓饴饧为小糖，盖对蔗浆而得名也。饴饧人巧千方，以供甘旨，不可枚述。惟尚方[5]用者名"一窝丝[6]"，或流传后代，不可知也。

注释

〔1〕饴饧：用麦芽制成的糖叫饴。饧为古"糖"字，后专指用麦芽或谷芽熬成的糖。《本草纲目·谷部》："饴即软糖也，此人谓之饧。"

〔2〕《洪范》：《尚书》中的一篇。

〔3〕稼穑：稼，种植；穑，收割谷物。泛指农业劳动。

〔4〕暴干：晒干。

〔5〕尚方：官署名，制造皇室用的刀剑等兵器及玩物。这里指宫廷。

〔6〕一窝丝：饴糖的一种加工制品，色白而酥松。

蜂蜜

凡酿蜜蜂普天皆有，唯蔗盛之乡，则蜜蜂自然减少。蜂造之蜜出山岩土穴者十居其八，而人家招蜂造酿而割取者，十居其二也。凡蜜无定色，或青或白，或黄或褐，皆随方土花性而变。如菜花蜜、禾花蜜〔1〕之类，百千其名不止也。

凡蜂不论于家于野，皆有蜂王。王之所居〔2〕，造一台如桃大。王之子世为王〔3〕。王生而不采花，每日群蜂轮值，分班采花供王。王每日出游两度〔4〕（春夏造蜜时），游则八蜂轮值以待。蜂王自至孔隙口，四蜂以头顶腹，四蜂傍翼飞翔而去，游数刻而返，翼顶如前。

畜家蜂者，或悬桶檐端，或置箱牖〔5〕下，皆锥圆孔眼数十，俟其进入。凡家人杀一蜂二蜂，皆无恙，杀至三蜂，则群起螫〔6〕人，谓之蜂反。凡蝙蝠最喜食蜂，投隙入中，吞噬〔7〕无限。杀一蝙蝠，悬于蜂前，则不敢食，俗谓之枭令〔8〕。凡家蓄蜂，东邻分而之西舍，必分王之子去而为君，去时如铺扇拥卫。乡人有撒酒糟香而招之者。

凡蜂酿蜜，造成蜜脾〔9〕，其形鬣鬣然〔10〕。咀嚼花心汁〔11〕，吐积而成〔12〕，润以人小遗〔13〕，则甘芳并至，所谓“臭腐神奇〔14〕”也！凡割脾取蜜〔15〕，蜂子〔16〕多死其中。其底则为黄蜡。凡深山崖石上有经数载未割者，其蜜已经时自熟，土人以长竿刺取，蜜即流下。或未经年而扳缘可取者，割炼与家蜜同也。土穴所酿多出北方，南方卑湿，有崖蜜〔17〕而无穴蜜〔18〕。凡蜜脾一斤〔19〕，炼取十二两。西北半天下，盖与蔗浆分胜云。

注释

〔1〕禾花蜜：水稻扬花时收的蜂蜜。实际禾花只有少量花粉，并没有花蜜。

〔2〕王之所居：指蜂王（母蜂）房，俗称“王台”。王台不是蜂王居住的地方，而是培育新母蜂而临时建成的。外表粗糙，形状和大小像带壳花生。新母蜂长成后从王台出来，工蜂就将王台捣毁，并实行分群。

〔3〕王之子世为王：蜂王的后代永世为王。作者用封建世袭观念比喻蜜蜂生活，实际上“王之子”是在王台中受到特别培育的新母蜂。

〔4〕王每日出游两度：新蜂王（即处女王）长成后，如天晴时，每天会飞出一两次，并由工蜂陪同（不一定是八只）。各巢雄蜂嗅到气息会随之追飞。其中一只在高空追及蜂王实行交配。蜂王回巢后几天产卵，就不再出游了。

〔5〕牖：窗户。

〔6〕螫：同蛰，蜂、蝎子等用毒水刺刺人。

〔7〕噬：咬，吃。

〔8〕枭令：古时候斩首示众为“枭示”。

〔9〕蜜脾：贮有蜂蜜而没有下卵的巢脾。

〔10〕鬣鬣然：像马鬃毛一样整齐。

〔11〕咀嚼花心汁：蜜蜂的口器为咀吸式。适于咀嚼的上部口器用来咬开磨碎花粉，适于舐取吸吮的下部口器用来吸取花蜜。

〔12〕吐积而成：工蜂把蜜囊中贮存的花蜜经下部口器注入蜂房，然后再集中到巢脾上方的蜂房里，封盖保存，作为以后食粮。

〔13〕小遗：小便。

〔14〕臭腐神奇：语出《庄子·知北游》：“是其所美者为神奇，其所恶者为臭腐，臭腐复化为神奇，神奇复化为臭腐。”

〔15〕割脾取蜜：旧法取蜜是用布包住整个巢脾，绞出蜜汁。现代用离心机取蜜，不损伤巢脾。

〔16〕蜂子：蜂卵、蜂蛹和幼虫。

〔17〕崖蜜：野生蜜蜂在山崖上筑巢所产的蜜。

〔18〕穴蜜：野生蜜蜂在土质洞穴中筑巢所产的蜜。

〔19〕一斤：古代一斤为十六两。

附：造兽糖[1]

凡造兽糖[2]者，每巨釜一口，受糖五十斤。其下发火慢煎，火从一角烧灼，则糖头滚旋而起。若釜心发火，则尽尽沸溢于地。每釜用鸡子[3]三个，去黄取青，入冷水五升化解。逐匙滴下用火糖头之上，则浮沤[4]黑滓尽起水面，以笊篱[5]捞去，其糖清白之甚。然后打入铜铫[6]，下用自风[7]慢火温之，看定火色，然后入模。凡狮、象糖模，两合如瓦为之，杓泻糖入，随手覆转倾下。模冷糖烧，自有糖一膜靠模凝结，名曰“享糖”。华筵[8]用之。

注释

〔1〕原刻本“澄结糖霜瓦器”图下有一段关于制作兽糖的文字，它既不像原刻本的正文，也不是该图的说明，今作附文并加注释，标题是根据文字内容而加。

〔2〕兽糖：用有动物形象的木模浇制的糖。

〔3〕鸡子：鸡蛋。

〔4〕浮沤：浮在水面的气泡。

〔5〕笊篱：用金属丝或竹篾、柳条等制成的长柄能漏水的用具，用来在水里捞取东西。

〔6〕铫：用沙土或金属制的口大有盖、旁边有柄的烧水或煎药的器具。

〔7〕自风：即“自来风”煤粉。

〔8〕华筵：盛大的酒宴。

卷中

陶埏[1] 第七

宋子曰：水火既济而土合[2]。万室之国，日勤千人而不足，民用亦繁矣哉。上栋下室以避风雨，而瓴[3]建焉。王公设险以守其国，而城垣雉堞[4]，寇来不可上矣。泥瓮坚而醴[5]酒欲清，瓦登[6]洁而醯醢[7]以荐。商周之际，俎豆[8]以木为之。毋亦质重之思耶！后世方土[9]效灵，人工表异[10]，陶成雅器，有素肌玉骨之象焉。掩映几筵，文明可掬[11]。岂终固哉[12]！

注释

〔1〕陶埏：语出《老子》"故陶人埏埴以为器"。意思是陶器工匠用黏土塑型后烧成器皿。　埏：用水搅和泥土，引申为制作陶器的模型。　陶：此处指陶瓷。

〔2〕水火既济而土合：意思是通过水火的作用，泥土就结成牢固的陶瓷。"既济"为《周易》卦名，事已做成的意思。水火相交，各得其用，所以名为既济。

〔3〕瓴：房屋上仰盖的瓦，也称瓦沟。

〔4〕雉堞：城墙上用砖瓦砌成的凹凸形的垛子，用来避箭。

〔5〕醴：甜酒。

〔6〕瓦登：古代祭祀用的高脚有盖的盛肉礼器，瓦做的叫登，木做的叫豆，竹做的叫笾，可统称为笾豆。

〔7〕醯：醋。　醢：用鱼肉等制成的酱。

〔8〕俎豆：盛食物的器具，泛指古代各种祭祀的礼器。

〔9〕方土：各地的土质各不相同。

〔10〕人工表异：人工创造出各种神奇技艺。

〔11〕掬：双手捧取，此处可引申作呈现。

〔12〕岂终固哉：事物不会是永远固定不变的。

注释者按

制造砖瓦是人类对于泥土的认识和利用。泥土是一种奇特的物质，随处可以找到，它既可以与水调和，更可以用火成形，泥土的可塑性决定了它与人类生活的紧密关系。

在砖瓦的制造过程中，使用的工具并不复杂，也不用非常讲究，只是要求结实就可以了，但砖瓦制造毕竟不如我们想象的那么简单，它是一件繁重的体力活，同时技术与经验也不可或缺。

制造陶瓷器物更是人类对于泥土的深刻认识和魔术式的利用。

中国一直以来就被誉为“陶瓷之国”，在英语里，China是陶瓷与中国的同一译名，“陶瓷之路”在当年跟“丝绸之路”一样是东方与西方文化的交流之路，陶瓷这种被深刻物化了的文化形态，从中国古代历朝延续至今，已经超过了五千年的历史。

今天的人们大概是很难想象原始人对于第一件陶器成形时的喜悦，也无心多去关心从陶器发展到瓷器的过程，因为这实在与我们的生活离得太久远。然而许多传说和故事还是流传下来，告知后人瓷器的美好来之不易。

瓦

凡埏泥造瓦，掘地二尺余，择取无沙粘土而为之。百里之内，必产合用土色，供人居室之用。凡民居瓦，形皆四合分片。先以圆桶为模骨，外画四条界。调践熟泥，叠成高长方条。然后用铁线弦弓[1]，线上空三分，以尺限定，向泥不[2]平戛一片，似揭纸而起，周包圆桶之上。待其稍干，脱模而出，自然裂为四片。凡瓦大小苦无定式，大者纵横八九寸，小者缩十之三。室宇合沟中，则必需其最大者，名曰沟瓦，能承受淫雨不溢漏也。

凡坯既成，干燥之后，则堆积窑中，燃薪举火，或一昼夜，或二昼夜，视陶中多少，为熄火久暂，浇水转锈[3]（音右），与造砖同法。其垂于檐端者有滴水；下于脊沿者有云瓦；瓦掩覆脊者有抱同；镇脊两头者有鸟兽诸形象，皆人工逐一做成。载于窑内，受水火而成器则一也。

若皇家宫殿所用，大异于是。其制为琉璃瓦[4]者，或为板片，或为宛筒，以圆竹与斫木为模，逐片成造，其土必取于太平府[5]（舟运三千里，方达京师，参沙之伪，雇役掳舡之扰，害不可极。即承天皇陵[6]亦取于此，无人议正）。造成，先装入琉璃窑内，每柴五千斤烧瓦百片。取出，成色以无名异[7]、棕榈毛[8]等煎汁涂染成绿黛[9]；赭石[10]、松香、蒲草[11]等，涂染成黄。再入别窑，减杀薪火，逼成琉璃宝色。外省亲王殿与仙佛宫观[12]间亦为之，但色料各有，譬合[13]采取，不必尽同。民居则有禁也。

注释

〔1〕铁线弦弓：用铁丝做弦的弓，可代刀用，切割泥块。

〔2〕不：不子，指经过加工的制造陶瓷器的原料。

〔3〕浇水转锈：烧制青砖、青瓦的一道工序。

〔4〕琉璃瓦：涂上琉璃釉料（铝和钠的硅酸化合物）烧制成的瓦，多呈绿

色、蓝色和金黄色，鲜艳发光，耐久美观，多用作修盖宫殿或庙宇。

〔5〕太平府：今安徽省当涂县。

〔6〕承天皇陵：明代兴献皇帝朱佑杬在湖北承天府的坟墓。

〔7〕无名异：一种含有氧化钴、二氧化锰等的瓷器青釉料。

〔8〕棕榈：长绿乔木，叶鞘上的纤维叫棕毛。

〔9〕黛：青黑色。

〔10〕赭石：红褐色矿物，可用作颜料。

〔11〕蒲草：香蒲科，草本植物。

〔12〕观：道教的庙宇。

〔13〕譬合：配制，配方。

造瓦。《天工开物》插图。做砖瓦的泥土必须有黏性，尽量不掺入任何沙土。图中描绘的是建造民用房瓦的工序和流程：最远处的人手持的板形工具叫截泥弓，用这种工具可以非常方便地切割下泥块；中间的人在利用转盘上的瓦筒制造瓦坯；另一人在处理桶形瓦坯，周围堆放的是已经成形的瓦片。

中国的片状素瓦呈青色，主要用于民居。宫廷建筑和庙宇建筑的用瓦多要上琉璃釉，烧出来的琉璃瓦金黄透亮或翠绿碧蓝，琉璃瓦有片状的，也有筒状的，这些瓦的形制南北多少有些差异。在历代遗留至今的各色瓦片中，最有特色的应该要数秦汉瓦当。这里的两枚瓦当一枚是绥中石碑地遗址出土的通长78厘米，直径52厘米的秦代夔纹瓦当，一枚是辽宁省丹东市瑷河尖村出土的面径12.5厘米的西汉安平乐未央瓦当。瓦当是放置在筒瓦前段“遮丑”起装饰作用的，所以都有漂亮的图案花纹。

这是一套现代江苏省吴县的砖瓦泥坯工具，从左至右分别为推泥弓、泥刀、截泥弓和泥铲。

这是同一地区制造瓦坯的工具：瓦筒。造瓦很特别，并不是像我们所看到的成形瓦片那样一片片被制造出来的，它的模具是一只有着四等分界痕线的无底圆筒，筒上窄下略宽，俗名“瓦筒”，即图片中横墙上的木筒，筒外布套的作用是防止瓦坯与筒的粘连。做瓦时就把瓦筒放置在转盘上，将泥弓切割下来一定尺寸的泥坯如纸般平摊在泥筒的外壁，再修整成形，拿开模具后晾干，在干燥过程中，带有痕线的瓦坯会自然裂开为四片，等着去烧制就可以了。

这是现代制造瓦片的场景照片，对照《天工开物》中的造瓦描述，实在是一模一样。

砖

凡埏泥造砖，亦掘地验辨土色，或蓝、或白、或红、或黄（闽广多红泥。蓝者名善泥，江浙居多），皆以粘而不散，粉而不沙者为上。汲水滋土，人逐数牛错趾〔1〕，踏成稠泥，然后填满木匡之中。铁线弓戛平〔2〕其面，而成坯形。

凡郡邑城雉民居垣墙所用者，有眠砖、侧砖两色。眠砖方长条，砌城郭与民人饶富家不惜工费，直叠而上。民居算计者，则一眠之上，施侧砖一路，填土砾其中以实之，盖省啬之义也。凡墙砖而外，甃〔3〕地者名曰方墁砖〔4〕。榱〔5〕桶（桷）〔6〕上用以承瓦者，曰楻板砖。圆鞠〔7〕小桥梁与圭门〔8〕与窀穸〔9〕墓穴者，曰刀砖，又曰鞠砖。凡刀砖削狭一偏面，相靠挤紧，上砌成圆，车马践压，不能损陷。

造方墁砖，泥入方匡中，平板盖面，两人足立其上，研转而坚固之，烧成效用。石工磨斫四沿，然后甃地。刀砖之直视墙砖稍溢一分，楻板砖则积十以当墙砖之一，方墁砖则一以敌墙砖之十也。

凡砖成坯之后，装入窑中，所装百钧则火力一昼夜，二百钧则倍时而足。凡烧砖有柴薪窑，有煤炭窑。用薪者出火成青黑色，用煤者出火成白色。凡柴薪窑，巅上偏侧凿三孔以出烟，火足止薪之候，泥固塞其孔，然后使水转锈。凡火候少一两，则锈色不光。少三两，则名“嫩火砖”，本色杂现，他日经霜冒雪，则立成解散，仍还土质。火候多一两，则砖面有裂纹。多三两，则砖形缩小拆裂，屈曲不伸，击之如碎铁然，不适于用。巧用者以之埋藏土内为墙脚，则亦有砖之用也。凡观火候从窑门透视内壁，土受火精〔10〕，形神摇荡，若金银镕化之极然。陶长辨之。

凡转锈之法〔11〕，窑颠作一平田样，四围稍弦起，灌水其土（上）。砖瓦百钧，用水四十石。水神透入土膜之下，与火意相感而成。水火既济，其质千秋矣。若煤炭窑视柴窑深欲倍之，其上圆鞠渐小，并不封顶。其内以煤造成尺五径阔饼，每煤一层，隔砖一层，苇薪垫地发火。

若皇居所用砖，其大者厂在临清〔12〕，工部〔13〕分司主之。初名色有副砖、券砖、平身砖、望板砖、斧刃砖、方砖之类，后革去半。运至京师，每漕舫〔14〕搭四十块，民舟半之。又细料方砖，以甃正殿者，则由苏州造解。其琉璃砖，色料已载瓦款。取薪台基厂〔15〕，烧由黑窑〔16〕云。

注释

〔1〕错趾：踩，踏。

〔2〕戛平：刮平。

〔3〕甃：用砖砌。

〔4〕方墁砖：铺地的正方形砖。

〔5〕榱：椽子。

〔6〕桷：方形的椽子。

〔7〕鞠：弯曲。圆鞠，即圆拱形。

〔8〕圭门：小圆拱门。

〔9〕窀穸：墓穴。

〔10〕火精：高温。

〔11〕转锈之法：指“浇水转坯色”的方法。

〔12〕临清：今山东临清县。

〔13〕工部：明代朝廷六部之一，掌管工程、屯田、水力、交通等。

〔14〕漕舫：运粮船。

〔15〕台基厂：明代工部营缮司所辖三大材料厂之一，贮存燃料、工程等材料。

〔16〕黑窑：明代官办砖厂，制造专供宫廷用的砖瓦。

泥造砖坯。《天工开物》插图。做砖，泥的黏性越高越好，将泥与水调和之后还需要反复践踏击打，其道理大抵与揉面团相似，越揉越精，越揉越坚。做砖也要有相应的模具，模具是根据砖形厚薄大小而定，当泥浆调制好之后，填入模具中压实，用铁线弓刮去多余的部分就完成了。这只是一般砖坯的做法，一些特殊用处的砖坯，比如用作建造城墙、桥梁、墓穴等的，当然还有许多讲究。

煤炭烧砖窑。《天工开物》插图。

砖瓦济水转釉窑。《天工开物》插图。这幅图与上图描述的是两种不同的烧制砖瓦的方式，一是用煤炭烧，一是用柴火烧。炭窑比柴窑高，顶部收拢但不封顶，砖和炭的排放必须层层间隔相叠，用煤窑烧出来的砖颜色呈浅灰色。柴窑砖则是青黑色的，烧柴窑火候很重要，烧老了砖瓦要碎裂，烧嫩了砖瓦日后会风化，柴窑的上部有出气小孔，顶部有一个盆状水池，砖烧到一定火候就要封孔蓄水，所谓转釉，就是让水分渗透窑壁，使水火交融达到砖瓦坚固的目的。

这里是两组宋代的彩色画像砖雕，分别出土于天水市南齐集和天水市的宋墓王家新窑。画像砖基本上有两种风格，一种是用模具做出一个基本砖形来，趁湿的时候在上面做雕刻，刻完以后晾干烧制；还可以是烧好砖以后在上面画图。这是两个系统，但有时候也可以合二为一。

罂　瓮[1]

凡陶家为缶[2]属，其类百千。大者缸瓮，中者钵盂，小者瓶罐，款制各从方土，悉数之不能。造此者，必为圆而不方之器。试土寻泥之后，仍制陶车旋盘。工夫精熟者，视器大小掐[3]泥，不甚增多少，两人扶泥旋转，一捏而就。其朝廷所用龙凤缸（窑在真定曲阳[4]，与杨（扬）州仪真[5]）与南直[6]花缸，则厚积其泥，以俟雕镂，作法全不相同。故其直或百倍，或五十倍也。

凡罂缶有耳嘴者，皆另为合，上以釉水[7]涂粘。陶器皆有底；无底者，则陕以西炊甑[8]用瓦不用木也。凡诸陶器精者中外皆过釉，粗者或釉其半体。惟沙盆齿钵之类，其中不釉，存其粗涩[9]，以受研擂之功。沙锅沙罐不釉，利于透火性，以熟烹也。凡釉质料随地而生，江浙闽广用者蕨蓝草一味。其草乃居民供灶之薪，长不过三尺，枝叶似杉木，勒而不棘人（其名数十，各地不同）。陶家取来燃灰，布袋灌水澄滤，去其粗者，取其绝细。每灰二碗，参以红土泥水一碗，搅令极匀，蘸涂坯上，烧出自成光色。北方未详用何物。苏州黄罐釉，亦别有料。惟上用龙凤器，则仍用松香与无名异也。

凡瓶窑烧小器，缸窑烧大器，山西浙江各分缸窑、瓶窑，余省则合一处为之。凡造敞口缸，旋成两截，接合处以木椎内外打紧匝口[10]。坛瓮亦两截，接内不便用椎，预于别窑烧成瓦圈，如金刚圈形，托印其内，外以木椎打紧，土性自合。

凡缸瓶窑不于平地，必于斜阜山冈之上，延长者或二三十丈，短者亦十余丈，连接为数十窑，皆一窑高一级。盖依傍山势，所以驱流水湿滋之患，而火气又循级透上。其数十方成陶者，其中苦无重值物，合并众力众资而为之也。其窑鞠成之后，上铺覆以绝细土，厚三寸许。窑隔五尺许，则透烟窗，窑门两边相向而开。装物以至小器装载头一低窑，绝大缸瓮装在最末尾高窑。发火先从头一低窑起，两人对面交看火色。大抵陶器一百三十斤，费薪百斤。火候足时，掩闭其门，然后次发第二火，以次结竟至尾云。

注释

〔1〕罂：小口大肚的陶瓶。　　瓮：一种腹部较大的陶制盛器。

〔2〕缶：一种大肚小口的瓦器。

〔3〕掐：用指甲按，用手捏断或截断。

〔4〕真定曲阳：今河北省曲阳县。

〔5〕扬州仪真：今江苏省仪征市。

〔6〕南直：即南直隶。明成祖自南京迁都北京后，原来直属南京的江南省诸府州，称为南直隶，今江苏、安徽两省。

〔7〕釉水：用釉料和泥浆调和而成。

〔8〕甑：底部有许多小孔，用来蒸食物的古代炊具。

〔9〕涩：不滑润。

〔10〕匝：周围，环绕。匝口即接口。

瓶窑
連接
缸窑

瓶窑连接缸窑。《天工开物》插图。我们都知道，烧陶瓷器，火温的控制至关重要。所以，为了便于把握窑内温度，通常情况下，大件小件陶瓷器是要分开来烧的。所谓瓶窑就是烧制小件器物的瓷窑，缸窑则是烧制大件器物的，过去在景德镇之外的其他瓷区，瓶窑和缸窑都是分开独立的。但景德镇摸索出了高超的特殊技术，他们能够将瓶窑、缸窑合而为一，按窑中温度的差异来划分区域，同时烧制大小器具。这种窑的外形，因为很像葫芦，人们也称其为葫芦窑。

造缸。《天工开物》插图。在陶瓷器的制造中，凡是圆形的器物，都得用转盘拉坯做，其器形高低、尺寸大小、器皿的形制等，完全就凭陶瓷工的两只手控制，而我们的手臂长短，手力大小都有极限，所以做大型的器物必须多人合作。陶缸的制作，由于其体积大，敞口宽，所以胎体做得要一点都不变形是很难的。图中举椎敲击的人是在椎击打紧缸体分段制作后的接合口，前坐者是在粘接分两截而成的瓷胎瓶体。

造瓶。《天工开物》插图。图中有陶车的形象，这是制作陶瓷器的必备工具，这种轮制法的使用可以使器物在胚体的成形与整修中提高效率。

英国维多利亚阿伯特博物馆收藏的1770—1790年间的水彩画《制瓷》组图之一、之二：采取瓷石和采取瓷土。我们都知道，瓷器的出现比陶器要晚很多，原因一是烧造陶器的土质要求比较低，只要是黏土就可以了，而这样的黏土到处都有，原因二是陶器烧制温度也较低，800度足矣。而对于瓷器，材料和温度的要求就很高，温度至少要达到1200度，瓷土必须采用瓷石和高岭土，而这些原料并不是哪里都有的，需要专门开采。瓷石是花岗岩风化作用后形成的，主要成分是石英和绢云母。高岭土的最早发现是在元代的时候，在江西省景德镇浮梁县高岭村，将高岭土加入瓷石中，可以提高瓷胎的耐受温度，这是加大瓷器强度和烧制大器的必备条件，所以高岭土的发现无疑推动了制瓷业的发展。自然状态下的高岭土呈浅灰色，纯度越高色质越白。这两幅图描绘的就是采取瓷石和瓷土的场景。

英国维多利亚阿伯特博物馆收藏的1770—1790年间的水彩画《制瓷》组图之三、之四：利用水力击碎瓷石和制泥。制泥就是用高岭土调和成制作瓷胎用的泥巴。之所以要击石，是因为天然瓷石是石头，需要借助外力将其碾得很碎才行。碾碎石头的方法很多，图中描绘的是利用水力推动石碓来击碾。在瓷区，这是一种最省力的方式。今天我们如果有机会去景德镇走一走，还能够看到不少与此相像的制瓷作坊存在。

英国维多利亚阿伯特博物馆收藏的1770—1790年间的水彩画《制瓷》组图之五：造花盆。无论是造花盆还是制造其他的器物，瓷胎都得借助工具来辅助完成，过去用的就是陶车转盘。图中描绘的场景与《天工开物》中的文字完全一致："试土寻泥之后，仍制陶车旋盘。功夫精熟者，视器大小掐泥，不甚增多少，两人扶泥旋转，一捏而就。"

英国维多利亚阿伯特博物馆收藏的1770—1790年间的水彩画《制瓷》组图之六：造瓶。一般来讲，瓶子的造型好看与否，就在于它的坯拉得如何，将一块泥巴要拉得足、腹、肩、颈、口收放自如、外形饱满、胎体厚薄得当，是要有相当的技术的。另外，在像瓶子这样的器物中，有耳朵、把手等部件，还有就是茶壶的壶嘴之类的东西，往往不可能与瓷器主体一次成形，都需要进行拼合，所以陶瓷作坊中的劳作者一般都是视手艺的特长而有所分工的。

这是一件宋代越窑的青瓷刻花瓶。从这件作品中我们就可以很清楚地看到四耳的拼合痕迹。

这是现代江西省景德镇的水碓碓房实物照片。在景德镇，以水流牵引压迫涡轮旋转，带动杠杆碓头来工作的水碓碓房有很多，只要水流不断，就可以击瓷石、捣瓷土日夜不息。

白瓷　附：青瓷[1]

凡白土曰垩土[2]，为陶家精美器用。中国出惟五六处，北则真定定州[3]、平凉华亭[4]、太原平定[5]、开封禹州[6]，南则泉郡德化[7]（土出永定[8]，窑在德化），徽郡婺源、祁门[9]（他处白土陶范不粘，或以扫壁为墁）。德化窑惟以烧造瓷仙精巧人物玩器，不适实用。真开等郡瓷窑所出，色或黄滞无宝光。合并数郡，不敌江西饶郡产。浙省处州丽水、龙泉两邑，烧造过釉杯碗，青黑如漆，名曰处窑[10]。宋元时龙泉华琉山[11]下，有章氏造窑，出款贵重，古董行所谓哥窑[12]器者即此。若夫中华四裔[13]，驰名猎取者，皆饶郡浮梁景德镇之产也。

此镇从古及今为烧器地，然不产白土。土出婺源、祁门两山。一名高梁山[14]，出粳米土，其性坚硬；一名开化山[15]，出糯米土，其性粢软。两土和合，瓷器方成。其土作成方块，小舟运至镇。造器者将两土等分入臼，舂一日，然后入缸水澄。其上浮者为细料，倾跌过一缸。其下沉底者为粗料。细料缸中再取上浮者，倾过为最细料，沉底者为中料。既澄之后，以砖砌方长塘，逼靠火窑，以借火力。倾所澄之泥于中，吸干然后重用清水调和造坯。

凡造瓷坯有两种。一曰印器，如方圆不等瓶瓮炉合之类，御器则有瓷屏风、烛台之类。先以黄泥塑成模印，或两破，或两截，亦或囫囵[16]，然后埏白泥印成，以釉水涂合其缝，烧出时自圆成无隙。一曰圆器，凡大小亿万杯盘之类，乃生人日用必需，造者居十九，而印器则十一。造此器坯，先制陶车。车竖直木一根，埋三尺入土内，使之安稳。上高二尺许，上下列圆盘，盘沿以短竹棍拨运旋转，盘顶正中用檀木刻成盔头，冒其上。凡造杯盘无有定形模式，以两手捧泥盔冒之上，旋盘使转，拇指剪去甲，按定泥底，就大指薄旋而上，即成一杯碗之形（初学者仟从作费，破坯取泥再造）。功多业熟，即千万如出一范。凡盔冒上造小坯者，不必加泥，造中盘大碗则增泥大其冒，使干燥而后受功。凡手指旋成坯后，覆转用盔冒一印，微晒留滋润，又一印，晒成极白干，入水一汶〔17〕，漉上盔冒，过利刀二次（过刀时手脉微振，烧出即成雀口）。然后补整碎缺，就车上旋转打圈。圈后或画或书字，画后喷水数口，然后过釉。

凡为碎器〔18〕与千钟粟〔19〕与褐色杯等，不用青料。欲为碎器，利刀过后，日晒极热，入清水一蘸〔20〕而起，烧出自成裂文。千钟粟则釉浆捷点，褐色则老茶叶煎水一抹也。（古碎器，日本国极珍重，真者不惜千金。古香炉碎器不知何代造，底有“铁钉”〔21〕，其钉掩光色不釉。）

凡饶镇白瓷釉，用小港嘴〔22〕泥浆和桃竹〔23〕叶灰调成，似清泔汁〔24〕（泉郡瓷仙用松毛水调泥浆，处郡青瓷釉，未详所出），盛于缸内。凡诸器过釉，先荡其内，外边用指一蘸涂弦，自然流遍。凡画碗青料总一味无名异（漆匠煎油，亦用以收火色）。此物不生深土，浮生地面，深者掘下三尺即止，各省直皆有之。亦辨认上料、中料、下料，用时先将炭火丛红煅过。上者出火成翠毛色，中者微青，下者近土褐。上者每斤煅出只得七两，中下者以次缩减。如上品细料器及御器龙凤等，皆以上料画成，故其价每石值银二十四两，中者半之，下者则十之三而已。凡饶镇所用，以衢、信〔25〕两郡山中者为上料，名曰浙料，上高〔26〕诸邑者为中，丰城〔27〕诸处者为下也。凡使料煅过之后，以乳钵极研（其钵底留粗，不转釉），然后调画水。调研时色如皂，入火则成青碧色。凡将碎器为紫霞色杯者，用胭脂打湿，将铁线纽一兜络〔28〕，盛碎器其中，炭火炙热，然后以湿胭脂一抹即成。凡宣红器乃烧成之后出火，另施工巧微炙而成者，非世上朱砂能留红质于火内也（宣红元末已失传，正德〔29〕中历试复造出）。

凡瓷器经画过釉之后，装入匣钵（装时手拿微重，后日烧出，即成坳口，不复周正）。钵以粗泥造，其中一泥饼托一器，底空处以沙实之。大器一匣装一个，小器十余共一匣钵。钵佳者装烧十余度，劣者一二次即坏。凡匣钵装器入窑，然后举火。其窑上空十二圆眼，名曰天窗。火以十二时辰[30]为足。先发门火十个时，火力从下攻上，然后天窗掷柴烧两时，火力从上透下。器在火中，其软如棉絮，以铁叉取一以验火候之足。辩认真足，然后绝薪止火。共计一坯工力，过手七十二，方克成器，其中微细节目尚不能尽也。

注释

〔1〕青瓷：不绘画而涂上淡青色釉的瓷器。

〔2〕垩土：白色土。

〔3〕真定定州：今河北省定县，宋代名窑“定窑”所在地，以烧制白釉的瓷器著名。

〔4〕平凉华亭：在今甘肃省华亭县，明代陇上窑所在地，烧制青釉瓷器。

〔5〕太原平定：今山西省平定县，平定窑在阳泉，烧制白釉、黑釉瓷器。

〔6〕开封禹州：今河南省禹县，宋代“钧窑”所在地。所烧瓷器有绿带微蓝的或呈紫红色彩的。

〔7〕泉郡德化：今福建省德化县，德化窑在明代以烧制瓷质光泽温润如玉的“象白牙”而著名。

〔8〕永定：今福建省永定县。

〔9〕徽郡婺源、祁门：今江西省婺源县和安徽省祁门县。

〔10〕处窑：在今浙江省丽水县，明代属处州府，也称丽水窑，生产以龙泉釉系统的青瓷器为主，釉色墨蓝，光泽如漆。

〔11〕华琉山：疑是“硫华山”之误。

〔12〕哥窑：宋代五大名窑之一，传南宋龙泉章生一所烧之窑为哥窑，其弟章生二所烧之窑为弟窑。以烧制青瓷为主，釉色浓淡不一，且能烧出碎纹。

〔13〕四裔：四方边远地区。

〔14〕高梁山：即高岭，在今江西省浮梁县高岭村。所产黏土质硬，是烧制瓷器的主要原料，国内外把这类黏土叫作高岭土。

〔15〕开化山：今安徽祁门开化山。产质软黏土，可塑性较高岭土好，两土配合可制薄胎和精细瓷器。

〔16〕囫囵：完整，整个山。

〔17〕洨：蘸水。

〔18〕碎器：表面釉层呈现各式裂纹的瓷器，也称裂纹瓷或碎纹瓷。始于宋代哥窑，是由胚体与釉色在烧制过程中温度的变化而形成的。裂纹的名称有开片、冰裂、百圾碎、鱼子纹、蟹爪纹等。

〔19〕千钟粟：有似粟米点状的瓷器。

〔20〕蘸：把东西放进液体内浸一下马上拿起来。

〔21〕铁钉：指烧成的瓷器底部留有护胎足的痕迹。

〔22〕小港嘴：江西景德镇南边的一个地名。

〔23〕桃竹：棕榈科植物，又称桃丝竹。

〔24〕泔汁：淘米水，米浆。

〔25〕衢：今浙江省衢州。　信：今江西省上饶。

〔26〕上高：今江西省上高县。

〔27〕丰城：今江西省丰城县。

〔28〕兜络：网袋。

〔29〕正德：明武宗朱厚照的年号（1506—1521）。

〔30〕时辰：古代计时单位，一昼夜分为子、丑、寅、卯、辰、巳、午、未、申、酉、戌、亥十二个时辰，每一时辰为二小时。

瓷器窑。《天工开物》插图。

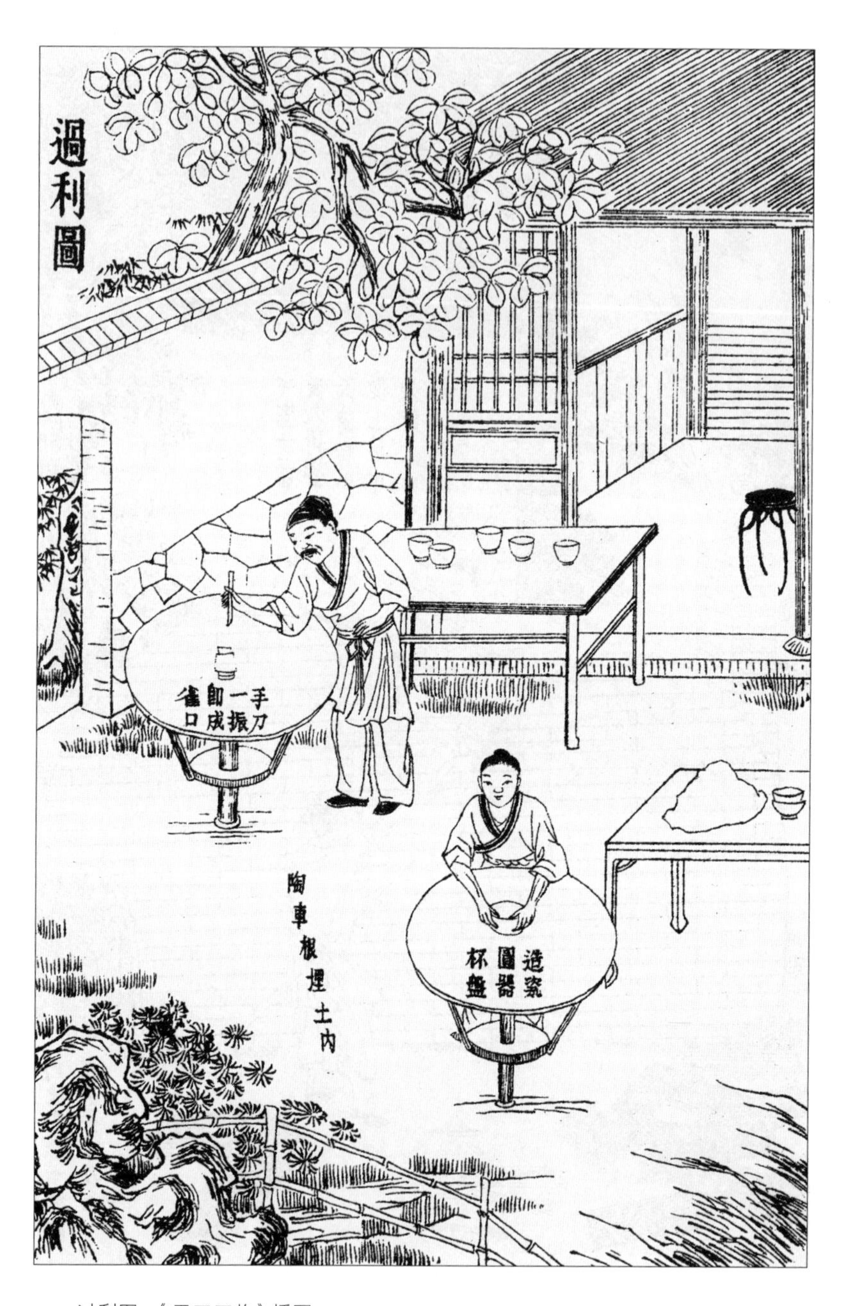

过利图。《天工开物》插图。

瓷器汶水。《天工开物》插图。汶水就是蘸一下水的意思。当瓷坯用釉料画好纹样之后，画工往往都要用嘴含一口清水，再往胎体上均匀地喷洒，目的是使纹样笔触柔和，色釉和胎体合而为一。图中表现的是在水缸中过水，道理是一样的。

《天工开物》插图，打圈图。瓷器坯胎做好后要晾干或烘干，对于干燥了的瓷坯就可以进行装饰了，装饰的手法有很多，可以画花，也可以刻花、印花。本图表现的是画青花。

瓷器过釉。《天工开物》插图。

英国维多利亚阿伯特博物馆收藏的1770—1790年间的水彩画《制瓷》组图之七：修坯挖足。我们知道，通过拉坯，器物只是有了一个初步的形状，那还是一个粗坯，必须通过利坯，即修坯的环节才能使之完美，修什么呢？比如坯体的厚薄、拉坯时留下的细小失误、坯体表面的平整光洁等都要顾及。此外，对于一些有圈足的器物，最典型的像碗底这样的部分，还要一件件地进行挖足。本图与《过利图》表现的就是这些过程。

英国维多利亚阿伯特博物馆收藏的1770—1790年间的水彩画《制瓷》组图之八：制釉。釉子是瓷器的外衣，其成分比例不同的比兑，完全会呈现不同的面貌，其间烧制中火焰的控制也是关键因素之一。

英国维多利亚阿伯特博物馆收藏的1770—1790年间的水彩画《制瓷》组图之九：釉下青花。

英国维多利亚阿伯特博物馆收藏的1770—1790年间的水彩画《制瓷》组图之十：上釉。给瓷胎上釉是个技术活，挂釉子的方法也有多种，可以浇釉，可以浸釉，可以吹釉等，通常要根据瓷器的体积和器物种类来选择手法。釉子挂得如何，是能决定瓷器最终成型的模样的。

英国维多利亚阿伯特博物馆收藏的1770—1790年间的水彩画《制瓷》组图之十一：入窑。装瓷入窑烧制，是瓷器制作的最后一道工序，其间瓷器装烧的排列、窑温的控制、火候的把握、烧制时间的长短等，都是至关重要的因素。图中呈现的是馒头窑的烧窑场面，从图中我们可以清楚地看到待烧的瓷器与匣钵与窑体的关系。

我国古代的瓷釉，在隋唐时“南青北白”是一个主流系统，后来逐步发展成各种各样的单色釉，宋时瓷釉达到一种极致，明代得到进一步发展，而白瓷除了保留一直以来的白色系统外，后来还出现了青花和釉上釉下两大彩瓷系统。这里列举较早期的青瓷、白瓷作品各一件作为一个比照。盘子是浙江省博物馆收藏的唐代官窑白瓷器物：白瓷菱花口盘，高3.3厘米，口径14.8厘米，出土于浙江省临安县；另一件青瓷器物是隋代的作品：青瓷双耳瓶，高35.2厘米，口径8.9厘米，山东省曲阜县出土，现藏于山东省博物馆。

这里列举的是三件不同装饰手法的印花、刻花和青花器物，分别为明宣德年间宋吉州窑的黑釉木叶纹盏、宋耀州窑的刻花婴戏纹碗、景德镇的青花枇杷绶带鸟纹盘。在我国，不同地区的瓷窑，其装饰手法是完全不一样的，所以除去形制和釉色外，以纹样也是可以划分出各个地区的不同风格的。

宣红是指明代永乐、宣德年间景德镇烧制成功的一种高温纯色红釉，它与我国最早的红釉钧红以及后来清康熙年间的郎窑红相比，色泽显得更为稳定，红色深浓匀润、娇而不艳。宣红，又称祭红，相传是窑工跃入火中才炼就而成的颜色，说明这种釉色烧制难度极大，成品率很低，所以非常珍贵。这里三件器物分别为中国历史博物馆藏的明宣德的红釉盘、明永乐年间的红釉高足碗、故宫博物院藏的清雍正年间的祭红梅瓶。

碎器是指表面釉层呈现各式裂纹的瓷器，也称裂纹瓷或碎纹瓷。始于宋代哥窑，这是由胚体与釉色在烧制过程中的温度变化而形成的，起先只是一种自然的意外现象，属于烧制缺陷，但因其有特殊的美感，于是人们寻其规律，有意识地使其在器物表面生成，这些裂纹的名称有开片、冰裂、百圾碎、鱼子纹、蟹爪纹等。这里的四件宋代器物分别为上海博物馆藏的宋代五足洗和故宫博物院藏的宋代三足鼎、玄纹瓶、双耳三鼎炉，都是碎器的典型代表作品。

附：窑变[1]　回青[2]

正德中，内使监造御器。时宣红失传不成，身家俱丧。一人跃入自焚，托梦他人造出，竞传窑变，好异者遂妄传烧出鹿、象诸异物也。

又，回青乃西域大青，美者亦名佛头青。上料无名异出火似之，非大青能入洪炉存本色也。

注释

〔1〕窑变：开窑后，发现有些瓷器的质地与釉色出乎制作者意料之外，称为窑变。

〔2〕回青：含钴的一种深蓝色釉料。

冶铸　第八

宋子曰：首山之采，肇自轩辕[1]，源流远矣哉！九牧贡金[2]，用襄禹鼎[3]，从此火金功用[4]，日异而月新矣。

夫金之生也，以土为母；及其成形而效用于世也，母模子肖，亦犹是焉。精、粗、巨、细之间，但见钝者司舂[5]，利者司垦；薄其身以媒合水火而百姓繁[6]，虚其腹以振荡空灵而八音[7]起；愿者肖仙梵之身[8]，而尘凡有至象[9]；巧者夺上清之魄[10]，而海寓遍流泉[11]。即屈指唱筹[12]，岂能悉数？要之人力不至于此[13]。

注释

〔1〕首山之采，肇自轩辕：语出《史记·孝武本纪》："黄帝采首山铜，铸鼎于荆山下。"首山，又叫首阳山、雷首山，在今山西省永济县南。相传上古皇帝曾在那里开采铜矿。肇：创始。轩辕：黄帝的号。传说黄帝是中原各族的共同祖先，曾先后打败在中原扰乱的炎帝和蚩尤，而被拥戴为部落联盟首领。传说很多发明创造，如养蚕、舟车、文字、音律、医学、算术等都创始于黄帝时期。

〔2〕九牧：指传说中夏禹（约公元前21世纪）时所有九个州的地方统治者。古时把官吏治民比作牧人牧养牲畜，如汉末一州的军政长官称"州牧"。　贡金：向帝王进贡金属。

〔3〕襄：帮助。　禹鼎：传说由禹铸造的九个大鼎。　鼎：古代烹煮用的器物，三足两耳，后来用作礼器，作为立国的重器。

〔4〕火金：冶铸金属。　功用：指冶铸技术。

〔5〕舂：指舂杵，古代舂米的工具。　司舂：用来作舂杵。

〔6〕薄其身：指把金属冶铸得很薄。　媒合：撮合。　媒合水火：指金属铸成器物可以盛水，水火结合可以煮熟食物。

〔7〕八音：我国古代对乐器的分类或统称，通常指金（钟）、石（磬）、土（埙）、革（鼓）、丝（琴、瑟）、木（柷、敔）、匏（笙、竽）、竹（箫、管）八类。这里泛指乐音。

〔8〕愿者肖仙梵之身：愿者，诚心诚意的人。肖，模仿。仙，神仙。梵，佛。这句是说诚心的人模拟出仙佛体态。

〔9〕尘凡有至象：尘凡，人世间。至象，精致的偶像。

〔10〕巧者：灵巧的工匠。　上清：原为道家三清（玉清、上清、太清）之一，三清即三天，这里泛指天空。　魄：指月将出或将灭时的微光，此时呈现出一个隐约圆圈。

〔11〕海寓：四海之内，天下。　泉：古代货币名，泛指钱币。

〔12〕唱筹：唱筹码。

〔13〕人力不至于此：要靠人力和自然界的力量相协调才能做到。

注释者按

铜是人类最早认识和使用的金属之一，先人从使用天然的铜锻造一些小的物件到能够运用冶铜技术打造大型实用器物，是古代冶炼技术的一次革命。我国古代的冶铸工艺从现有的考古资料来看，大约在新石器时代中晚期，即仰韶文化、龙山文化时期就已经出现。1973年陕西临潼姜寨新石器时代遗址中，就曾发现黄铜片和黄铜管状物，这是迄今所知的最早金属物件，在其他的一些文化遗存中，也都发现有铜器制造的相关线索。

中国的青铜器发展与世界文明发展史同步，夏、商、西周和春秋时期是中国古代历史中的“青铜时代”，虽说当时的青铜工艺是为一批特殊阶层的人群掌控和服务，但中国古代铸造工艺在这个时期确实璀璨，出现很多经典之作，如：商代殷墟妇好墓出土的青铜礼器、河南安阳出土的后母戊方鼎，西周刻有长篇铭文的毛公鼎，春秋战国时期的针刻、镶嵌、鎏金、错金银工艺作品等。大约从春秋战国开始，中国古代铸造业的发展方向才慢慢转向日用，贵金属和实用金属同步发展，铸造工艺要求也逐步千变万化，材料、种类越加丰富，器具的铸造大至钟鼎、造像，小至锅盆、铜镜、钱币，可谓包罗万象。

鼎

凡铸鼎，唐虞[1]以前不可考。唯禹铸九鼎，则因九州贡赋壤则[2]已成，入贡方物[3]岁例已定，疏浚河道已通，《禹贡》[4]业已成书。恐后世人君增赋重敛，后代侯国冒[5]贡奇淫，后日治水之人不由其道[6]，故铸之于鼎：不如书籍之易去[7]，使有所遵守，不可移易[8]，此九鼎所为铸也。年代久远，末学[9]寡闻，如玭珠、暨鱼、狐狸、织皮之类[10]，皆其刻画于鼎上者，或漫灭改形，亦未可知，陋者遂以为怪物。故《春秋传》[11]有使知神奸、不逢魑魅之说也。此鼎入秦始亡。而春秋时郜大鼎、莒二方鼎[12]，皆其列国自造，即有刻画，必失《禹贡》初旨，此但存名为古物。后世图籍繁多，百倍上古，亦不复铸鼎，特并志之。

注释

〔1〕唐虞：指陶唐氏（尧）和有虞氏（舜）。传说父系氏族社会后期部落联盟首领尧，后传位于舜。

〔2〕九州贡赋壤则：九州缴纳田地赋税的准则。　壤：泥土，田地。　则：规则，条例。

〔3〕方物：地方物产，土产。

〔4〕《禹贡》：《尚书》中的一篇，是根据传说记述大禹治水后，开辟水陆交通的业绩，以及根据各地情况，规定田赋和进贡土特产的品种。此处说大禹制定的“九州贡赋壤则”已成文并铸于九鼎之上。

〔5〕冒：冒犯。

〔6〕由：遵照，遵从。　道：规则，法则。

〔7〕易去：容易失去。

〔8〕移易：更改。

〔9〕末学：指学问不深的人。

〔10〕玭珠：蚌珠，即珍珠。　暨鱼：江河里的一种大鱼。　织：用兽毛织成的粗毛织品。　皮：供做皮衣的兽皮。

〔11〕《春秋传》:《春秋左氏传》，简称《左传》。是春秋时左丘明解释《春秋》的一部书。书中提到夏禹铸鼎的目的是教百姓识别和避开妖魔鬼怪。

〔12〕郜大鼎：见《左传·隐公七年》，为郜国（今山东成武县）献给周王的大鼎。　莒二方鼎：见《左传·昭公七年》，为莒国（今山东莒县）所铸。后赐予子产（公孙侨）。

朝鍾同法
鼎足刷
鑄鬭合
槽

铸鼎图，朝钟同法。《天工开物》插图。鼎的铸造必须要进行两道工艺程序，一是制范，二是浇铸。一般来讲，鼎铸造得都比较厚重，尤其是大鼎。比如我国最著名的后母戊方鼎，重量达到870多公斤，根据其体积重量和金属成分的分析，铸造这件大鼎的金属材料不会少于1000公斤。所以许多大型鼎的陶范制造和合成以及熔炉的煅烧和金属铸造，是要花去很大的物力和人力的，这也从一个方面反映了我国古代铸造业的成就。图中上方有四字“朝钟同法”，说明铸造重要场合的钟与鼎的方法是一样的。

这里的一尊方鼎一尊圆鼎，分别为河南安阳出土的商代早期兽面乳钉纹方鼎和盘龙城李家嘴出土的商代中期饕餮纹铜鼎。鼎，本来是一种食器，至商代成为“明尊卑、别上下”区分权力等级的礼器，西周时期更有列鼎制度，最高级的天子则为九鼎。“大禹制九鼎”的传说、“问鼎中原”的成语都说明，鼎代表的就是权力。鼎不仅分多寡，还要分大小，在出土的商代晚期殷墟妇好墓中就有大方鼎两件，扁足方鼎两件，大小圆鼎三十二件，可见当时用鼎数量之大。饕餮纹是商周青铜器的典型纹样，青铜鼎上多有这种纹样出现，显示威严和权力。

钟

凡钟为金乐[1]之首，其声一宣，大者闻十里，小者亦及里之余。故君视朝[2]、官出署，必用以集众；而乡饮酒礼[3]，必用以和歌；梵宫仙殿，必用以明揖[4]谒者之诚，幽起鬼神之敬。

凡铸钟，高者铜质，下者铁质。今北极朝钟[5]，则纯用响铜，每口共费铜四万七千斤、锡四千斤、金五十两、银一百二十两于内。成器亦重二万斤，身高一丈一尺五寸，双龙蒲牢[6]高二尺七寸，口径八尺，则今朝钟之制也。

凡造万钧[7]钟与铸鼎法同。掘坑深丈几尺，燥筑其中如房舍，埏泥作模骨[8]。其模骨用石灰三和土筑，不使有丝毫隙拆，干燥之后，以牛油、黄蜡[9]附其上数寸。油蜡分两：油居什八，蜡居什二。其上高蔽抵晴雨（夏月不可为，油不冻结）。油蜡墁定[10]，然后雕镂书文、物象，丝发成就。然后舂筛绝细土与炭末为泥[11]，涂墁以渐而加厚至数寸。使其内外透体干坚，外施火力炙化其中油蜡，从口上孔隙熔流净尽[12]。则其中空处，即钟鼎托体之区也。凡油蜡一斤虚位，填铜十斤。塑油时尽油十斤，则备铜百斤以俟之。

中既空净，则议熔铜。凡火铜至万钧，非手足所能驱使。四面筑炉，四面泥作槽道，其道上口承接炉中，下口斜低以就钟鼎入铜孔，槽旁一齐红炭炽围[13]。洪炉熔化时，决开槽梗（先泥土为梗塞住），一齐如水横流，从槽道中枧注而下，钟鼎成矣。凡万钧铁钟与炉、釜，其法皆同，而塑法则由人省啬也。

若千斤以内者，则不须如此劳费，但多捏十数锅炉。炉形如箕，铁条作骨，附泥做就。其下先以铁片圈筒直透作两孔，以受杠穿。其炉垫于土墩之上，各炉一齐鼓鞴[14]熔化。化后以两杠穿炉下，轻者两人、重者数人抬起，倾注模底孔中。甲炉既倾，乙炉疾继之，丙炉又疾继之，其中自然粘合。若相承迂缓，则先入之质欲冻，后者不粘，衅[15]所由生也。

凡铁钟模不重费油蜡者，先埏土作外模，剖破两边形，或为两截，以子口串合，翻刻书文于其上。内模缩小分寸，空其中体，精算而就。外模刻文后，以牛油滑之，使他日器无粘糷[16]，然后盖上，泥合其缝而受铸焉。巨磬、云板[17]，法皆仿此。

注释

〔1〕金乐：金属乐器。

〔2〕视朝：君王临朝听政。

〔3〕乡饮酒礼：《仪礼·乡饮酒礼》有详细记述，周代乡学（地方学校）三年卒业，乡大夫考其德才荐于诸侯，临行时，由乡大夫设酒宴相待，称乡饮酒礼。后历朝沿用。亦指地方官在儒学举行的一种敬老仪式。

〔4〕揖：吸引。

〔5〕北极朝钟：明代北京皇宫里北极阁挂的朝钟。

〔6〕蒲牢：古代传说生活在海边的一种动物，吼叫起来声音非常洪亮。古人在钟上常铸上蒲牢的形象，以象征钟声的响亮。

〔7〕钧：古代一钧等于三十斤。

〔8〕埏泥：揉泥。　　模骨：内模，要求表面繁密光洁，不能有裂纹。要求材料坚固，故用石灰、三合土合好制作。

〔9〕牛油、黄蜡：加入油蜡可提高材料的可塑性。

〔10〕油蜡墁定：向内模涂油蜡并将表面过光定型。

〔11〕绝细土与炭末为泥：指外模造型材料。外模刻有图案，要求用舂筛过的绝细土加炭末，以提高其耐火及保温性。

〔12〕外施火力炙化其中油蜡，从口上孔隙熔流净尽：一种失蜡铸造钟的工艺。在钟的外模加热，使油蜡融化从钟模的下缝隙处流尽，然后把缝隙用泥抿实堵严，不使有漏。

〔13〕槽旁一齐红炭炽围：槽两旁用炽热炭火围起来，以保持槽道及其周围有足够的温度，防止液态金属流进时凝滞，影响铸造质量。

〔14〕鞴：鼓风箱。

〔15〕衅：缝隙。

〔16〕糷：饭烂得粘住筷子掉不下来。

〔17〕巨磬：最早是石制的钵状敲击乐器，后来用铜铸造。　　云板：一种铸成云梯状的打击乐器。

塑钟模图。《天工开物》插图。青铜器的铸造需要经过几道工序：制模、翻范、烘烤、合范和浇注，做钟与做鼎的方法相同。首先要用泥按照器形塑出模具，在泥模上翻出外范，做出范芯，阴干后进行烘烤，然后合成内外范进行熔铸。通常青铜器均采用复合范铸造，一范一器，不能反复使用，而所需范的多寡，则需要视器物的具体情况而定，少则几块，多则几十甚至上百块，这就是我们说的陶范法。另外还有一种发明于春秋战国时期叫作失蜡法的铸造工艺，这种工艺与前者相比，可以使器物的成型不会留下任何范痕而更加完美，也使雕刻出精致复杂的纹样成为可能。这种工艺是将牛油和蜂蜡的混合物附在内范外层制成蜡模，在蜡模光洁的表面做好纹样，之后用细泥浆多次浇淋达一定厚度，成为外范，再经过烘烤使油蜡熔化流出形成型腔，再浇注铜汁完成铸造的一种方法。我们许多大型的钟、鼎都是这样做成的。

鍾與仙佛像圖

铸千斤钟与仙佛像图。《天工开物》插图。器物有大小、长短、轻重、厚薄之分，不同的器物当以不同的方式制作。对于铸造一些大型的，尤其超高、超长的器物时，必须要进行分段铸造，然后再进行焊接拼合才能完成，这种方法被称作分铸法。

湖北省随县曾侯乙墓出土的战国编钟挖掘现场以及楚惠王赠送的镈及其细部。青铜铸造的钟是一种打击乐器，因形制不同而称呼有别，主要用于宗庙祭祀或大型宴请，钟与鼎一样，也有等级之别。出土的这套编钟共计64件，另有楚惠王赠送的镈一件，共计65件，总重量达到2500多公斤，其中尺寸最小的通高为20.4厘米，最大的一件甬钟通高153.4厘米，重203.6公斤，它们依大小和音高为序编成8组，悬挂在3层钟架上，钟体遍布浮雕纹饰和铭文，整架编钟能奏出完整的五声、六声、七声音阶的乐曲，至今音律准确、音色优美。由此可见我国春秋战国时期铸造业的高超成就。

著名的后母戊方鼎也用了分铸法来完成。它的器身和四足为整体铸造，鼎耳则是后铸拼接上去的。我国分铸法出现于商代，周代达到成熟，之后各朝代一直沿用。有了分铸法，铸造一些大的镈钟，尤其铸造几米高的佛像才成为可能。

釜[1]

凡釜储水受火，日用司命[2]系焉。铸用生铁或废铸铁器为质。大小无定式，常用者，径口二尺为率，厚约二分。小者径口半之，厚薄不减。其模内外为两层。先塑其内，俟久日干燥，合釜形分寸于上，然后塑外层盖模。此塑匠最精，差之毫厘则无用。

模既成就干燥，然后泥捏冶炉，其中如釜，受生铁于中。其炉背透管通风，炉面捏嘴出铁。一炉所化约十釜、二十釜之料。铁化如水，以泥固纯铁柄杓从嘴受注。一杓[3]约一釜之料，倾注模底孔内，不俟冷定，即揭开盖模，看视罅绽[4]未周之处。此时釜身尚通红未黑，有不到处，即浇少许于上补完[5]，打湿草片按平，苦无痕迹。凡生铁初铸釜，补绽者甚多，唯废破釜铁熔铸，则无复隙漏。（朝鲜国俗破釜必弃之山中，不必还炉。）

凡釜既成后，试法以轻杖敲之，响声如木者佳，声有差响则铁质未熟之故，他日易为损坏。海内丛林大处[6]，铸有千僧锅者，煮糜[7]受米二石，此直痴物[8]云。

注释

〔1〕釜：古代炊事用具，相当于现在的锅。

〔2〕司命：指关系着命运。

〔3〕杓：同“勺”，半球形有柄舀东西的器具。

〔4〕罅绽：裂缝。

〔5〕补完：发现浇得不足趁铸件未冷时用铁水注补。这是不得已的办法。

〔6〕丛林大处：建有寺庙的丛林名胜地区。

〔7〕糜：黏稠的粥。

〔8〕痴物：笨重的物体。

铸釜图。《天工开物》插图。釜就是锅，最普通的日常炊具。制锅的原料多为生铁，其形制取决于内外模型的设计，模具可以一模多用，尺寸一般在一二尺左右。铸造时将铁水用铁铲从熔炉内接出注入模具内，塑形冷却即可。

大镂孔高圈足铁釜。出土于辽宁省，高33.8厘米，是北魏时期北方草原游牧民族随身携带的锅具。这件器物有着有三个镂孔的圈足，形制与中原铁釜相异，但器具的铸造方法应该是相似的。

像

凡铸仙佛铜像，塑法与朝钟同。但钟鼎不可接而像则数接为之，故写[1]时为力甚易。但接模之法，分寸最精[2]云。

注释

〔1〕写：通“泻”。铸造术语，浇注液态金属叫“泻水”。

〔2〕精：精细，准确。

金代铁佛。战国时期我国古代的冶铁业在炼铜的基础上出现，铁器的发明使兵器、农具以及日用器具得到了很大的发展。这是一尊在陕西省富平县觅子乡发现的金代铁佛，此佛原为金代铁佛寺遗物，寺庙已毁坏，但佛像保存得还基本完好。此铁佛形体高大，通高5.32米，身着袈裟，表情肃穆，衣饰纹理雕刻自然，其模具的制造和铸造工艺都非常复杂。

炮

凡铸炮，西羊（洋）、红夷、佛郎机[1]等用熟铜[2]造，信炮、短提铳[3]等用生熟铜兼半造，襄阳、盏口、大将军、二将军[4]等用铁造。

注释

〔1〕西洋、红夷、佛郎机：从欧洲传来的三种火炮的名称，详见《佳兵·火器》一节。

〔2〕熟铜：可以锤锻的铜或铜合金。生铜性脆，只能用作铸造。

〔3〕信炮、短提铳：信炮即信号炮，炮身长一尺左右。短提铳：明代一种短枪。

〔4〕襄阳、盏口、大将军、二将军：当时我国造的四种炮的名称。襄阳炮，为元兵围攻宋襄阳时用的抛石机，并非火炮。盏口炮是一种口径小、身长的前装滑腔炮。大将军、二将军参见《佳兵·火器》条。

这是一件元代火铳，长35.3厘米，口径10.5厘米，重6.94公斤，是迄今发现的最早的管状火器，器壁上刻有“至顺三年二月四日绥边讨寇军”的字样。兵器的铸造有铜铁两种，火炮同样。火炮是在火药发明后很长时间才出现的，最先并非以金属制造，而是以竹管代之，宋代以后，金属火器才慢慢出现，通称为火铳。像这样造型简单的兵器等的铸造一般都使用单范或双合范，一范可以使用多次，在这件火铳的器壁上我们可以清楚地看到合范的痕迹。

镜

凡铸镜，模用灰沙〔1〕，铜用锡和（不用倭铅〔2〕）。《考工记》亦云："金锡相半谓之鉴燧之剂〔3〕。"开面成光，则水银附体而成〔4〕，非铜有光明如许也。唐开元〔5〕宫中镜，尽以白银与铜等分铸成，每口值银数两者以此故。朱砂〔6〕斑点乃金银精华发现（古炉有入金于内者）。我朝宣炉〔7〕，亦缘某库偶灾，金银杂铜锡化作一团，命以铸炉（真者错现金色）。唐镜、宣炉，皆朝廷盛世物也。

注释

〔1〕灰沙：这里说的灰，是指稻壳灰之类透气和保湿性能较好的材料。沙是细沙。

〔2〕倭铅：即锌。

〔3〕鉴燧之剂：《周礼·考工记》："金有六齐（剂）……金锡半，谓之鉴燧之齐。"剂即合金。鉴，平面镜。燧，凹面聚光镜。

〔4〕水银附体而成：镜背面反光，因为镀了水银。

〔5〕开元：唐玄宗李隆基的年号。

〔6〕朱砂：也叫辰砂或丹砂，红色或棕红色，是炼汞的主要矿物。也可作颜料。

〔7〕宣炉：也叫宣德炉，是明朝宣德年间铸造的铜质香炉，由于加进了金、银等贵重金属，色泽特别美观，极其珍贵。

战国铜镜。古代镜子的铸造材料是铜锡的合金，人们对于合金的成分、性能和用途的认识在青铜铸造的实践中逐步得到掌握，并总结出了合金配比的有关规律。在《考工记》中有这样的记述："金有六齐：六分其金而锡居一，谓之钟鼎之齐。五分其金而锡居一，谓之斧斤之齐。四分其金而锡居一，谓之戈戟之齐。叁分其金而锡居一，谓之大刃之齐。五分其金而锡居二，谓之削杀矢之齐。金、锡半，谓之鉴燧之齐。"这里的"齐"即剂量、含量的意思。按此比配，铜锡各为一半的合金应该是制作平面镜和聚焦镜的最佳材料。

钱

凡铸铜为钱以利民用，一面刊国号通宝[1]四字，工部分司主之。凡钱通利[2]者，以十文抵银一分值。其大钱当五当十，其弊便于私铸，反以害民，故中外行而辄不行[3]也。

凡铸钱每十斤，红铜居六七，倭铅（京中名水锡）居四三，此等分大略。倭铅每见烈火，必耗四分之一。我朝行用钱高色者，唯北京宝源局黄钱[4]与广东高州炉青钱[5]（高州钱行盛漳、泉路），其价一文，敌南直江浙[6]等二文。黄钱又分二等，四火铜[7]所铸曰金背钱，二火铜[8]所铸曰火漆钱。

凡铸钱熔铜之罐[9]，以绝细土末（打碎干土砖妙）和炭末为之（京炉[10]用牛蹄甲[11]，未详何作用）。罐料十两，土居七而炭居三，以炭灰性暖，佐土使易化物也。罐长八寸，口径二寸五分。一罐约载铜、铅十斤，铜先入化，然后投铅，洪炉扇合，倾入模内。

凡铸钱模[12]以木四条为空匡（木长一尺二寸，阔一寸二分）。土炭末筛令极细，填实匡中，微洒杉木炭灰或柳木炭灰于其面上，或熏模则用松香与清油，然后以母钱百文（用锡雕成），或字或背布置其上。又用一匡，如前法填实合盖之。既合之后，已成面、背两匡，随手覆转，则母钱尽落后匡之上。又用一匡填实，合上后匡，如是转覆，只合十余匡，然后以绳捆定。其木匡上弦原留入铜眼孔，铸工用鹰嘴钳，洪炉提出熔罐，一人以别钳扶抬罐底相助，逐一倾入孔中。冷定解绳开匡，则磊落[13]百文，如花果附枝。模中原印空梗，走铜如树枝样，夹出逐一摘断，以待磨锉成钱。凡钱先错[14]边沿，以竹木条直贯数百文受锉，后锉平面则逐一为之。

凡钱高低，以铅多寡分，其厚重与薄削，则昭然易见。铅贱铜贵，私铸者至对半为之，以之掷阶石上，声如木石者，此低钱也。若高钱铜九铅一，则掷地作金声矣。凡将成器废铜铸钱者，每火十耗其一。盖铅质先走，其铜色渐高，胜于新铜初化者。若琉球诸国银钱，其模即凿锲铁钳头上，银化之时，入锅夹取，淬于冷水之中，即落一钱其内。

注释

〔1〕通宝：我国古代钱币的一种名称。起于唐高祖武德四年（621）铸造的“开元通宝”，以后历代沿用，并在“通宝”二字前冠以年号、朝代或国名，铸于币面。

〔2〕通利：畅通。

〔3〕中外行而辄不行：大钱在中央和地方都流通了一阵，不久就停止了。　中外：中央和地方。

〔4〕宝源局黄钱：明朝隶属工部专门铸造钱币的机构北京宝源局铸的黄钱，是由六成纯铜和四成锌铸成的。

〔5〕高州炉青钱：广东高州铸的青钱，由50%纯铜、41.5%锌、6.5%铅及2%锡铸成。

〔6〕南直江浙：指明朝南京直隶（辖区相当今江苏、安徽两省）所属铸钱机构铸出的钱币。江，指南京操江局；浙，指浙江铸钱局。

〔7〕四火铜：经过四次熔炼净化的铜，品质较纯。

〔8〕二火铜：经过二次熔炼净化的铜。

〔9〕熔铜之罐：用高岭土、干土砖粉和木炭粉末混合制成的熔铜坩埚。

〔10〕京炉：北京宝源局用的坩埚。

〔11〕牛蹄甲：焙干后研成粉末拌入坩埚材料里，这种角质粉末受高温后在坩埚壁内熔成胶状物的活性炭素，使坩埚更能保温耐用。

〔12〕铸钱模：也叫“母钱”，实体模型是锡质的，不易变形，经久耐用。铸型材料是细沙粉和木炭粉，型腔表面还要洒匀杉或柳的木炭粉，或燃烧松香、菜籽油，取烟熏过，当液态金属流入时便燃烧，造成氧化碳气体，使铸件和铸型分离。所以铸型材料也称分型材料。

〔13〕磊落：众多。

〔14〕错：锉刀。用来对金属、木材、皮革等工件使其表面平滑的工具。这里作动词用。

入銅孔
鷹嘴鉗

铸钱图。《天工开物》插图。此插图描绘的是母钱翻砂铸钱的基本工艺流程：在四根木条做的空框中间填上土，上面放置若干母钱，再把同样一框合在上面成为钱的背面，如此反复完成数十框后用绳捆紧，在留出的浇口注入铜液来进行铸造。这里所说的母钱就是由中央颁发到各地的钱樸。

锉钱图。《天工开物》插图。用母钱翻砂法铸造的钱币，当等到金属冷却开框时，钱币因铸造流口的关系，是呈现树枝形的，所以需要逐一摘断打磨加工，方能造成一枚一枚的铜钱。打磨的方法如图中所示，要用木条将几十个甚至上百个铜钱串在上面一起磨锉，之后再一只只地打磨铜钱表面。

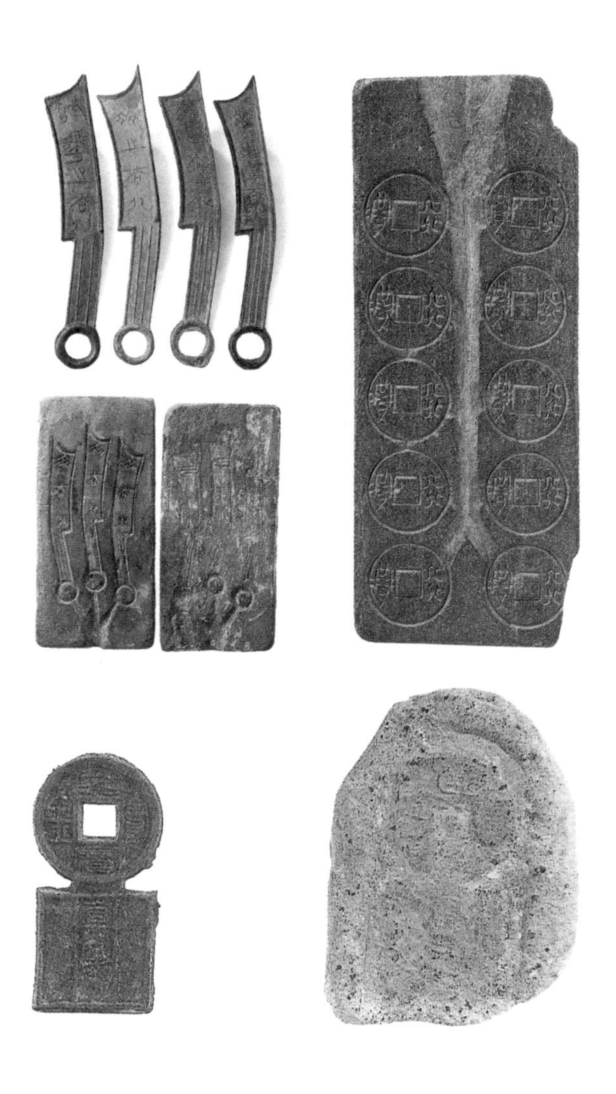

我国钱币铸造主要有两种不同的方法，唐代以前采用范铸法，范又有陶范、石范和铜范之分，唐以后则采取《天工开物》中所介绍的母钱翻砂法。最早出现的泥陶范，只能一范铸一币，战国时期开始使用石范和铜范，之后范具慢慢发展到不仅可以一范多次使用，而且可以一范多币铸造。图中分别为战国时期的齐国刀币及陶范以及圆钱石范、王莽改制时的“大泉五十”铜范，和“国宝金匮·直万”金币及其原配陶范。

我国古代的圆形方孔铜钱，是秦代统一货币之后，在民间最通用的货币形式，这种圆形方孔铜钱形制历经两千多年，一直延续至清代，其间没有太大的改变。汉代时，汉武帝铸造的五铢钱，因轻重大小最为适中，而在中国古代造币史中评价甚好。图为秦半两钱、汉五铢钱和天禄通宝钱。

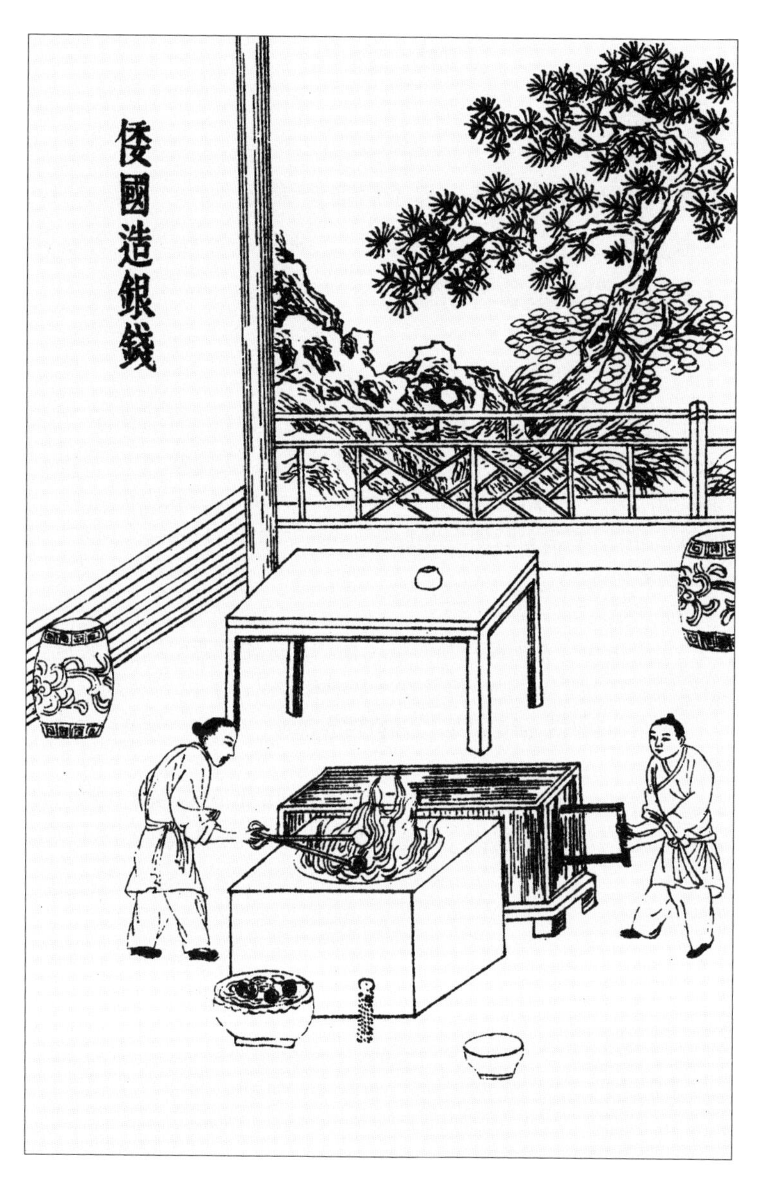

倭国造银钱。《天工开物》插图。日本造的银币是一枚一枚制造的，模具就在火钳的钳头上，如图所示，以钳子夹住金属溶液，再浸到冷水盆中松开钳口，一块银币就完成了。日本钱币的式样，有相当长的时间都是模仿中国大唐年间的开元通宝制造的。

附：铁钱

铁质贱甚，从古无铸钱。起于唐藩镇魏博诸地〔1〕，铜货不通，始冶为之，盖斯须之计〔2〕也。皇家盛时，则冶银为豆〔3〕，杂伯衰时〔4〕，则铸铁为钱〔5〕。并志博物者感慨。

注释

〔1〕唐藩镇魏博诸地：唐朝初年在一些重要的州设置都督府，后改为节度使，通称“藩镇”，亦称“方镇”。各藩镇掌握一方军政大权，形成唐代后期藩镇割据局面。　魏博：河北三个藩镇之一，763年为收抚安禄山、史思明叛乱的部队而设，以后就长期为当地统治者割据称霸。辖境在今山东、河北、河南三省交界地区。

〔2〕斯须之计：权宜之计。

〔3〕冶银为豆：据明代刘若愚《酌中志·内府衙门职掌》记载，唐代设有银作局，专为宫廷制造金银器物，其中有金豆、银豆，供游乐。

〔4〕杂伯衰时：藩镇割据，唐朝衰落之时。　杂：复杂，众多。　伯：同霸。

〔5〕铸铁为钱：“安史之乱”之后，直到五代十国（907—960）的混乱时期，各地钱制复杂，有铜钱、铅钱，特别是大量流通铁钱，经济生活混乱。

舟车　第九

宋子曰：人群分而物异产，来往贸迁[1]，以成宇宙[2]。若各居而老死[3]，何藉有群类哉？人有贵而必出，行畏周行[4]；物有贱而必须，坐穷负贩[5]。四海之内，南资[6]舟而北资车。梯航[7]万国，能使帝京元气充然[8]。何其始造舟车者，不食尸祝之报[9]也？浮海长年，视万顷波如平地，此与列子所谓御冷（泠）风[10]者无异。传所称奚仲[11]之流，倘所谓神人[12]者非耶！

注释

〔1〕贸迁：贸易，货物交流。

〔2〕宇宙：世界，社会。

〔3〕老死：不相往来。

〔4〕行畏周行：怕走远路。

〔5〕坐穷负贩：由于缺乏就必须贩运。

〔6〕资：凭借，提供。

〔7〕梯航："梯山航海"的缩语，意思是翻山渡海，历尽艰难。

〔8〕使帝京元气充然：使京城繁华起来。　帝京：国都，京城。　元气充然：充满生气。

〔9〕不食尸祝之报：没有受到崇拜的报答。　食：受。"尸"是古代祭祀仪式中代表神主接受祭礼的活人；"祝"是仪式中对"尸"读祝文的人。"尸祝"引申为崇拜、祝颂的意思。

〔10〕列子所谓御冷（泠）风：列子，战国时期郑国人，道家，名御寇。传说他能驾着风力行走。

〔11〕奚仲：姓任，传说是古代车的创造者，在夏代曾任车正（掌管车辆的官）。

〔12〕神人：神话传说中有超能力的人。

注释者按

中国地域广大，东西南北之间的贸易和交流在很久之前就借助于交通工具了。在南方，由于水域广阔，所以人群往来逐渐形成了以舟船为主的水路流通，而北方地区虽有黄河流过，但航道复杂，故而依靠陆路行走以至车舆发达，这些船只和车辆，按照功能需要而设计，其样式经历代延续和改进，发展得极为丰富。

我国舟船的起源与世界各地的情况一样，经历了船只发展的各个时期。船的发明，多与早期的渔猎经济有关，新石器时代的浮囊、腰舟都是最早的漂浮工具；木板船则是在殷商时期发明的，标志着造船技术的进步；春秋战国时出现了战船；唐宋以来采用的半平衡纵帆、船尾平衡舵、水密舱等技术，都曾代表了一个时期的舟船制造水平。近代以来使用的各类船只，其结构造型多从明清延续过来。

车舆在我国出现在夏朝，商周时已用作战车，秦汉时作为运输工具而得到广泛使用。最早是马拉车，后来有了牛拖车，以两轮车为多，五代时出现过三轮车，最大的车达到二十个轮子，宋元以后才逐渐固定为四轮和两轮的车型。独轮车出现于宋代，各地名称不一，因其使用灵便，直至二十世纪七八十年代还在使用，如今基本上已被淘汰。

舟

凡舟古名百千，今名亦百千。或以形名（如海鳅、江鳊[1]、山梭之类），或以量名（载物之数），或以质名（各色木料），不可殚述[2]。游海滨者得见洋船；居江湄[3]者得见漕舫[4]；若局趣[5]山国之中，老死平原之地，所见者一叶扁舟、截流乱筏[6]而已。粗载数舟制度，其余可例推云。

注释

〔1〕海鳅：海泥鳅。　江鳊：江里的鳊鱼。
〔2〕殚述：尽述。
〔3〕江湄：水边，岸旁。
〔4〕漕舫：漕船。运输粮食的大型帆船。
〔5〕局趣：同“局促”，狭小，展不开。
〔6〕乱筏：竹筏，木排。

在中国古代几千年的历史中，从秦汉开始，漕运就一直关系着国家的命运。至隋代，不仅自东向西调运，还从长江流域转漕北上，隋炀帝开凿的通济渠，打通了长江、淮河、黄河三大水系，开辟了南北之间新的漕运通道。之后，大运河的开凿，更是建立了南粮北调所需的水路网道，为后朝确立漕运制度奠定了基础。图为昔日漕运古道——京杭大运河扬州段今日的场景。

我国最早的木板船出现在夏朝，从商代甲骨文“舟”的图形就不难看出它的原始组合形态，我们后来称这种最简单的船型为“三板船”，又叫作“三版”或“舢板”。1997年江苏省武进县出土了一件汉代木船，该船体由一块底板和两块舷板组成，两侧舷板合入底板，以竹木榫卯连接，桐油抹缝，其形制使“三板船”的样式得到了实物的证明。图为清代《盛世滋生图》局部，描绘的是苏州怀胥桥附近商市的场景，图中许多民用船只便是“舢板”的延续。

漕舫

凡京师为军民集区，万国水运以供储，漕舫所由兴也。元朝混一[1]，以燕京为大都。南方运道，由苏州刘家港、海门黄连沙开洋，直抵天津，制度用遮洋船[2]。永乐[3]间因之。以风涛多险，后改漕运[4]。

平江伯陈某[5]，始造平底浅船，则今粮船之制也。凡船制底为地，枋[6]为宫墙，阴阳竹[7]为覆瓦；伏狮[8]前为阀阅[9]，后为寝堂；桅为弓弩，弦、蓬（篷）为翼；橹[10]为车马；篙缆[11]为履鞋，律索[12]为鹰雕筋骨；招[13]为先锋，舵为指挥主帅；锚为扎军营寨。

粮船初制，底长五丈二尺，其板厚二寸，采巨木楠[14]为上，栗次之。头长九尺五寸；艄长九尺五寸；底阔九尺五寸；底头阔六尺，底艄阔五尺；头伏狮阔八尺，艄伏狮阔七尺；梁头[15]一十四座。龙口梁[16]阔一丈，深四尺；使风梁[17]阔一丈四尺，深三尺八寸；后断水梁阔九尺，深四尺五寸。两廒[18]共阔七尺六寸。此其初制，载米可近二千石[19]（交兑每只止足五百石）。后运军造者[20]，私增身长二丈，首尾阔二尺余，其量可受三千石。而运河闸口原阔一丈二尺，差可度过。凡今官坐船，其制尽同，第窗户之间，宽其出径，加以精工彩饰而已。

凡造船先从底起，底面傍靠樯（墙），上承栈[21]，下亲地面。隔位列置者曰梁。两傍峻立者曰樯（墙）。盖樯（墙）巨木曰正枋[22]，枋上曰弦[23]。梁前竖桅位曰锚坛[24]，坛底横木夹桅本者曰地龙[25]。前后维曰伏狮[26]，其下曰拿狮[27]，伏狮下封头木曰连三枋[28]。船头面中缺一方曰水井（其下藏缆索等物）；头面眉际树两木以系缆者曰将军柱。船尾下斜上者曰草鞋底，后封头下曰短枋，枋下曰挽脚梁[29]，船艄掌舵所居其上曰野鸡篷[30]。（使风时，一人坐篷巅，收守篷索。）

凡舟身将十丈者，立桅必两：树中桅之位，折中过前二位，头桅又前丈余。粮船中桅长者以八丈为率，短者缩十之一二；其本入窗内亦丈余，悬篷之位，约五六丈。头桅尺寸则不及中桅之半，篷纵横亦不敌三分之一。苏、湖[31]六郡运米，其船多过石瓮桥[32]下，且无江汉[33]之险，故桅与篷尺寸全杀[34]。若湖广[35]、江西省舟，则过湖冲江，无端风浪，故锚、缆、篷、桅，必极尽制度而后无患。凡风篷尺寸，其则一视全舟横身，过则有患，不及则力软。

凡船篷，其质乃析篾成片织就，夹维竹条，逐块折叠，以俟悬挂。粮船中桅篷，合并十人力方克凑顶，头篷则两人带之有余。凡度篷索，先系空中寸圆木关捩[36]于桅巅之上，然后带索腰间，缘木而上，三股交错而度之。凡风篷之力，其末一叶，敌其本三叶。调匀和畅顺风则绝顶张篷，行疾奔马；若风力洊至[37]，则以次减下（遇风鼓急不下，以钩搭扯）；狂甚则只带一两叶两已。

凡风从横来，名曰抢风。顺水行舟，则挂篷之玄游走，或一抢向东，止寸平过，甚至却退数十丈；未及岸时，捩舵转篷，一抢向西，借贷水力兼带风力轧下，则顷刻十余里。或湖水平而不流者，亦可缓轧[38]。若上水舟，则一步不可行也。

凡船性随水，若草从风，故制舵障水，使不定向流，舵板一转，一泓[39]从之。凡舵尺寸，与船腹切齐。若长一寸，则遇浅之时，船腹已过，其稍尾舵便胶住，设风狂力劲，则寸木为难不可言；舵短一寸，则转运力怯，回头不捷。凡舵力所障水，相应及船头而止，其腹底之下，俨若一派急顺流，故船头不约而正，其机妙不可言。舵上所操柄，名曰关门棒，欲船北，则南向捩转，欲船南，则北向捩转。船身太长而风力横劲，舵力不甚应手，则急下一偏披水板[40]，以抵其势。凡舵用直木一根（粮船用者，围三尺，长丈余）为身，上截衡受棒，下截界开[41]衔口，纳板其中，如斧形，铁钉固拴，以障水。稍后隆起处，亦名曰舵楼。

凡铁锚所以沉水系舟。一粮船计用五六锚，最雄者曰看家锚，重五百斤内外，其余头用二枝，稍用二枝。凡中流遇逆风不可去又不可泊，（或业已近岸，其下有石非沙，亦不可泊，惟打锚深处）则下锚沉水底，其所系律，缠绕将军柱上，锚爪一遇泥沙，扣底抓住。十分危急，则下看家锚。系此锚者名曰“本身”，盖重言之也。或同行前舟阻滞，恐我舟顺势急去，有撞伤之祸，则急下艄锚提住，使不迅速流行。风息开舟，则以云车〔42〕绞缆提锚使上。

凡船板合隙缝，以白麻斫絮为筋，钝凿扱〔43〕入，然后筛过细石灰，和桐油舂杵成团调艌〔44〕。温、台〔45〕、闽、广即用砺灰。

凡舟中带篷索，以火麻秸（一名大麻）绹绞〔46〕；粗成径寸以外者，即系万钧不绝。若系锚缆，则破析青篾为之。其篾线入釜煮熟，然后纠绞。拽缱簟，亦煮熟篾线绞成，十丈以往，中作圈为接驱〔47〕，遇阻碍可以掐断。凡竹性直，篾一线千钧。三峡〔48〕入川上水舟，不用纠绞簟缱，即破竹阔寸许者，整条以次接长，名曰火杖〔49〕。盖沿崖石棱如刃，惧破篾易损也。

凡木色，桅用端直杉木，长不足则接，其表铁箍逐寸包围。船窗前道，皆当中空阙，以便树桅。凡树中桅，合并数巨舟承载，其末长缆系表而起。梁与枋樯（墙）用楠木、槠木〔50〕、樟木〔51〕、榆木〔52〕、槐木〔53〕（樟木春夏伐者，久则粉蛀）；栈板不拘何木；舵杆用榆木、榔木〔54〕、槠木；关门棒用椆木〔55〕、榔木；橹用杉木、桧木〔56〕、楸木〔57〕。此其大端云。

注释

〔1〕混一：统一。

〔2〕遮洋船：一种海船，用于运粮等。

〔3〕永乐：明成祖朱棣的年号。

〔4〕漕运：隋朝开通运河后，经由大运河把粮食等物资运到京城的水路运输系统。

〔5〕平江伯陈某：平江为明代府名，辖境包括今江苏省吴县、常熟、昆山、吴江、嘉定等县市。伯，即方伯，明代的布政使，也称藩司，掌握一个府的财政经济事务。陈某指永乐元年（1403）封为平江伯的陈瑄。

〔6〕枋：方柱形的木材。

〔7〕阴阳竹：破成两半并凿去中节的竹筒片，弯成拱形依次横排在船的顶部，起瓦片承雨的作用。

〔8〕伏狮：船头或船尾顶部的大横木，也叫“头梁”。

〔9〕阀阅：古代官宦人家为了摆排场在大门外左右树立的两根木柱子。

〔10〕橹：使船前进的工具，比桨长大，安在船艄或船旁，用人力摇动。

〔11〕篷缆：拉船用的绳索。

〔12〕繂索：这里指系锚的长缆绳。

〔13〕招：近船头的第一柄桨，小船中可代舵，大船中可协助舵调转船头。

〔14〕楠：楠木，常绿大乔木，产于四川、云南等地，木材是贵重的建筑材料，也可供造船用。

〔15〕梁头：横贯船身顶部，相当于屋梁，它还连接船底的一根底梁和两侧的肋骨（也叫“企栳”），以及隔舱板所形成的一个木船整体框架。

〔16〕龙口梁：接近船头的梁。古代木船的首尾常作龙的形状，龙口就是船头。

〔17〕使风梁：树立中桅的梁。使风就是利用风力，扬帆行船。

〔18〕两廒：秦汉魏时在廒山（今河南荥阳北）上置谷仓，名敖仓，后世沿称粮仓为“敖”，或写成“廒”，这里指船上装粮的仓库。

〔19〕载米可近二千石：根据当时的船身和运河水深，每船运载限量一般为四五百石。

〔20〕运军造者：指运军粮。

〔21〕栈：铺在船面上的木板叫栈板。今称甲板。

〔22〕正枋：也叫“舷口”。船身两侧顶上一根较粗的木料。

〔23〕弦：即弦杆，一般指位于桁架的上缘或下缘的杆件。

〔24〕锚坛：也叫“桅上斗”，在船面处用来固定桅杆的一个木制方框。

〔25〕地龙：也叫“桅下斗”，用来固定桅杆的根部。

〔26〕伏狮：船两头连接船体的大横木。

〔27〕拿狮：在船两头伏狮下面两边的侧木。

〔28〕连三枋：在船的头部三根串联搪浪板的木枋，作用相当于船旁的肋骨。

〔29〕挽脚梁：也叫“尾扎脚梁”，是船尾的一根底梁。

〔30〕野鸡篷：用篾席或油布制成的船篷，用作遮蔽风雨和阳光。

〔31〕苏、湖：今江苏省苏州，浙江省吴兴一带。

〔32〕石瓮桥：石拱桥。

〔33〕江汉：长江、汉水。

〔34〕尺寸全杀：尺寸都缩小了。

〔35〕湖广：今湖南、湖北一带。

〔36〕关捩：本指操纵转动的一船器具，这里指滑轮。

〔37〕洊至：接连、反复地到来。

〔38〕轧：压，这里指由于风力和水力两相挤压船不得不斜向航行。

〔39〕泓：水流。

〔40〕披水板：又称劈水板，是安装在靠近船头腹部纵向不能转动但可上下升降的木板，左右各一块，放下时，伸至船底以下，可增加水对船的横向阻力，在抢风时特别重要，这是我国最早创制的一种航行操纵工具。

〔41〕界开：南方方言，指用锯锯开木材。

〔42〕云车：立式绞车，是一种用人力绞转的起重工具。

〔43〕扱：插，嵌。

〔44〕舱：用麻絮、油灰嵌塞、平整船缝。

〔45〕温、台：浙江省温州、台州。

〔46〕绹绞：纠绞绳索。

〔47〕弧：环状物。

〔48〕三峡：指长江三峡，即四川东部的瞿塘峡、巫峡，湖北西部的西陵峡。

〔49〕火杖：拖缆索用旧以后，可截断作火炬。原文“火”作“大”，今改正。

〔50〕槠木：常绿乔木，木材坚硬。

〔51〕樟木：常绿乔木，全株有香气，可以防虫蛀，木材致密，适于制家具和手工艺品，枝叶可以提制樟脑。

〔52〕榆木：落叶乔木，木材质地稍粗，可供建筑或制器具用。

〔53〕槐木：落叶乔木，木材坚硬，可供造船、车辆等用。

〔54〕榔木：落叶乔木，木材坚韧致密，可作农具、车轮等用。

〔55〕椆木：常绿乔木，木质重而坚，耐久不蛀，不易开裂，为枕木、车辆、榨油设备用材。

〔56〕桧木：又名圆柏，常绿乔木，木材细致、坚实，有芳香，耐腐，可供建筑、家具、工艺品等用材。

〔57〕楸木：落叶乔木，木材致密，耐湿。可供建筑、造船和制家具等用。

柁樓

漕舫图。《天工开物》插图。漕运是我国历史上一项重要的经济制度，即利用各种水道，包括河道、海道、人工运河和水陆递运等方式，将粮食，主要是公粮，调运到京都的一种专业运输行为。运输皇粮的船只，被称为漕船。

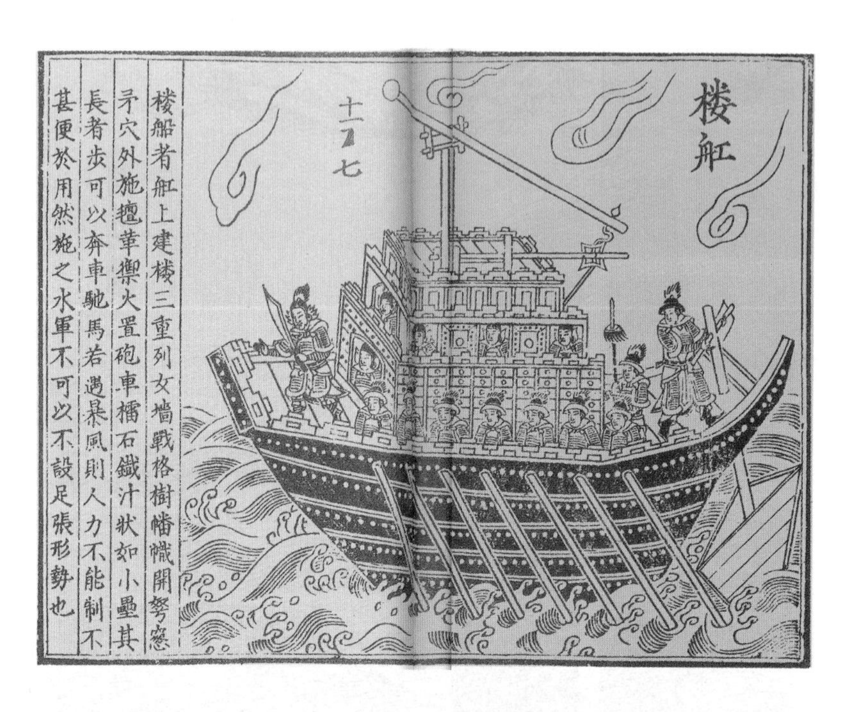

楼舡

楼船者舡上建楼三重列女墙戰格樹幡幟開弩窗矛穴外施氊革禦火置砲車擂石鐵汁狀如小壘其長者步可以奔車馳馬若遇暴風則人力不能制不甚便於用然施之水軍不可以不設足張形勢也

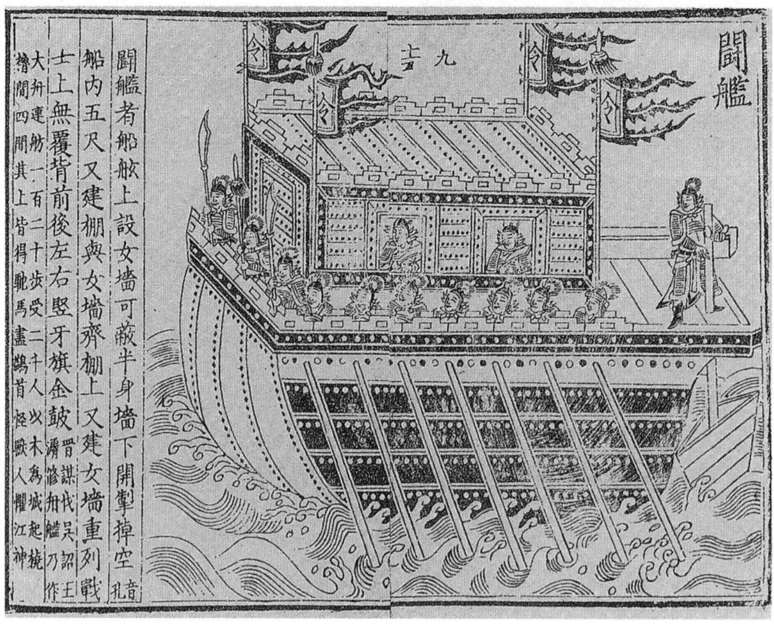

鬪艦

鬪艦者船舷上設女墻可蔽半身墻下開掣棹空孔音船内五尺又建棚與女墻齊棚上又建女墻重列戰士上無覆背前後左右竪牙旗金鼓晋謀伐吴詔王濬修舟艦乃作大舟連舫一百二十步受二千人以木為城起樓櫓開四門其上皆得馳馬畫鷁首怪獸人懼江神

约在春秋末期，我国出现了严格意义上的战船，据史料记载最早的水战发生在公元前570年。当时楼船已经出现，但形制还不是很大，至秦汉时期，战船成为一个庞大家族，其中，楼船占有最重要的地位，汉代水军统帅有“楼船将军”之称谓，说明楼船在军事上是水军的主力战舰。上页图和上图为宋代《武经总要》中描绘的几种战船。

秦汉时期是中国古代造舟的鼎盛时期，船只类型多，规模大，较大的航船开始用横梁和隔舱板，以增强船体的整体性，行船的动力、系泊设施也都初步完备。至东汉，帆已经基本成熟，同时，橹在桨的基础上发展过来，以"摇"橹代替"划"桨，效率大为提高。图为汉代战船的复原模型。

1954年在广州的东汉墓中出土了一件陶制的船只模型，船体总长54厘米，高16厘米，在这只模型船的尾部明确无误地出现了舵的结构。舵的设计与航海罗盘的出现都是古代水运事业的重大发明，这件陶船作为一个实例，证明了我国是世界上最早发明船尾舵的国家。

海舟

凡海舟，元朝与国初[1]运米者曰遮洋浅船，次者曰钻风船（即海鳅）。所经道里止万里长滩、黑水洋、沙门岛[2]等处，苦无大险；与出使琉球、日本暨商贾爪哇、笃泥[3]等船制度，工费不及十分之一。凡遮洋运船制，视漕船长一丈六尺，阔二尺五寸，器具皆同，唯舵杆必用铁力木[4]，艌灰用鱼油和桐油，不知何义。凡外国海舶制度大同小异。闽广（闽由海澄[5]开洋，广由香山嶴[6]）洋船，截竹两破排栅，树于两傍以抵浪。登、莱[7]制度又不然。倭国海舶两傍列橹手栏板[8]抵水，人在其中运力。朝鲜制度又不然。至其首尾各安罗经盘以定方向，中腰大横梁出头数尺，贯插腰舵，则皆同也。腰舵非与稍舵形同，乃阔板斫成刀形，插入水中，亦不捩转，盖夹卫扶倾之义；其上仍横柄拴于梁上，而遇浅则提起，有似乎舵，故名腰舵也。凡海舟以竹筒贮淡水数石，度供舟内人两日之需，遇岛又汲。其何国何岛合用何向，针指示昭然，恐非人力所祖。舵工一群主佐，直是识力造到死生浑忘地，非鼓勇之谓也！

注释

〔1〕国初：指明朝初年。

〔2〕万里长滩：指由长江向北行的一带浅水海域，相当江苏省东面黄海中的易南沙和大沙等地。　黑水洋：从江苏省崇明岛向东北直至山东省成山角中间，通过黄海最深处的一条航线。　沙门岛：山东省蓬莱县西北渤海中，为宋时流放罪犯之地。

〔3〕爪哇：印度尼西亚中部的一个主要岛屿，该国首府雅加达就在这个岛上。笃泥：音译，可能指马来半岛上的大泥。

〔4〕铁力木：又名铁栗木，铁木，常绿乔木。产于东南亚一些热带地区，我国云南、广西也有出产。木材质地坚硬耐用，是极好的建筑、家具材料。

〔5〕海澄：明朝福建漳州府海澄县，1960年同龙溪县合并为龙海县。

〔6〕香山嶴：今澳门。
〔7〕登、莱：明时府名，即今山东省登州、莱州。
〔8〕橹手栏板：带有把手可供操纵的一种栏板。

在中国的航海史上，明代三保太监郑和下西洋的故事无人不知，他的船队由二百多艘海船、二万余人组成，前后出海七次，每次航行时间都超过一年，整个航行时间持续了将近三十年。时间之长、规模之大，可谓史无前例。图为郑和宝船的复原模型和1957年在南京龙江船厂出土的郑和宝船大舵杆，舵杆长达11米。

1973年在泉州的后渚港海底打捞出的南宋海船。船体总长24.2米，宽9.15米，经推测，此船排水量为370吨，属于南宋时期中等船位的海运货船。我国的舟船制造至唐代时，船体就已经很大，推进工具与定向工具也开始分开，人们根据不同水域的航道特点及适用功能的不同，开始有计划地生产各种不同类型的船只。李皋还发明了带有叶片的轮桨，可以用脚踩蹬，最重要的是水密封舱的技术出现了。这些成就都为航海业的发展奠定了基础。

我国采用水密封舱的技术是在唐代，时间比西方国家要早一千年，这种技术的使用是海上安全航行的保障。此外，至迟在宋元时，大型海船便开始装有龙骨，由平底变为尖圆底，出现了多桅帆船。至明清时，船只的安全性能不仅更为可靠，船形也是多种多样，仅海洋渔船就达到好几百种。这是一件海船的模型。

无论什么样的船只，除船身之外都必须由一些附件来共同构成船体，主要的有推动船体前行的桨、篙、橹，用以控制方向的舵，以及被我们称作桅杆的樯和可以折叠的风帆，但这些物件年代太久远都难以保留下来，只有泊船用的锚，还有一些留存至今。图中的三件锚分别为清代北洋水师镇远号舰的铁锚、南京三叉河出土的明代铁锚，和秦代的石锚。从锚的材料和形制的变迁，也能够看出我国古代造船业的发展。

我国古代最有名的传统航海木帆船共有四种：沙船、福船、鸟船和广船。沙船是我国最古老的一种船型，主要航行区域在长江以北，因其适合于在水浅多沙滩的航道上航行，所以被命名沙船。沙船是明代的叫法，它成型于唐宋，又被称为“防沙平底船”等。沙船的适航性特别强，在江河湖海皆可航行，宽、大、扁、浅是其最突出的特点。上图为沙船的模型，下图为宋代张择端的《清明上河图》局部有关沙船的描绘。

福船是一种尖底海船，以行驶于南洋和远海著称，多产于福建，故而得名。福船体型比沙船要高大许多，尖首方尾两头上翘，底尖吃水深，易于改变航向，很适合在狭窄的航道上航行。在明代，福船是我国水师的主要战船，郑和下西洋船队的主要船舶所采用的也是这种适用于远洋航行的船型。图为福船的模型。

杂舟

江汉课船[1]。身甚狭小而长，上列十余仓，每仓容止一人卧息。首尾共桨六把，小桅篷一座。风涛之中，恃有多桨挟持。不遇逆风，一昼夜顺水行四百余里，逆水亦行百余里。国朝盐课[2]，淮、扬[3]数颇多，故设此运银[4]，名曰课船。行人欲速者亦买之。其船南自章、贡，西自荆、襄，达于瓜、仪而止[5]。

三吴[6]浪船。凡浙西、平江[7]纵横七百里内，尽是深沟，小水湾环，浪船（最小者名曰塘船）以万亿[8]计。其舟行人贵贱来往，以代马车、屝[9]履。舟即小者，必造窗牖堂房，质料多用杉木。人物载其中，不可偏重一石，偏即欹侧，故俗名天平船。此舟来往七百里内，或好逸便者径买，北达通津，只有镇江[10]一横渡，俟风静涉过，又渡青江浦[11]，溯黄河浅水二百里，则入闸河[12]安稳路矣。至长江上流风浪，则没世避而不经也。浪船行力在艄后，巨橹一枝，两三人推轧前走；或恃缱簟；至于风篷，则小席如掌，所不恃也。

东浙西安船。浙东自常山[13]至钱塘八百里，水径入海，不通他道，故此舟自常山、开化、遂安[14]等小河起，钱塘而止，更无他涉。舟制箬篷如卷瓦[15]为上盖；缝布为帆，高可二丈许，绵索张带。初为布帆者，原因钱塘有潮涌，急时易于收下。此亦未然，其费似侈于篾席，总不可晓。

福建清流、艄篷船。其船自光泽、崇安[16]两小河起，达于福州洪塘而止，其下水道皆海矣。清流船以载货物、客商；艄篷制大，差可坐卧，官贵家属用之。其船皆以杉木为地。滩石甚险，破损者其常，遇损则急舣[17]向岸搬物掩塞。船艄径不用舵，船首列一巨招，捩头使转。每帮五只方行，经一险滩，则四舟之人皆从尾后曳缆[18]，以缓其趋势。长年即寒冬不裹足，以便频濡[19]。风篷竟悬不用云。

四川八橹等船。凡川水源通江、汉，然川船达荆州而止，此下则更舟矣。逆行而上，自夷陵〔20〕入峡，挽缱〔21〕者以巨竹破为四片或六片，麻绳约接〔22〕，名曰火杖。舟中鸣鼓若竞渡，挽人从山石中闻鼓声而咸力。中夏至中秋，川水封峡，则断绝行舟数月；过此消退，方通往来。其新滩〔23〕等数极险处，人与货尽盘岸行半里许，只余空舟上下。其舟制腹圆而首尾尖狭，所以避滩浪云。

黄河满篷艄。其船自河入淮、自淮溯汴用之。质用楠木，工价颇优。大小不等。叵（巨）者载三千石，小者五百石。下水则首颈之际，横压一梁，叵（巨）橹两枝，两傍推轧而下。锚、缆、篷、帆制与江、汉相仿云。

广东黑楼船、盐船。北自南雄，南达会省，下此惠、潮通漳、泉〔24〕则由海汊〔25〕乘海舟矣。黑楼船为官贵所乘，盐船以载货物。舟制两傍可行走。风帆编蒲〔26〕为之，不挂独竿桅，双柱悬帆不若中原随转。逆流凭借纤力，则与各省直同功云。

黄河秦船（俗名摆子船）。造作多出韩城〔27〕，叵（巨）者载石数万钧，顺流而下，供用淮、徐地面。舟制首尾方阔均等，仓梁平下，不甚隆起。急流顺下，巨橹两傍夹推，来往不凭风力。归舟挽纤多至二十余人，甚有弃舟空返者。

注释

〔1〕课船：官府运载税银用的船只。课：征收赋税。

〔2〕盐课：盐税。

〔3〕淮、扬：江苏淮阴、扬州。

〔4〕运银：运税银。

〔5〕章、贡：江西省南部经赣州市的两条水名。　荆、襄：指荆州、襄州。即今湖北省江陵和襄阳两县。　瓜、仪：指江苏中部长江北岸的瓜洲和仪征。

〔6〕三吴：旧时地名，其说有三，一是指会稽、吴兴和丹阳；二是指吴兴、吴郡和会稽；三是指苏州、常州和湖州。此处三吴为泛指航行于这一带的船只。

〔7〕平江：府、路名。辖境相当今江苏苏州及张家港、太仓、吴县、常熟、昆山、吴江和上海市的嘉定、宝山等市县。明初改为苏州府，此处作者仍沿用宋元旧称。

〔8〕亿：现指一万万，古代指十万。这里形容很多，不是确数。

〔9〕屝：草鞋。

〔10〕镇江：今江苏镇江市，在长江南岸。

〔11〕清江浦：今江苏淮阴市。

〔12〕闸河：即运河，运河在有些段中都设有水闸，以调节控制水位。

〔13〕常山：今浙江省西部常山县。

〔14〕开化：县名，在浙江省西部。　遂安：旧县名，在浙江省西部，离新安江不远，1958年并入淳安县。

〔15〕卷瓦：本指陶瓮的弯拱，此处形容船篷。

〔16〕光泽、崇安：福建省西北部的两个县。

〔17〕舣：停船靠岸。

〔18〕“则四舟之人皆从尾后曳缆”二句：意思是，后面四只船的人都要上岸用缆索拽拉第一只船，以减慢它的速度，以便让同一帮船逐只经过险滩。

〔19〕频濡：常常涉水。

〔20〕夷陵：州名，相当今湖北省宜昌市一带。

〔21〕縴：同“纤”，拉船用的绳索。

〔22〕约接：连接。

〔23〕新滩：一名青滩。在湖北省秭归县东三十里，为长江中险滩之一。

〔24〕惠、潮：指惠州府和潮州府。相当于今广东省的惠阳和潮安一带。漳、泉：两府名，相当今福建的漳州市和泉州市。

〔25〕海汊：海面深入陆地而形成的港汊。

〔26〕蒲：水生植物名，可以制席条。

〔27〕韩城：县名，在陕西省东部。

六桨课船图。《天工开物》插图。我国在内河中航行的船只多种多样，课船船身瘦长，船上设有船舱，行驶速度很快。课船的名称来源于这种船只的使用功能，主要指在长江、汉水流域运送官粮、盐税、银税的船只。

与陆地上行车相比，水上交通工具更能体现自然环境对造物形制的影响。图中几艘内航船只形态的差异，显示的是同种工具的区域变化。

车

凡车利行平地，古者秦、晋、燕、齐之交，列国战争必用车，故“千乘”“万乘”之号，起自战国。楚汉血争[1]，而后日辟。南方则水战用舟，陆战用步马，北膺胡虏[2]，交使铁骑，战车遂无所用之。但今服马驾车，以运重载，则今日骡车，即同彼时战车之义也。

凡骡车之制，有四轮者，有双轮者，其上承载支架，皆从轴上穿斗而起。四轮者前后各横轴一根，轴上短柱起架直梁，梁上载箱。马止脱驾之时，其上平整，如居屋安稳之象。若两轮者，驾马行时，马曳其前，则箱地平正，脱马之时，则以短木从地支撑而住，不然则欹[3]卸也。凡车轮一曰辕[4]（俗名车陀）。其大车中毂[5]（俗名车脑），长一尺五寸（见《小戎》[6]朱注），所谓外受辐[7]、中贯轴者。辐计三十片，其内插毂，其外接辅[8]。车轮之中，内集轮（辐）、外接辋[9]，圆转一圈者，是曰辅也。辋际尽头，则曰轮辕也。凡大车，脱时则诸物星散收藏；驾则先上两轴，然后以次间架。凡轼、衡、轸、轭[10]，皆从轴上受基也。

凡四轮大车，量可载五十石，骡马多者或十二挂，或十挂，少亦八挂。执鞭掌御者居箱之中，立足高处。前马分为两班（战车四马一班，分骖、服[11]）。纠黄麻[12]为长索，分系马项[13]，后套总结收入衡内两旁。掌御者手执长鞭，鞭以麻为绳，长七尺许，竿身亦相等。察视不力者，鞭及其身。箱内用二人踹绳，须识马性与索性者为之。马行太紧，则急起踹[14]绳，否则翻车之祸，从此起也。凡车行时，遇前途行人应避者，则掌御者急以声呼，则群马皆止。凡马索总系透衡入箱处，皆以牛皮束缚，《诗经》所谓“胁驱”[15]是也。凡大车饲马，不入肆舍，车上载有柳盘，解索而野食[16]之。乘车人上下皆缘小梯。凡遇桥梁中高边卜者，则十马之中，择一最强力者系于车后。当其下坂，则九马从前缓曳，一马从后竭力抓住，以杀其驰趋之势，不然则险道也。凡大车行程，遇河亦止，遇山亦止，遇曲径小道亦止。徐、兖、汴梁[17]之交，或达三百里者，无水之国，所以济舟楫之穷也。

凡车质惟先择长者为轴，短者为毂，其木以槐、枣、檀[18]、榆（用榔榆）为上。檀质太久劳则发烧[19]，有慎用者，合抱枣、槐其至美也。其余轸、衡、箱、轭，则诸木可为耳。

此外，牛车以载刍粮[20]，最盛晋地[21]。路逢隘道，则牛颈系巨铃，名曰“报君知”，犹之骡车群马尽系铃声也。又北方独辕车，人推其后，驴曳其前，行人不耐骑坐者，则雇觅之。鞠席[22]其上，以蔽风日。人必两傍对坐，否则欹倒。此车北上长安、济宁，径达帝京[23]。不载人者，载货约重四、五石而止。其驾牛为轿车者，独盛中州[24]。两傍双轮，中穿一轴，其分寸平如水。横架短衡，列轿其上，人可安坐，脱驾不欹。其南方独轮推车，则一人之力是视，容载二石，遇坎即止，最远者止达百里而已。其余难以枚述。但生于南方者不见大车，老于北方者不见巨舰，故粗载之。

注释

〔1〕楚汉血争：指秦亡后，项羽和刘邦为争夺封建统治权的战争。

〔2〕胡虏：古代对我国北方一些少数民族的称呼。

〔3〕欹：通“攲”，倾侧。

〔4〕辕：车轮的外周。

〔5〕毂（gǔ）：车轮的中心装轴部分。

〔6〕《小戎》：《诗经·秦风》篇名。诗人怀念西征将士之作。小戎，也指兵车。

〔7〕辐：车轮中连接车毂和轮圈的一条直木棍或钢条。

〔8〕辅：本指车轮外旁增缚夹毂的两条直木，借以增强轮辐载重支力。这里指内面接辐而外面顶住轮圈的内缘。

〔9〕轮：疑为“辐”之误。　辋（wǎng）：车轮周围的框子。

〔10〕轼：车厢前面用做扶手的横木。　衡：在轼下面的另一条衡木。轸：车后的横木。　轭（è）：牛马等拉东西时架在脖子上的曲木。

〔11〕骖（cān）、服：古代一辆车往往驾四马，并列成一排，靠外的两匹叫骖，中间的两匹叫服。

〔12〕黄麻：一年生草本植物，茎皮纤维供制麻袋、麻布、地毯、造纸等。

〔13〕马项：指马的眼睛与颈间部分。

〔14〕踹：用脚踩。

〔15〕胁驱：用活动的皮圈或绳索套在马背上，再以两根皮条或绳索缚在车杠前后，拦住马的两胁。

〔16〕野食：就地喂马。

〔17〕徐、兖：古代九州中的州名，即今江苏省的徐州市和今山东省的兖州。　汴梁：今河南省开封市。

〔18〕檀：落叶乔木，木质坚硬，可做各种负荷重而拉力强的用具、器材。

〔19〕久劳则发烧：用的时间太长，因摩擦而发热。

〔20〕刍粮：喂牲口用的草。

〔21〕晋地：今山西省。

〔22〕鞠席：拱形的席。

〔23〕长安：今陕西西安。　济宁：今山东济宁。　帝京：指北京。

〔24〕中州：今河南省，因其地在古代九州的中央而得名。

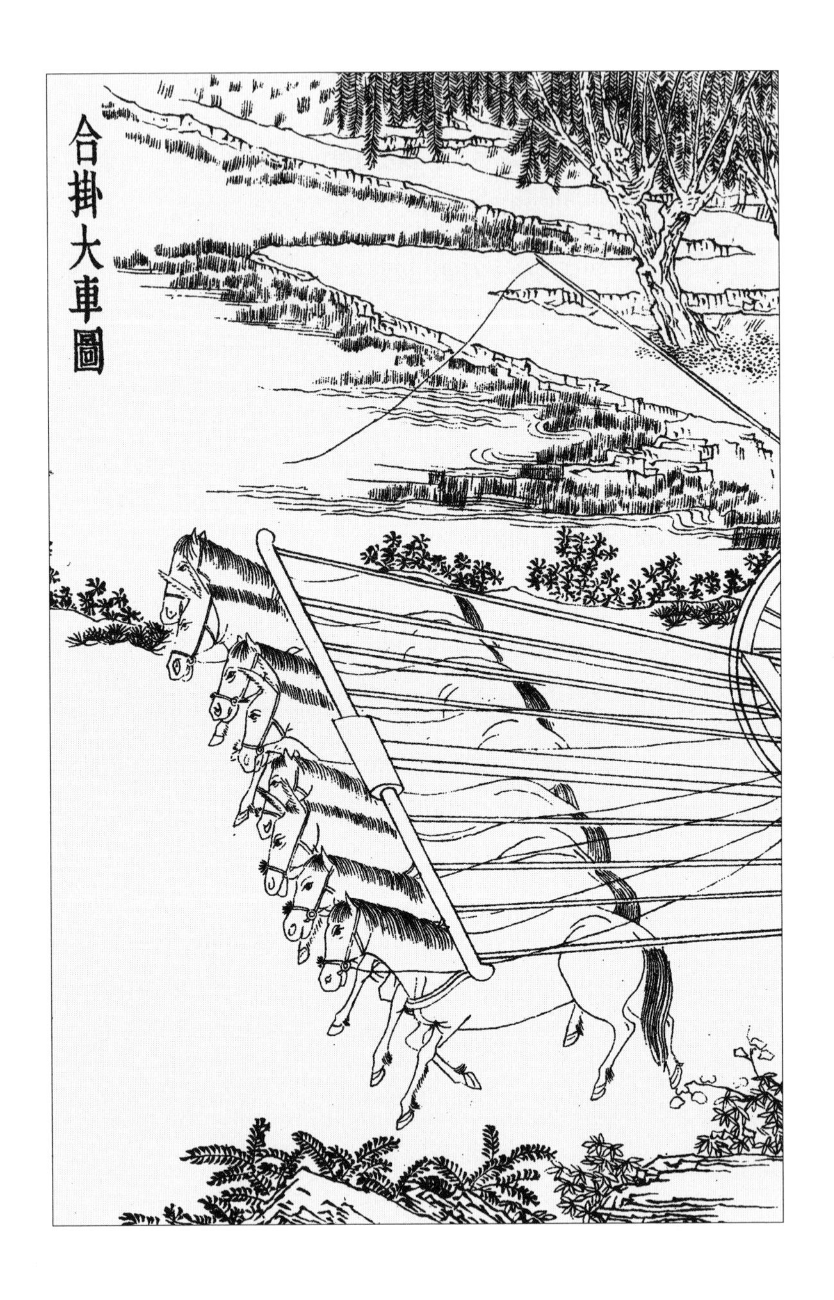
合掛大車圖

合挂大车图。《天工开物》插图。我国古代马车在秦汉时作为运输工具而得到广泛使用。马拉车以两轮车为多，五代时出现过三轮车，最大的车达到二十个轮子，宋元以后才逐渐固定为四轮和两轮的车型。

据史料记载，我国远在夏朝时就有了车。从甲骨文中车的写法，可以看出车的基本要素：舆、辕、轮当时都已经具备，说明殷商已经有了原始的车。至少不晚于公元前13世纪的商晚期，古车已经比较完备，其特征是双轮、独辀，需要成双数的马驾辕，采用“轭靷式系驾法”，马以颈部承重，轭系在衡上，衡装在辀的前端，辀弯曲。图为根据在河南省发掘的西周时期车马的残迹复制的马车模型。

商周时，车辆按用途的不同分为战车与安车两大类，其中战车车轮大，速度快；安车车轮小，重心低，安稳舒适。根据乘车姿势的不同分为立乘与坐乘，立乘车主要是战车，车舆相对浅小，有利于乘坐瞭望；坐乘的安车车舆较宽广，四周屏蔽，上封顶。盖杠分两到三截，车盖可以随不同用途而拆卸。图为商代两马战车和四马战车的复原模型。

战车是春秋战国时的主要战争工具，战车的多少是衡量一个国家国力的重要标志之一，当时有千乘之国、万乘之国的说法。古车在这时得到最大限度的发展，出现了大规模的分工合作，从选材到检测都有相应的系统，设计制作的车种类繁多，但基本形制与制作原理相差无几。制作材料主要是木头，具体的部位根据使用情况的不同而选用不同的木料，重要部件用金属加固，并在世界范围内最早使用了润滑油。在组织接合上采用榫卯与漆和匹条粘缚相结合，以增强车的稳定性。图为山东临淄后李一号车马坑出土的春秋战车复原图，和1981年在湖北江陵楚墓出土的战国时期车马坑。

根据秦始皇陵出土铜车马及史料记载来看，车的结构主要包括以下几个部分：辀，稍曲的圆木；衡，辀前端一根用以缚轭驾马的横木；轭，驾马的人字形叉木；舆，轴用以安轮的圆木杠；轮等。毂牙、辐、辀和轴等部件的组合采用榫卯结构，其余零件利用兽皮革带缚扎，缚扎之后其上涂胶，胶干后再髹以黑漆，使各零部件之间的结合更加坚牢。图为1980年在陕西临潼秦始皇陵西侧出土的秦一号铜车马和秦二号铜车马。

至汉代，中原安定、国泰民安，旧有的战车便慢慢地退出了历史舞台，而民用车辆逐渐成为车制发展的新的重点。图为1969年在甘肃省武威东汉墓出土的一批青铜车马，有斧车、辎车、昭车、辇车之别，可见当时车辆形制的多样。

周代以来的车的社会等级制度一直延续了好几个朝代，不同等级车辆的形制、尺寸、装饰、驾车马匹的多少等，都有详细的要求，这些规定在《舆服制》《礼仪志》中均有过记载。上图为河北安平县东汉墓出土的《君车出行图》摹本，下图为江苏省铜山县洪楼出土的汉代画像石刻《车马出行图》，图中景象非常明确地反映出了由车马所显示的社会等级。

《晋书·舆服志》中说："古之贵者，不乘牛车。汉武帝推恩之末，诸侯寡弱，贫者至乘牛车。其后，稍见贵之。自灵献以来，天子至士，遂以为常乘。至尊出朝堂举哀，乘之。"在汉代，牛车开始兴起，车由独辀逐渐变为双辕，一牛（马）就可以驾辕。采用"胸带式系驾法"与"颈圈式挽具"，重心下降，有效地保持了平衡，所以辕（辀）的曲度逐渐减小，及至三国时，完全变成了平直双辕。图为甘肃武威磨嘴子东汉墓出土的彩绘木牛车、江苏南京中华门外出土的南朝牛车，和河南邓县出土的南朝牛车画像砖。

牛车在今天的很多少数民族地区还在使用，图为新疆维吾尔自治区的两轮双辕牛车。

獨轅車圖

双缒独辕车图。《天工开物》插图。独轮车因能够在乡村田野间劳作，又适用在崎岖小路和山峦丘陵中行走，而且运输量比人力负荷、畜力驮载都大过数倍，所以被广泛使用。但值得注意的是南北方独轮车的驾驭方法不一样：南方独轮车就只有一个人推之为多，而北方独轮车人推其后，驴曳其前，即图中描绘的样子。

南方独推车图。《天工开物》插图。在古典名著《三国演义》中讲到诸葛亮制造“木牛流马”解决运粮难的故事，有专家认为“木牛流马”就是北方“独轮车”的变体。根据史料记载和汉代画像石图像推测，独轮车的发明时间可以上溯到西汉晚期，当时称为“鹿车”。

独轮车，既可载物，也可坐人，因其只有一个车轮，所以极易倾覆，须保持两边平衡。独轮车一般为一人往行，但也有前后各有双把的，用时前拉后推，称作“二把手”。而独轮车车辕的长短和角度，支架的高低和形式、以及轮子的处理，几乎可以做到随地随人而异。所以这种车型在全国各地都有出现。图为近代安徽、河北和新疆各地的独轮车。

锤锻　第十

宋子曰：金木受攻而物象曲成。世无利器，即般、倕[1]安所施其巧哉？五兵[2]之内，六乐[3]之中，微[4]钳锤之奏功也，生杀之机泯然矣[5]！同出洪炉烈火，大小殊形：重千钧者，系巨舰于狂渊；轻一羽者，透绣纹于章服[6]。使冶钟铸鼎之巧，束手而让神功[7]焉。莫邪、干将[8]，双龙飞跃，母（毋）其说亦有征[9]焉者乎？

注释

〔1〕般：公输般，即鲁班，春秋时鲁国的巧匠。传说他曾创造锯、刨、云梯和会飞的木鸟等。后世木匠、建筑工匠尊他为“祖师”。　倕：传说黄帝时的一名巧匠，据说木工工具圆规、角尺、准绳都是他创造的。

〔2〕五兵：古时周代指弓矢、殳、矛、戈、戟五种兵器。这里泛指武器。

〔3〕六乐：钟、镈、錞、镯、铙、铎六种金属乐器。这里泛指金属乐器。

〔4〕微：无，没有。

〔5〕生杀之机：生杀是古代“五行”学说中相生克的同义语，这里指金属器件加工过程中火烧（生）、淬火（杀）等关键措施。　泯：消失，消灭。

〔6〕章服：古代封建朝廷的礼服。上面常绣有日、月、星辰、龙、凤、鸟、兽等图文作为等级标志。历代制度大同小异，有十二章、九章、七章、五章、三章之别，按品递降。

〔7〕神功：奇功，奇妙的工艺。

〔8〕莫邪、干将：春秋时在吴国制成的两把著名宝剑，以当时铸剑者夫妇的名字命名。

〔9〕征：证据，根据。

注释者按

人类对金属器物和用具的加工主要采用两种方法，一种为铸造，一种为锻造。铸通过范可以塑出器物的形态，所以外形复杂的器具，像容器类的主体等，多以铸造完成；而锻造通过敲击、淬火（火与水合为淬），可以增强金属的强度并使之锋利，因此刀、剑、斧头等兵器以及犁头、锄头类的农具和锯子、刨子之类的工具，必须要经过锻打制造。对于这些利器的锻造，一种最晚发明于宋代，明代记于典籍，并一直沿用至今的工艺，叫作“生铁淋口”。生铁淋口的技术设备简单，操作便当，作用是在器具的刃口部表面进行渗碳，做到“钢表铁里”，既坚固，还越磨越利。

治铁

凡治铁成器，取已炒熟铁[1]为之。先铸铁成砧，以为受锤之地。谚云：“万器以钳为祖[2]。”非无稽之说也。

凡出炉熟铁，名曰毛铁。受锻之时，十耗其三为铁华、铁落[3]。若已成废器未锈烂者，名曰劳铁[4]，改造他器与本器，再经锤锻，十止耗去其一也。

凡炉中炽铁用炭，煤炭居十七，木炭居十三。凡山林无煤之处，锻工先择坚硬条木，烧成火墨[5]（俗名火矢，扬烧不闭穴火），其炎更烈于煤。即用煤炭，也别有铁炭[6]一种，取其火性内攻、焰不虚腾者，与炊炭同形而分类也。

凡铁性逐节粘合，涂上黄泥于接口之上，入火挥槌，泥滓成枵[7]而去，取其神气为媒合。胶结之后，非灼红斧斩，永不可断也。

凡熟铁、钢铁已经炉锤，水火未济，其质未坚。乘其出火之时，入清水淬[8]之，名曰健钢、健铁。言乎未健之时，为钢为铁，弱性犹存也。

凡焊铁之法，西洋诸国别有奇药。中华小焊用白铜末，大焊[9]则竭力挥锤而强合之，历岁之久，终不可坚。故大炮西番有锻成者，中国则惟事冶铸也。

注释

〔1〕熟铁：由铁砂石用碳直接还原，或由生铁经过熔化并将杂质氧化而得到的产物。这种铁性质软韧，较易锻造加工，含碳量比性质脆硬的生铁低。

〔2〕祖：祖宗，引申为本源。

〔3〕铁落：打铁时飞溅出的铁屑。

〔4〕劳铁：废铁。

〔5〕火墨：比较坚硬的一种木炭，也称坚炭。

〔6〕铁炭：一种火焰不高的碎煤。

〔7〕枵：空虚，稀薄。

〔8〕淬：即目前通称的“淬火法”，主要作用在于使钢质变硬。其方法是把烧红的工件突然浸入液体（水或盐水，有时用油）中，使之急速冷却。这一热处理技术早在春秋战国时代就已经在我国使用了。

〔9〕大焊：这里实际指的是锻接，也叫接火、滚火，而不是焊接。

一般认为，中国铁器的最早使用时间为春秋时期，战国时铁器开始普遍应用于农业和手工业，到汉时，中国的冶铁技术已经很有成就。这是一件战国铁盘，出土于泰安市东更道村，高13.5厘米，口径47厘米，直口浅腹平底，带有三足，如此大件的先秦铁制品，比较罕见。

这两件铁铧，为西汉时期的制品。

斤斧

凡铁兵薄者为刀剑，背厚而面薄者为斧斤[1]。刀剑绝美者以百炼钢包裹其外，其中仍用无钢铁为骨[2]。若非钢表铁里，则劲力所施，即成折断。其次寻常刀斧，止嵌钢于其面。即重价宝刀，可斩钉截凡铁者，经数千遭磨砺，则钢尽而铁现也。倭国[3]刀背阔不及二分许，架于手指之上，不复欹倒[4]。不知用何锤法，中国未得其传。凡健刀斧，皆嵌钢、包钢，整齐而后入水淬之。其快利则又在砺石成功也。凡匠斧与椎[5]，其中空管受柄处，皆先打冷铁为骨，名曰羊头，然后热铁包裹，冷者不沾，自成空隙。凡攻石椎，日久四面皆空，熔铁补满平填，再用无弊。

注释

〔1〕斧斤：泛指各种斧子。
〔2〕仍用无钢铁为骨：仍用熟铁做骨架。
〔3〕倭国：指日本国。
〔4〕架于手指之上，不复欹倒：刀背架在手指上不会倾倒。
〔5〕椎：捶击工具，如铁椎、木椎。

锄镈

凡治地生物[1]，用锄镈[2]之属。熟铁锻成，熔化生铁淋口[3]，入水淬健，即成刚劲。每锹、锄重一斤者，淋生铁三钱为率[4]。少则不坚，多则过刚而折。

注释

〔1〕治地生物：整治土地，种植庄稼。

〔2〕镈：一种锄草用的宽口锄。

〔3〕生铁淋口：就是熟铁制品配件的刃部淋上一层薄薄的生铁，经过冷捶、淬火后可增加其硬度及耐磨性。

〔4〕率：一定的标准和比率。

这是一件在吉林省集安市出土的“锻铁制轮”墓室彩色壁画，时间大约于6世纪。说明当时作为一种生活常态，锻铁已相当普遍。

锉[1]

凡铁锉，纯钢为之。未健之时，钢性亦软。以已健钢錾[2]划成纵斜文理，划时斜向入，则文方成焰[3]。划后烧红，退微冷，入水健。久用乖平[4]，入火退去健性，再用錾划。凡锉，开锯齿用茅叶锉，后用快弦锉；治铜钱用方长牵锉；锁钥之类用方条锉；治骨角用剑面锉（朱注所谓鑢锡［钖］）[5]；治木末则锥成圆眼，不用纵斜文者，名曰香锉[6]（划锉纹时，用羊角末和盐醋先涂[7]）。

注释

〔1〕锉：也叫锉刀。手工切削工具，条形、多刃，主要用来对金属、木料、皮革工件表层作微细加工。

〔2〕錾：一种平口小凿，用以攻凿金属或石头等坚硬质料。

〔3〕焰：火苗。这里指锉刀面上直斜纹沟的锋芒好像火苗。

〔4〕乖平：变平。这里指铁锉的纹沟本来是有锋芒的，用久了纹沟的锋芒变平了。

〔5〕朱注所谓鑢锡［钖］：见朱熹《四书集注》中《礼记·大学》篇："君子如切如磋，如琢如磨。"注："磋以鑢钖，磨以沙石，皆治物使其滑泽也。"鑢锡疑为"鑢钖"之误。指锉。

〔6〕香锉：木工用来锉平难刨木料的一种锉，木料受锉时散发出木脂香味，故名。

〔7〕用羊角末和盐醋先涂：羊角末灰白色，涂上后容易辨认已凿和未凿之处，便于加工。凿出斜纹沟再烧红时，羊角末的碳质会逐渐渗入锉刀的表面层，盐和醋又起着促进作用，从而使这渗碳层在淬火后增加硬度。

锥

凡锥，熟铁锤成，不入钢和。治[1]书编之类用圆钻；攻皮革用扁钻；梓人[2]转索通眼、引钉合木者，用蛇头钻。其制颖[3]上二分许，一面圆，二面剜[4]入，傍起两棱[5]，以便转索。治铜叶用鸡心钻。其通身三棱者，名旋钻。通身四方而末锐者，名打钻。

注释

〔1〕治：整治，修治。此处指装订书刊。
〔2〕梓人：木匠。
〔3〕颖：指工具的尖端或尖锐部分。
〔4〕剜：用刀挖。
〔5〕棱：物体的边角或尖角。

锯

凡锯，熟铁断成薄条，不钢〔1〕，亦不淬健。出火退烧后，频加冷锤坚性〔2〕，用锉开齿。两头衔木为梁〔3〕，纠篾张开，促紧使直〔4〕。长者剖木，短者截木，齿最细者截竹。齿钝之时，频加锉锐，而后使之。

注释

〔1〕不钢：不加钢。

〔2〕坚性：增强韧性。

〔3〕两头：两端做锯把的短木。　梁：中间支撑两端锯把的一根木头。

〔4〕纠篾张开，促紧使直：套住两个锯把顶端的篾片经过纠绞就会缩短拉紧，使与梁平行的锯条伸直。

刨

凡刨，磨砺嵌钢寸铁，露刃秒忽[1]，斜出木口之面，所以平木。古名曰“准”。巨者卧准露刃，持木抽削，名曰推刨，圆桶家[2]使之。寻常用者，横木为两翅，手执前推。梓人为细功者，有起线刨，刃阔二分许。又刮木使极光者，名蜈蚣刨，一木之上，衔十余小刀，如蜈蚣之足。

注释

〔1〕磨砺嵌钢寸铁，露刃秒忽：把一寸阔的嵌钢铁片磨得锋利，稍微露出一点刃口。秒忽：微小。

〔2〕圆桶家：制圆桶的木工。

凿

凡凿，熟铁锻成，嵌钢于口，其本〔1〕空圆，以受木柄（先打铁骨为模，名曰羊头，杓柄同用）。斧从柄催〔2〕，入木透眼。其末〔3〕粗者阔寸许，细者三分而止。需圆眼者，则制成剜凿为之。

注释

〔1〕其本：指凿身。

〔2〕催：催促。此处指用斧头敲击凿柄，促凿口入木。

〔3〕其末：指凿口。

锚

凡舟行遇风难泊，则全身系命于锚。战船、海船，有重千钧者[1]。锤法先成四爪，以次逐节接身。其三百斤以内者，用径尺阔砧，安顿炉旁，当其两端皆红，掀去炉炭，铁包木棍，夹持上砧。若千斤内外者，则架木为棚，多人立其上，共持铁链，两接锚身，其末皆带巨铁圈链套，提起捩转，咸力[2]锤合。合药不用黄泥，先取陈久壁土筛细，一人频撒接口之中，浑合方无微罅[3]。盖炉锤之中，此物其最巨者。

注释

〔1〕重千钧者：指船锚重量。钧：古代重量单位，三十斤为一钧。
〔2〕咸力：合力。
〔3〕微罅：细小的缝隙。

锤锚图。《天工开物》插图。

针

凡针，先锤铁为细条。用铁尺一根，锥成线眼，抽过条铁成线[1]，逐寸剪断为针。先镁其末成颖，用小槌敲扁其本，刚锥穿鼻，复镁其外。然后入釜，慢火炒熬。炒后以土末入松木火矢、豆豉三物罨盖[2]，下用火蒸。留针二三口插于其外，以试火候。其外针入手捻成粉碎，则其下针火候皆足。然后开封，入水健之。凡引线成衣与刺绣者，其质皆刚；惟马尾[3]刺工为冠者，则用柳条软针。分别之妙，在于水火健法云。

注释

〔1〕抽过条铁成线：用铁尺一根，在上面钻出小孔做线眼，然后将细铁条从孔眼抽过，便成铁线，这是用拉丝模具进行冷拉的技术，这在当时是相当先进的。

〔2〕以土末入松木火矢、豆豉三物罨盖：这是固体渗碳技术。松木碳是固体渗碳剂，豆豉、土末起填充剂的作用。

〔3〕马尾：镇名，在今福建省福州市东南的闽江口。那里的刺绣工艺在明代就非常发达。

抽线琢针图。《天工开物》插图。比照锤锚图，场景是很有意思的，同为以铁造物，只因铁锚庞然而衣针纤细，其状态便差之千里。然而，无论物体大小，该锻的依然要锻，该淬时依然要淬，而火候的掌握、锻击的手段也会千变万化，由工匠们把握。

治铜

凡红铜升黄[1]而后熔化造器。用砒升者为白铜器[2]，工费倍难，侈者事之。凡黄铜[3]，原从炉甘石[4]升者不退火性受锤；从倭铅[5]升者出炉退火性，以受冷锤。凡响铜入锡参和（法具《五金》卷），成乐器者，必圆成无焊。其余方圆用器，走焊、炙火粘合。用锡末者为小焊，用响铜末者为大焊（碎铜为末，用饭粘和打，入水洗去饭，铜末具存，不然则撒散）。若焊银器，则用红铜末。

凡锤乐器，锤钲[6]（俗名锣）不事先铸，熔团即锤；锤镯[7]（俗名铜鼓）与丁宁[8]，则先铸成圆片，然后受锤。凡锤钲、镯，皆铺团于地面。巨者众共挥力，由小阔开，就身起弦声，俱从冷锤点发。其铜鼓中间突起隆炮[9]，而后冷锤开声。声分雌与雄[10]，则在分厘起伏之妙。重数锤者，其声为雄。[11]凡铜经锤之后，色成哑白，受镗复现黄光。经锤折耗，铁损其十者，铜只去其一。气腥而色美，故锤工亦贵重铁工一等云。

注释

〔1〕红铜升黄：红铜，即纯铜，一般是从硫化物或氧化物铜矿石冶炼得来的。在自然铜矿中偶尔也有红铜，叫“自然铜”。由红铜加锌或炉甘石熔煤炼成黄铜。

〔2〕用砒升者为白铜器：砒即砒霜，红铜与砒可炼成白铜。砷矿中有时含镍，铜砷合金、铜镍合金或铜锌镍合金都呈白色。

〔3〕黄铜：铜锌合金。

〔4〕炉甘石：一种主要成分是碳酸锌的矿石。

〔5〕倭铅：锌。

〔6〕钲：有长柄形似长钟的古代乐器，击之而鸣。作者把铜锣叫钲是用词上的错误。

〔7〕镯：一种钟状的铃。作者把铜鼓叫镯是用词上的错误。

〔8〕丁宁：小钟，亦可铸成。

〔9〕铜鼓中间突起隆炮：炮，疑是“泡”之误。这种乐器在四川称为“乳锣”，广东则称为“金鼓大锣”。

〔10〕声分雌与雄：声分高低音，高音为雌，低音为雄。

〔11〕重数锤者，其声为雄：加重数锤会使铜片变薄一些，发出音调则低。

中国迄今为止所知最早的铜矿开采和冶炼遗址，是江西省的瑞昌铜岭，时间为商代中期。而对于铜的认识和使用的时间应该更早，可以追溯到新石器时期。铜矿藏的开采是从露天采集发展到坑采的。图为江西瑞昌铜岭的商代采铜竖井。

锤钲与镯图。《天工开物》插图。

我们的祖先早在新石器时期就开始冶炼红铜和青铜合金了。之后，我国的冶铜铸造技术日趋成熟，设备不断改善，规模逐步扩大，至商周已出现有相当规模的青铜冶铸作坊，在许多遗址中就发现大量陶范、坩埚、铜渣、木炭和熔铜炉残壁等。上图为安徽南陵江木冲出土的西周炼铜炉基，此炉为竖式炼炉，由炉基、炉缸和炉身三部分组成，炉基内设风沟，炉身设有鼓风口。下图的风管和石范由赤峰市夏家店上层文化出土，风管嘴呈马头形，为冶炼时鼓风之用。

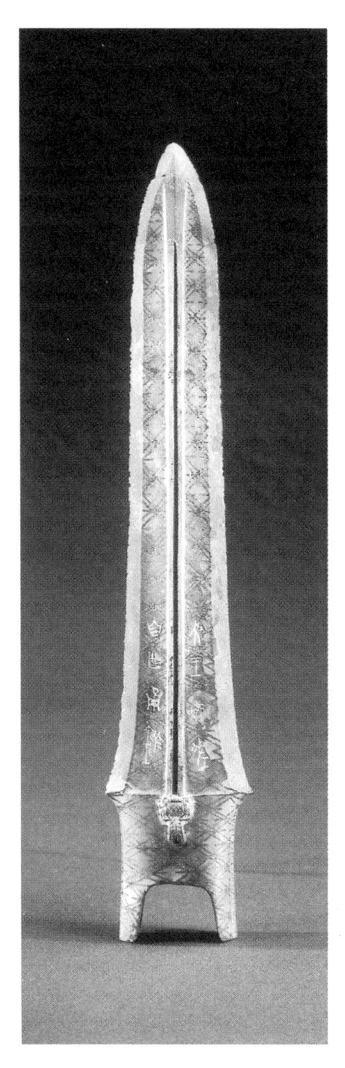

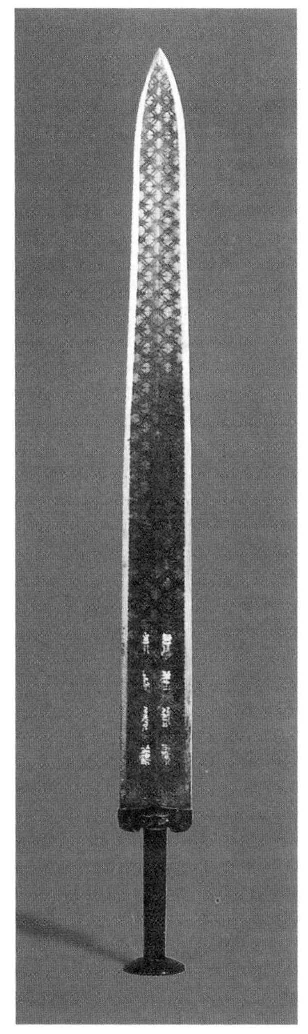

图为吴王夫差矛和越王勾践剑，分别出土于湖北江陵马山5号楚墓和望山1号楚墓。矛长29.5厘米，宽3厘米，矛的中央起脊，带血槽，器身双面均有黑色米字形暗花；剑全长55.6厘米，剑身双面饰黑色菱形几何纹，寒光逼人。这两件春秋时期的兵器，足以反映出我国古代金属工艺的精湛。

乐器的制造因音色的关系，在选材、铸造、锻打工艺上都是很有讲究的，一般以铜与锡的合金——响铜来制作。图为1977年在湖北崇阳出土的商代后期兽面纹铜鼓，此铜鼓通高75.5厘米，重达42.5公斤，鼓身呈上宽49厘米、下宽39厘米的斜梯状，便于敲击。

燔石[1] 第十一

宋子曰：五行[2]之内，土为万物之母。子之贵者，岂惟五金[3]哉！金与火相守[4]而流，功用谓莫尚[5]焉矣。石得燔而咸功，盖愈出愈奇焉。水浸淫而败物，有隙必攻，所谓不遗丝发者。调和一物[6]，以为外拒，漂海则冲洋澜，粘甃则固城雉[7]。不烦历候远涉，而至宝得焉。燔石之功，殆莫之与京[8]矣！至于矾现五色之形[9]，硫为群石之将[10]，皆变化于烈火。巧极丹铅炉火[11]，方士[12]纵焦劳唇舌，何尝肖[13]像天工之万一哉！

注释

〔1〕燔石：烧制矿石。燔：焚烧，烤。

〔2〕五行：金、木、水、火、土。中国古代早期的五行学说，认为万物都是由这五种物质元素变化形成的。

〔3〕五金：金、银、铜、铁、锡。这里泛指金属。

〔4〕相守：互相作用。

〔5〕莫尚：莫过于。

〔6〕调和一物：指调和石灰，详见本卷《石灰》条。

〔7〕甃：用砖砌物。　雉：古代城墙长三丈高一丈为一雉，这里指城墙。

〔8〕殆：大概。　京：大。

〔9〕矾现五色之形：矾石呈现的五种色泽，即白色明矾、绿色青矾、蓝色胆矾和红矾、黄矾。

〔10〕硫为群石之将：语出李时珍《本草纲目》卷十一："硫黄……为

七十二石之将，故药品中号为将军。”即指硫的毒性大，号称药用矿物中的将军。

〔11〕丹铅炉火：指炼丹术，丹即是砂，铅即铅汞，都是炼丹的主要材料。这句话是说，炼丹术是最巧妙不过的了。

〔12〕方士：指炼丹术士。

〔13〕肖：相似、类似，这里指比得上。

注释者按

中国古代早期的五行学说认为，万物都是由金、木、水、火、土这五种物质元素变化形成的。世界上的事物相克相生，万分奇妙，尤其是火，它能通过燃烧而改变所有物质的常态，它能使金属成形，能使木头成炭，能使水沸腾蒸发，使石土粉碎分解为它物。我们生活中常用的石灰、煤饼、火药、食物添加剂、灭虫剂等，都是从非金属矿物中提炼获取的成分制造的，这些提取物大多需要经过火的炼制。

石灰

凡石灰[1]，经火焚炼为用。成质之后，入水永劫不坏。亿万舟楫，亿万垣墙，窒隙防淫，是必由之。百里内外，土中必生可燔石[2]，石以青色为上，黄白次之。石必掩土内二三尺[3]，掘取受燔，土面见风者[4]不用。燔灰火料，煤炭居十九，薪炭居十一。先取煤炭泥和做成饼，每煤饼一层，叠石一层，铺薪其底，灼火燔之。最佳者曰矿灰，最恶者曰窑滓灰。火力到后，烧酥石性，置于风中，久自吹化成粉。急用者以水沃之，亦自解散。

凡灰用以固舟缝，则桐油、鱼油调厚绢、细罗，和油杵千下塞艌[5]；用以砌墙石，则筛去石块，水调粘合；甃墁[6]则仍用油灰；用以垩墙壁[7]，则澄过入纸筋涂墁；用以襄墓及贮水池，则灰一分，入河沙、黄土二分，用糯米粳、羊桃藤[8]汁和匀，轻筑坚固，永不隳坏[9]，名曰三和土[10]。其余造淀造纸，功用难以枚述。

凡温、台、闽、广海滨石不堪灰者，则天生蛎蚝[11]以代之。

注释

〔1〕石灰：石灰是由石灰石煅烧而成的，首先烧成石灰，加水化成熟生灰。它具有很强的黏结性，故造船、建筑业将其作为黏结剂。

〔2〕可燔石：即主要含碳酸钙的石灰石，是烧石灰的矿石。

〔3〕石必掩土内二三尺：石，指石灰石，这句的说法不确切，有的石灰石露出地面，形成“石林”，有的则埋得较深。

〔4〕见风者：已风化的。

〔5〕塞艌：嵌塞船缝。艌原义为挽舟索，后引申为修理旧船，特别指用油灰填补船缝的那种操作。

〔6〕墁：把砖、石等铺在地面上。

〔7〕垩墙壁：涂刷墙壁。

〔8〕羊桃藤：藤本植物，今名猕猴桃，茎、皮和髓部都含有胶质。

〔9〕隳坏：毁坏。

〔10〕三和土：也称三合土，用河沙、黄土、石灰合成。

〔11〕蛎蚝：牡蛎，软体动物，也叫蚝或海蛎子，可供食用，味鲜美，能提制蚝油，也可入药。壳含碳酸钙，烧后成石灰。

煤饼烧石成灰。《天工开物》插图。石灰的烧制方法不很复杂，将筛选好的石灰岩与煤饼一层一层交叠码放，以柴炭作薪煅烧至石头变脆风化，这种烧制后的粉状石灰，即称之为生石灰，将生石灰与水调和后，即成为可以使用的熟石灰。图为煅烧石灰粉的场景。

蛎灰

凡海滨石山傍水处，咸浪积压，生出蛎房，闽中曰蚝房。经年久者，长成数丈，阔则数亩，崎岖如石假山形象。蛤之类压入岩中〔1〕，久则消化作肉团，名曰蛎黄，味极珍美。凡燔蛎灰者，执椎与凿，濡足〔2〕取来（药铺所货牡蛎，即此碎块），叠煤架火燔成，与前石灰共法。粘砌城墙、桥梁，调和桐油造舟，功皆相同。有误以蚬灰〔3〕（即蛤粉）为蛎灰者，不格物〔4〕之故也。

注释

〔1〕“蛤之类压入岩中”两句：蛤，即蛤蜊，软体动物，肉鲜美，壳圆。牡蛎长成后固定依附在浅海岩石上，以海水中浮游的生物等为食料，死后肉质腐烂而留下空壳，新的牡蛎又附着这些空壳生长，久而久之便形成“阔则数亩”的蛎壳堆积。因此，作者所说蛎壳是“咸浪积压”而生，“蛤之类”被压入蛎壳里面，时间久了变成肉团，都是观察失误。

〔2〕濡足：湿脚，指涉水。

〔3〕蚬灰：蚬壳烧成的灰。蚬是一种软体动物，肉可食，介壳圆形或心脏形，表面有轮状纹。生活在淡水中或河流入海的地方。蚬不是蛤，蚬灰不能叫蛤灰。但他们的灰主要成分是氧化钙，与石灰同质地。

〔4〕格物：出自《礼记·大学》：“致知在格物。”即知识来自对各种事物的观察、认识和研究。

凿取蛎房。《天工开物》插图。一些沿海地域，人们因地制宜，使用蛎灰来建房造桥、修补漏缝。所谓蛎灰，是一种被海浪长期冲击下的岩石上，经由蛤蜊类的海洋生物演变成的坚壳生物的堆积物，这种堆积物称蛎房，人们只要去其肉，用其壳，像烧制石灰一样就能煅烧出蛎灰粉来。

煤炭

凡煤炭[1]，普天皆生，以供锻炼金石之用。南方秃山无草木者，下即有煤[2]。北方勿论。

煤有三种：有明煤、碎煤、末煤。明煤，大块如斗许，燕、齐、秦、晋[3]生之。不用风箱鼓扇，以木炭少许引燃，熯[4]炽达昼夜。其傍夹带碎屑，则用洁净黄土调水作饼而烧之。碎煤有两种，多生吴、楚。炎高者曰“饭炭”，用以炊烹；炎平者曰“铁炭”，用以冶锻。入炉先用水沃湿，必用鼓鞴[5]后红，以次增添而用。末炭如面者，名曰“自来风”。泥水调成饼，入于炉内，既灼之后，与明煤相同，经昼夜不灭。半供炊爨[6]，半供熔铜、化石、升朱[7]。至于燔石为灰与矾、硫，则三煤皆可用也。

凡取煤经历久者，从土面能辨有无之色，然后掘挖。深至五丈许，方始得煤。初见煤端时，毒气灼人[8]。有将巨竹凿去中节，尖锐其末，插入炭中，其毒烟从竹中透上，人从其下施镢拾取者。或一井而下，炭纵横广有，则随其左右阔取。其上支板[9]，以防压崩耳。

凡煤炭取空而后，以土填实其井，经二三十年后，其下煤复生长[10]，取之不尽。其底及四周石卵，土人名曰铜炭[11]者，取出烧皂矾与硫黄（详后款）。凡石卵单取硫黄者，其气薰甚，名曰臭煤[12]，燕京房山、固安[13]，湖广荆州等处间有之。

凡煤炭经焚而后，质随火神化去，总无灰滓[14]。盖金与土石之间，造化别现此种[15]云。凡煤炭不生茂草盛木之乡，以见天心之妙[16]。其炊爨功用所不及者，唯结腐一种而已（结豆腐者用煤炉则焦苦）。

注释

〔1〕煤炭：黑色固体矿物。煤是古代植物体在不透空气或空气不足的情况下受到地下的高温而变质形成的。按形成阶段和炭化程度的不同，可分为泥煤、褐煤、烟煤和无烟煤四种。我国是世界上用煤最早的国家之一，历代对其称呼不一。春秋战国时期称为“石涅”或“涅石”，魏、晋、唐、宋时代称为“石炭”，直到明朝才改称为“煤炭”。

〔2〕南方秃山无草木者，下即有煤：此说不确切，事实上我国南方大多数煤矿的地表都生长着茂盛的植物。

〔3〕燕、齐、秦、晋：今河北、山东、陕西、山西。

〔4〕熯：烘焙。

〔5〕鞴：用活塞原理装制的鼓风工具。

〔6〕爨：烧火做饭。

〔7〕升朱：提炼朱砂。

〔8〕毒气：现在俗名瓦斯。它是在煤炭生成过程中伴生的一种气体混合物，主要成分是沼气（甲烷），此外还有一氧化碳、二氧化碳及硫化氢气，易燃，对人体有毒害作用。　灼：火烧，火烫。

〔9〕其上支板：上面用木板支撑。这类似于现代矿井的巷道支护，也包括采煤工作面或采场的支护。

〔10〕其下煤复生长：作者在当时对煤炭生成规律尚认识不足，或当时测量不准或采得不干净，以后又采到了煤。

〔11〕铜炭：煤层中含黄铁砂的煤，一般含硫10%—30%，俗称硫黄蛋。

〔12〕臭煤：这种铜炭含硫或硫化物较多，燃烧时分解出有臭味的硫化氢和二氧化硫。

〔13〕房山、固安：今北京房山区，河北固安县。

〔14〕总无灰滓：此说不精确，因各种煤均含有灰分，燃烧后都会有灰滓。

〔15〕造化别现此种：煤是自然界中金属与土石之间造化的特殊品种。

〔16〕天心之妙：自然界安排得很巧妙。

挖煤
毒烟氣
井内

挖煤。《天工开物》插图。中国是世界上最早认识和使用煤的国家，当年我们使用的煤燃料被马可・波罗描述为“黑石头”，说明欧洲那时还没有这种东西。煤不在地表，需要深挖，开采工作既艰苦又危险。图中描绘的是开采煤的场景，值得注意的是，井内已设有排毒气的竹管和防止塌陷的设施。

矾石[1] 白矾

凡矾燔石而成。白矾[2]一种，亦所在有之，最盛者山西晋、南直无为[3]等州。值价低贱，与寒水石[4]相仿。然煎水极沸，投矾化之，以之染物，则固结肤膜之间[5]，外水永不入，故制糖饯与染画纸红纸者需之。其末干撒，又能治浸淫恶水[6]，故湿创家[7]亦急需之也。

凡白矾，掘土取磊块石，层叠煤炭饼锻炼，如烧石灰样。火候已足，冷定入水。煎水极沸时，盘中有溅溢如物飞出，俗名蝴蝶矾者，则矾成矣。煎浓之后，入水缸内澄。其上隆结曰吊矾，洁白异常。其沉下者曰缸矾，轻虚如棉絮者曰柳絮矾。烧汁至尽，白如雪者，谓之巴石。方药家煅过用者曰枯矾[8]云。

注释

〔1〕矾石：即明矾石，呈白、灰、浅蓝或粉红色，块状晶体，常用于提炼明矾、硫酸铝等。

〔2〕白矾：即明矾，无色透明晶块，一般作净水剂或煤染剂等。

〔3〕山西晋、南直无为：古州名，即今山西临汾市，安徽省无为县。

〔4〕寒水石：矿物，有单斜晶系的硫酸钙（石膏）和三方晶系的碳酸钙等，白色透明。

〔5〕固结肤膜之间：牢固的结膜在被染物的表面。

〔6〕治浸淫恶水：治疗各种流出臭水的皮肤疮疹。

〔7〕湿创家：患湿气及皮肤病的人。

〔8〕枯矾：白矾煅后失去结晶水的白色粉末。

烧皂矾图。《天工开物》插图。明矾又名白矾，是从明矾石中炼取的。明矾性寒味酸涩，具有较强的收敛作用，所以中医拿来入药，也作为传统食品的改良剂，比如做油条、粉丝等都要添加明矾。明矾的制作是经过溶解打碎了的明矾石后，收集其溶液，用火烧制，至液体蒸发浓缩，然后冷却得到结晶这样的一个过程来完成的。

青矾 红矾 黄矾 胆矾

凡皂、红、黄矾[1]，皆出一种而成，变化其质。

取煤炭外矿石（俗名铜炭）子，每五百斤入炉，炉内用煤炭饼（“自来风”不用鼓鞴者）千余斤，周围包裹此石。炉外砌筑土墙圈围，炉颠[2]空一圆孔如茶碗口大，透炎直上，孔旁以矾滓厚罨[3]。（此滓不知起自何世，欲作新炉者，非旧滓罨盖则不成。）然后从底发火，此火度经十日方熄。其孔眼时有金色光直上（取硫详后款）。煅经十日后，冷定取出。半酥杂碎者另拣出，名曰“时矾”，为煎矾红用。其中精粹如矿灰形者，取入缸中，浸三个时，漉[4]入釜中煎炼。每水十石，煎至一石，火候方足。煎干之后，上结者皆佳好皂矾，下者为矾滓（后炉用此盖）。此皂矾染家必需用[5]，中国煎者亦惟五六所。原石五百斤，成皂矾二百斤，其大端也。

其拣出“时矾”（俗又名鸡屎矾），每斤入黄土四两，入罐熬炼，则成矾红。圬墁及油漆家[6]用之。

其黄矾所出又奇甚，乃即炼皂矾炉侧土墙，春夏经受火石精气，至霜降立冬[7]之交，冷静之时，其墙上自然爆出此种，如淮北砖墙生焰硝[8]样。刮取下来，名曰黄矾。染家用之。金色淡者涂炙，立成紫赤也。其黄矾自外国来，打破，中有金丝者，名曰波斯[9]矾，别是一种。

又山陕烧取硫黄山上，其滓弃地，二三年后，雨水浸淋，精液流入沟麓之中，自然结成皂矾[10]。取而货用，不假煎炼。其中色佳者人取以混石胆云。石胆一名胆矾[11]者，亦出晋、隰[12]等州，乃山石穴中自结成者，故绿色带宝光。烧铁器淬于胆矾水中，即成铜色也[13]。《本草》载矾虽五种，并未分别原委[14]。其昆仑矾状如黑泥，铁矾状如赤石脂[15]者，皆西域[16]产也。

注释

〔1〕皂矾：青矾，蓝绿色，硫酸亚铁。　红矾：红色颜料，又名矾红，三氧化铁。　黄矾：黄色染料，九水硫酸铁。这些矾都含铁化合物。

〔2〕炉颠：炉顶。

〔3〕罨：覆盖。

〔4〕漉：液体往下渗，滤。

〔5〕此皂矾染家必需用：我国古时多用天然靛蓝染色，靛蓝不溶于水。民间习惯用皂矾石灰法，使靛蓝还原成靛白而溶于石灰水碱液中，供纤维吸收染色，染后经空气氧化成不溶性靛蓝色泽。即“大成蓝”。可见皂矾可作靛蓝染色助剂。

〔6〕圬墁及油漆家：泥水工和油漆工。

〔7〕霜降：二十四节气之一。一般在公历10月23、24日左右。在此前后我国黄河流域一般出现初霜，南方地区秋收秋种大忙季节。　立冬：二十四节气之一。一般在公历1月7、8号左右。这时我国大秋作物陆续登场。黄河中下游地区即将结冰。

〔8〕焰硝：硝石，即硝酸钾。

〔9〕波斯：今伊朗国。　波斯矾：见唐李珣《海药本草》：“波斯又出金线（矾），打破内有金线文者为上。”

〔10〕自然结成皂矾：烧硫矿渣中除含有三氧化二铁外，还有硫等成分。在酸性条件下，彼此易起氧化还原作用而成皂矾。

〔11〕胆矾：五水硫酸铜，蓝色棱柱状晶体，易与皂矾混淆。

〔12〕晋、隰：山西晋州、隰州（隰县）。

〔13〕烧铁器淬于胆矾水中，即成铜色也：这是金属置换反应，结果在铜器上镀上一层铜膜。用此法取铜早在汉代已经开始，是我国古代劳动人民对世界化学发展史的一大贡献。

〔14〕并未分别原委：李时珍在《本草纲目》十一卷中论述：“有五种，其色各异，白、黄、绿、黑、绛矾也。”又说：“矾石析而辨之，不止于五种也。”

〔15〕赤石脂：硅酸类含铁陶土，呈团块或粉末状，多数为粉红色。常用作中药，主治泻痢、崩漏等症。

〔16〕西域：汉时指现在玉门关以西的新疆和中亚、西亚等地区。

硫黄[1]

凡硫黄乃烧石承液而结就。著书者误以焚石为矾石[2]，遂有矾液之说。然烧取硫黄，石半出特生白石，半出煤矿烧矾石[3]，此矾液之说所由混也。又言中国有温泉处必有硫黄[4]，今东海广南[5]产硫黄处又无温泉，此因温泉水气似硫黄，故意度言之也。

凡烧硫黄，石与煤矿石[6]同形。掘取其石，用煤炭饼包裹丛架，外筑土作炉。炭与石皆载千斤于内，炉上用烧硫旧渣罨盖，中顶隆起，透一圆孔其中。火力到时，孔内透出黄焰金光。先教陶家[7]烧一钵盂，其盂当中隆起，边弦卷成鱼袋[8]样，覆于孔上。石精感受火神，化出黄光飞走，遇盂掩住，不能上飞，则化成汁液，靠着盂底，其液流入弦袋之中，其弦又透小眼流入冷道灰槽小池，则凝结而成硫黄矣。

其炭煤矿石烧取皂矾者，当其黄光上走时，仍用此法掩盖，以取硫黄。得硫一斤，则减去皂矾三十余斤，其矾精华已结硫黄，则枯滓遂为弃物。

凡火药，硫为纯阳，硝为纯阴[9]，两精逼合，成声成变，此乾坤幻出神物也。硫黄不产北狄[10]，或产而不知炼取亦不可知。至奇炮出于西洋与红夷[11]，则东徂西数万里，皆产硫黄之地也。其琉球土硫黄，广南水硫黄，皆误记也[12]。

注释

〔1〕硫黄：硫的通称，非金属元素，浅黄色结晶体，有几种同素异形体，能直接跟大多数金属或卤素（除碘外）化合，用来制造硫酸、火药、火柴、硫化橡胶、杀虫剂，也用来治疗皮肤病等。

〔2〕“著书者误以焚石为矾石”句：李时珍《本草纲目》卷十一“石硫黄”条引梁人陶弘景《名医别录》：“石硫黄生东海牧牛山谷中及太行河西山，

矾石液也。”此处作者辨明硫黄非烧矾石而得的矾石液，这是正确的。

〔3〕“然烧取硫黄”三句：这里说烧硫黄的原料，有的来自当地的特产白石，有的出自煤矿烧矾石。　特生：特产。　白石：可能指含硫量较低而色浅的白铁矿。煤矿烧矾石则是指含煤的黄铁矿石。

〔4〕中国有温泉处必有硫黄：我国温泉遍布，是指温度在当地年平均气温以上的泉水，温泉的成因是由于泉源靠近大山，或者由于泉中所含矿物释放出热量。李时珍在《本草纲目》卷十一“石硫黄”条中说：“凡产石硫黄之处，必有温泉作硫黄气。”硫黄泉确实含有硫黄。作者在下文言李时珍之说乃“意度言之”是不对的。

〔5〕东海：今山东、江苏沿海地区。　广南：今广东、广西地区。

〔6〕石：指黄铁矿石。　煤矿石：含煤的黄铁矿石。

〔7〕陶家：陶瓷工人。

〔8〕鱼袋：唐代五品以上官员盛放鱼符的袋，三品以上饰金，五品以上饰银，以分贵贱，宋代无鱼符，但仍佩鱼袋。

〔9〕凡火药，硫为纯阳，硝为纯阴：古代唯物主义哲学家认为阳与阴是贯穿一切事物的两个对立面，用它们的相互作用来解释自然界的变化。宋应星就持这种观点。

〔10〕硫黄不产北狄：北狄，古代指北方的少数民族，这里指北方地区。现在已知全国各地都出产硫黄，尤以山西为丰富。

〔11〕西洋：南宋开始今南海以西及沿海地区，远至印度和非洲东部，称为西洋。　红夷：指荷兰。

〔12〕“其琉球土硫黄”三句：环太平洋一带分布很多火山，火山活动形成了自然硫矿床。有些火山附近的温泉溶有自然硫，或溶有硫化氢，也有从冷泉沉淀自然硫的。作者否认土硫黄、水硫黄的存在是不正确的。

烧取硫磺图。《天工开物》插图。硫磺是制造火药的必备材料，阳性的硫遇见阴性的硝，产生作用后即可爆炸。烧制硫磺时，应将矿石居中堆放，周围包裹堆积煤饼，再在外围以泥石造炉，炉顶留口，用特制的卷边陶钵盖住，在烧制的过程中会有黄色的气体上升，遇钵盖变为液体流入卷边槽中，通过导管收集起来，再凝炼这些黄色液体，便可以获取固体的硫磺。

砒石[1]

凡烧砒霜[2]质料，似土而坚，似石而碎，穴土数尺而取之。江西信郡、河南信阳州[3]皆有砒井，故名信石。近则出产独盛衡阳，一厂有造至万钧者。凡砒石井中，其上常有浊绿水，先绞水尽，然后下凿。

砒有红白两种[4]，各因所出原石色烧成。凡烧砒，下鞠土窑[5]，纳石其上，上砌曲突[6]，以铁釜倒悬覆突口。其下灼炭举火，其烟气从曲突内熏贴釜上。度其已贴一层，厚结寸许，下复熄火，待前烟冷定，又举次火[7]。熏贴如前。一釜之内，数层已满，然后提下，毁釜而取砒。故今砒底有铁沙，即破釜滓也。凡白砒止此一法。红砒则分金炉内银铜恼气有闪成者[8]。

凡烧砒时，立者必于上风十余丈外。下风所近，草木皆死。烧砒之人，经两载即改徙，否则须发尽落。此物生人食过分厘立死[9]。然每岁千万金钱速售不滞者，以晋地菽麦必用拌种，且驱田中黄鼠害；宁、绍郡[10]稻田必用蘸秧根，则丰收也。不然，火药[11]与染铜[12]需用能几何哉！

注释

〔1〕砒石：砷矿石，又叫信石。有数十种，常用的有白砒石、红砒石和氧化矿石三种。

〔2〕砒霜：无机化合物，是不纯的三氧化二砷。白色粉末，有时略带黄色和红色，毒性很强，可做杀虫、杀鼠药。

〔3〕江西信郡：今江西上饶地区。　河南信阳州：今河南信阳市。

〔4〕砒有红白两种：红砒含有杂质，白色是较为纯的砒霜。

〔5〕鞠土窑：弯腰挖建土窑。

〔6〕曲突：弯曲的烟囱。　突：烟囱，也作“堗”。

〔7〕“其下灼炭举火，其烟气从曲突内熏贴釜上。度其已贴一层，厚结寸许，下复熄火，待前烟冷定，又举次火”：土法烧砒，是顺着山坡建造长烟道

收砒，砷矿石经焙烧后可以自燃，氧化后通过若干个收砒室的烟道而冷凝下来。这种方法比较安全，且回收率高。

〔8〕分金炉内银铜恼气有闪成者：在冶炼含砷的银铜矿时，从分金炉内放出的蒸气冷结而成。　恼气：引申为蒸气。　闪成：引申为冷却。

〔9〕此物生人食过分厘立死：砒霜有剧毒，人的中毒量是0.01—0.05克，致死量是0.06—0.2克。主要是呼吸道和胃肠引起中毒，黏膜和皮肤也会引起中毒。

〔10〕宁、绍郡：今浙江宁波、绍兴一带。

〔11〕火药：从宋代《武经总要》以来，历代兵书火药配方中常含有砒霜。主要是为了使火药具有毒性，同时使爆炸声更大。

〔12〕染铜：将砒霜等药物加入纯铜中炼成白铜。

烧砒图。《天工开物》插图。砒即砒霜，有剧毒，砒的获取必须通过对砒石的烧制来提炼。通常烧制砒石要用窑，窑顶留烟囱，以铁锅扣之，烧砒的燃料不能用煤，要用柴薪，烧制时会有熏烟上升附着在铁锅内壁，这些附着物经过反复冷却、燃烧的过程后，将其剥离下来，就成为砒霜了。

膏液[1] 第十二

宋子曰：天道平分昼夜，而人工继晷以襄事[2]，岂好劳而恶逸哉？使织女燃薪，书生映雪[3]，所济成何事也？草木之实，其中韫[4]藏膏液，而不能自流。假媒水火，凭借木石，而后倾注而出焉。此人巧聪明，不知于何禀[5]度也。

人间负重致远，恃有舟车。乃车得一铢而辖转，舟得一石而罅完，非此物之为功也不可行矣。至菹[6]蔬之登釜也，莫或膏之，犹啼儿之失乳焉。斯其功用一端而已哉？

注释

〔1〕膏液：油脂。膏，指脂肪，常温下是固态；液，指油，常温下是液态。

〔2〕继晷以襄事：夜以继日地工作。　晷：日影，引申为白天。　襄：帮助。

〔3〕书生映雪：传晋朝人孙康家贫，常映雪读书。古人以此激励青年学子发愤读书。

〔4〕韫：包含，蕴藏。

〔5〕禀：承受，生成的。

〔6〕菹：酸菜，同“菹”。

注释者按

我们现代人用油大抵分成三个类型：食用油、工业用油以及燃料用油。在古代，油的用途大约也是用于这三个方面：烹饪炒菜；给车轴上油，加固舟船等；以及点燃油灯。当时，油的来源除对动物油脂的提取外，主要还靠对含油性的植物果实的榨取来获得。对于人们对植物油的认识和获取到底从何开始，我们已无从考证，但原始的用油原料和榨取方式，却一直延续至今。

油品

凡油供馔食用者，胡麻[1]（一名脂麻）、莱菔[2]子、黄豆、菘菜[3]子（一名白菜）为上，苏麻[4]（形似紫苏[5]，粒大于胡麻）、芸苔[6]子次之（江南名菜子）、樣[7]子（其树高丈余，子如金罂子[8]，去肉取仁）次之，苋菜[9]子次之，大麻[10]仁（粒如胡荽[11]子，剥取其皮，为䋲索用者）为下。燃灯则桕[12]仁内水油为上，芸苔次之，亚麻[13]子（陕西所种俗名壁虱脂麻，气恶不堪食）次之，棉花子次之，胡麻次之（燃灯最易竭），桐油[14]与桕混油为下（桐油毒气熏人，桕油连皮膜则冻结不清）。造烛则桕皮油为上，蓖麻[15]子次之，桕混油每斤入白蜡冻结次之，白蜡结冻诸清油又次之，樟树[16]子油又次之（其光不减，但有避香气者），冬青[17]子油又次之（韶郡[18]专用，嫌其油少，故列次）。北土广用牛油，则为下矣。

凡胡麻与蓖麻子、樟树子，每石得油四十斤。莱菔子每石得油二十七斤（甘美异常，益人五脏）。芸苔子每石得三十斤，其耨勤而地沃、榨法精到者，仍得四十斤（陈历一年，则空内而无油）。樣子每石得油一十五斤（油味似猪脂，甚美，其枯则止可种火及毒鱼用）。桐子仁每石得油三十三斤。桕子分打时，皮油得二十斤、水油得十五斤，混打时共得三十三斤（此须绝净者）。冬青子每石得油十二斤。黄豆每石得油九斤（吴下[19]取油食后以其饼充豕粮）。菘菜子每石得油三十斤（油出清如绿水）。棉花子每百斤得油七斤（初出甚黑浊，澄半月清甚）。苋菜子每石得油三十斤（味甚甘美，嫌性冷滑）。亚麻、大麻仁每石得油二十余斤。此其大端。其他未穷究试验，与失一方已试而他方未知者，尚有待云。

注释

〔1〕胡麻：即芝麻，属胡麻科。一年生草本植物，种子小而扁平，有白、黑、黄、褐等颜色，含有丰富的脂肪，是重要的油料作物。芝麻油是高级的食用油，具有特殊香味，称为“香油”。原产于非洲，后由我国西域地区传入中原，故称胡麻。

〔2〕莱菔：即萝卜，十字花科。种子油可供制肥皂、润滑油，四川部分地区农民作食用油。

〔3〕菘菜：俗称大白菜、黄芽菜，十字花科。种子含油率36.6%。

〔4〕苏麻：即白苏，也叫荏，唇形科，嫩叶可以吃，种子可以榨油，供食用或作涂料。出油率45%。

〔5〕紫苏：又叫回回苏，唇形科。嫩叶作蔬菜，茎叶可入药。

〔6〕芸苔：即油菜，十字花科，种子含油率高，达42.2%，是我国南方常用食用油之一。

〔7〕榛：即油茶，茶科植物。是我国长江流域及南方各省区广泛栽培的木本油料植物。种子含油率达30%以上，供食用及工业用。油渣俗称茶麸，可作洗涤剂，并有杀虫作用。

〔8〕金罂子：蔷薇科植物。果实可供酿酒，可入药。

〔9〕苋菜：苋科植物，一年生草本，幼苗可食用。种子含油率7%。

〔10〕大麻：俗称“火麻”，大麻科植物。种子油可作油漆和制肥皂，经提炼后亦可食用。

〔11〕胡荽：又名芫荽，俗称“香菜”，伞形科植物。种子可榨油。

〔12〕桕：乌桕，大戟科植物。种子榨出的油分三种：整个乌桕子榨出的叫桕混油或木油，用桕子皮膜榨出的叫桕皮油，单用白色核仁榨出的叫子油或叫水油。子油含有毒素，不能食用，可供制油漆或作机械润滑油。皮油可作蜡烛与肥皂的原料，并可作生产硬脂酸和油酸的原料。桕混油多用于制肥皂和蜡烛。

〔13〕亚麻：属亚麻科，作为榨油原料叫“胡麻子”，种子油叫亚麻仁油，可供食用或作油漆涂料、印刷油墨的原料和油画调色油，也可入药。

〔14〕桐油：油桐，落叶乔木，大戟科植物。是我国重要的木本油料植物。桐油是用作制造油漆的最好原料。

〔15〕蓖麻：大戟科植物。蓖麻油是一种很好的润滑油，在工业上用途极大。

〔16〕樟树：樟科植物。果核油是较好的皂用油脂原料。

〔17〕冬青：属冬青科。种子油可供制肥皂、机械润滑等用。

〔18〕韶郡：今广东韶关。

〔19〕吴下：指江苏南部、浙江北部 带。

法具[1]

凡取油，榨法而外，有两镬[2]煮取法以治蓖麻与苏麻；北京有磨法、朝鲜有舂法，以治胡麻。其余则皆从榨出也。

凡榨木巨者，围必合抱，而中空之，其木樟为上，檀与杞[3]次之（杞木为者防地湿则速朽）。此三木者脉理循环结长[4]，非有纵直纹。故竭力挥推（椎），实尖其中，而两头无璺[5]拆之患，他木有纵文者不可为也。中土江北少合抱木者，则取四根合并为之，铁箍[6]裹定，横栓串合而空其中，以受诸质，则散木有完木之用也。凡开榨，空中其量随木大小，大者受一石有余，小者受五斗不足。凡开榨，辟中凿划平槽一条，以宛凿入中，削圆上下，下沿凿一小孔，刷[7]一小槽，使油出之时流入承藉器中。其平槽约长三四尺，阔三四寸，视其身而为之，无定式也。实槽尖与枋[8]唯檀木、柞子木[9]两者宜为之，他木无望焉。其尖过斤斧而不过刨，盖欲其涩，不欲其滑，惧报转也。撞木与受撞之尖皆以铁圈裹首，惧披散也。

榨具已整理，则取诸麻菜子入釜，文火慢炒（凡柏桐之类属树木生者，皆不炒而碾蒸），透出香气，然后碾碎受蒸。凡炒诸麻菜子，宜铸平底锅，深止六寸者，投子仁于内，翻拌最勤。若釜底太深，翻拌疏慢，则火候交伤，减丧油质。炒锅亦斜安灶上，与蒸锅大异。凡碾埋槽土内（木为者以铁片掩之），其上以木竿衔铁陀，两人对举而推之。资本广者则砌石为牛碾，一牛之力可敌十人。亦有不受碾而受磨者，则棉子之类是也。既碾而筛，择粗者再碾，细者则入釜甑受蒸，蒸气腾足取出，以稻秸与麦秸包裹如饼形。其饼外圈箍，或用铁打成，或破篾绞刺而成，与榨中则寸相稳合。凡油原因气取[10]，有生于无，出甑之时，包裹怠缓，则水火郁[11]蒸之气游走，为此损油。能者疾倾疾裹而疾箍之，得油之多，诀由于此。榨工有自少至老而不知者。包裹既定，装入榨中，随其量满，挥撞挤轧，而流泉出焉矣。包内油出滓存，名曰枯饼。凡胡麻、莱菔、芸苔诸饼皆重新碾碎、筛去秸芒[12]，再蒸、再裹而再榨之，初次得油二分，二次得油一分。若柏、桐诸物，则一榨已尽流出，不必再也。

若水煮法[13]，则并用两釜。将蓖麻、苏麻子碾碎，入一釜中，注水滚煎，其上浮沫即油。以杓掠取，倾于干釜内，其下慢火熬干水气，油即成矣。然得油之数毕竟减杀。北磨麻油法，以粗麻布袋捩绞，其法再详。

注释

〔1〕法具：榨油的方法和器具。

〔2〕镬：锅。

〔3〕杞：杞柳，杨柳科，落叶丛生灌木。木材可做车轮等。

〔4〕脉理循环结长：木材的纤维组织相互缠绕。

〔5〕璺：同纹。陶瓷、玻璃等器具上的裂纹。

〔6〕箍：用竹篾或金属条捆紧物件外围的圈儿。

〔7〕�：削。

〔8〕枋：四棱合形木块。逐块插入榨槽中间，以挤压油料出油。

〔9〕柞子木：大风子科植物，常绿灌木或小乔木，木材坚硬。

〔10〕凡油原因气取：油分要通过蒸气加温调节水分，才会随着热的水蒸气流出。

〔11〕郁：闭结。

〔12〕芒：种子壳上的细刺。

〔13〕水煮法：即水代法制油（以水代油法）。

炒油籽。《天工开物》插图。榨油前先要炒籽或蒸热油籽，是炒还是蒸，取决于不同的果实。通常，榨油要乘油籽炒热或蒸热时就包裹好进行挤压，这时榨取获得的油量较大，头遍榨取后，包裹中的残渣还可以再加热，进行二遍、三遍榨，直至油脂全部流尽。图为蒸、炒油籽的场面。

南方榨。《天工开物》插图。南方榨是一种榨油工具，使用时必须倾斜，用木栓固定，使其一头高一头低，待榨油原料放入后，将一些被称作枋、叶子、挂子、溜子等的填塞物置入，由几个人通力合作，用旋于梁上的撞杆一点点慢慢撞击这些填塞物，使其挤压进去而增加压力，使油汁顺槽口流出。

广西壮族自治区南宁市的一件闲置的民国时期的南方榨及其局部实物照片。

皮油

凡皮油造烛法起广信郡。其法取洁净桕子，囫囵[1]入釜甑蒸，蒸后倾于臼内受舂。其臼深约尺五寸，碓以石为身，不用铁嘴。石取深山结而腻者，轻重斫[2]成限四十斤，上嵌衡木之上而舂之。其皮膜上油尽脱骨而纷落，挖起，筛于盘内再蒸，包裹入榨皆同前法。皮油已落尽，其骨为黑子。用冷腻[3]小石磨不惧火煅者（此磨亦从信郡深山觅取），以红火矢围壅煅热[4]，将黑子逐把灌入疾磨。磨破之时，风扇去其黑壳，则其内完全白仁，与梧桐子无异。将此碾蒸，包裹入榨，与前法同。榨出水油，清亮无比，贮小盏之中，独根心草[5]燃至天明，盖诸清油所不及者。入食馔即不伤人，恐有忌者，宁不用耳。其皮油造烛，截苦竹[6]筒两破，水中煮涨（不然则粘带），小篾箍勒定，用鹰嘴铁杓挽油灌入，即成一枝。插心于内。顷刻冻结，捋[7]箍开筒而取之。或削棍为模，裁纸一方，卷于其上而成纸筒，灌入亦成一烛。此烛任置风尘中，再经寒暑，不敝坏也。

注释

〔1〕囫囵：完整，整个儿。

〔2〕斫：用刀斧砍。

〔3〕冷腻：冷滑。

〔4〕以红火矢围壅煅热：以烧红的炭火在周围烘热。　火矢：木炭的俗称。

〔5〕心草：灯芯草，灯芯草料。多年生沼泽草木，茎可以造纸、织席，旧时人们常以茎的中心白色部分用作油灯的灯芯，故名。

〔6〕苦竹：禾本科，分布于长江流域和秦岭一带，秆可作造纸原料和制伞柄等，又称伞柄竹。

〔7〕捋：用手把物顺势抹过去，使物体顺溜或干净。

此碓首信州山中石爲之重額四十斤

碓和磨。《天工开物》插图。榨油的原理就是通过挤压使油汁从果实中分离出来，所以，传统的舂捣和碾磨工具长久以来也作为榨油器具使用。当然，由于使用功能的差异，与粮食粉碎加工相比，同为碓和磨，其材质的选择、磨或碓细节处的设计是完全不一样的。图中表现的就是磨油和脚踏碓油的场景。

杀青[1] 第十三

宋子曰：物象精华，乾坤[2]微妙，古传今而华达夷[3]，使后起含生[4]，目授而心识之，承载者以何物哉？君与民通，师将弟命[5]，凭借咕咕口语[6]，其与几何？持寸符，握半卷[7]，终事诠旨[8]，风行而冰释[9]焉。覆载之间之借有楮先生[10]也，圣顽[11]咸嘉赖之矣。身为竹骨与木皮[12]，杀其青而白乃见[13]，万卷百家，基从此起。其精在此，而其粗效于障风、护物之间[14]。事已开于上古[15]，而使汉、晋时人擅名记者[16]，何其陋哉！

注释

〔1〕杀青：语出《后汉书·吴祐传》："祐父恢欲杀青简以写经书。"李贤注："以火炙简令汗，取其青易书，复不蠹，谓之杀青。亦谓汗简。"也有认为，古人著书，初稿写于青竹皮上，改定后再削去青皮，书于竹白，谓之杀青。此处是指洗掉浸烂后的竹青以造纸。泛指造纸。

〔2〕乾坤：指天地、阴阳等。

〔3〕华：指华夏族（汉族）。　夷：泛指我国少数民族。

〔4〕含生：佛教名词，泛指一切有生命的东西。

〔5〕君与民通，师将弟命：君民之间通过授命请旨来沟通，老师传授课业给弟子。

〔6〕咕咕口语：喋喋不休的意思。

〔7〕持寸符，握半卷：拿一张文书，握半卷教材。　符：古代朝廷传达命令或调兵遣将的凭证，分别用金、玉、铜或竹制成整体后剖开，双方各执一半，合起来完整就可以证明传达的命令是真的。此处借指各种文书或布告。

〔8〕诠旨：说明事物的道理。诠：说明，解释。旨：意旨，道理。

〔9〕风行而冰释：比喻流传得快和解释得清楚。

〔10〕楮先生：唐朝韩愈写过一篇《毛颖传》，文中以物拟人，称笔为毛颖，纸为楮先生。楮，又称榖树，桑科植物，其韧皮纤维是优良的造纸原料。因此以"楮"为纸的代称。

〔11〕圣顽：圣，指聪明的人；顽，指愚笨的人。

〔12〕身为竹骨与木皮：指造纸原料为竹的茎秆和树皮。

〔13〕杀其青而白乃见：将竹竿和树皮外面的青皮去掉后，经过加工处理就能造成白纸。

〔14〕其精在此，而其粗效于障风、护物：上等的纸用于书写、印书，而粗纸用于糊窗和包装。

〔15〕事已开于上古：纸始于上古尚无文献及实物证明，1957年5月在陕西省灞桥出土的古纸，是世界上现存最早的植物纤维纸。也是西汉古墓中发现的，至今未见有更早的。

〔16〕使汉、晋时人擅名记者：使汉晋时人独揽发明造纸的名声而载诸史册。作者针对《后汉书·蔡伦传》的记载，不同意将发明造纸之事归在汉晋某个人名下。

注释者按

造纸术是中国古代四大发明之一，在没有纸张之前，我们结绳记事，而后以竹简书写。纸张的出现，对人类记录和阅读的方式产生了变革，使知识以及人类精神的传播变得便捷，也使印刷术的发明成为可能。我们都知道纸张的发明者是东汉宦官蔡伦，但一些出土文物证实，纸在西汉时即有之，比如1933年在新疆出土了公元前一世纪的西汉麻纸，1957年在西安灞桥又出土公元前二世纪的西汉初期纸张，所以中国纸张的最早出现时间，可以推至西汉时期。不过值得注意的是，这个时期的纸张纤维含量还很粗糙，不易书写，几近"絮"状。东汉时，蔡伦以担当尚方令一职的便利，推广并改进了造纸的技术，才使纸成为真正意义上的书写用纸。

纸料

凡纸质，用楮树（一名穀树）皮与桑穰[1]、芙蓉[2]膜等诸物者，为皮纸。用竹、麻者为竹纸。精者极其洁白，供书文印文、柬、启[3]用；粗者为火纸[4]、包果（裹）纸。所谓“杀青”，以斩竹得名，“汗青”以煮沥得名，简即已成纸名[5]。乃煮竹成简，后人遂疑削竹片以纪事，而又误疑韦编为皮条穿竹札也[6]。秦火[7]未经时，书籍繁甚，削竹能藏几何！如西番[8]用贝树造成纸叶，中华又疑以贝叶书经典。不知树叶离根即焦，与削竹同一可哂[9]也。

注释

〔1〕桑穰：桑树去掉外表青皮后的第二层皮，俗称桑白皮。穰：禾茎内包的白色柔软的部分。

〔2〕芙蓉：木芙蓉，锦葵科植物。芙蓉膜即木芙蓉的韧皮，可用作纸纤维原料。

〔3〕柬：信件、名片、帖子等的统称。　启：旧时文体之一，较简短的书信。

〔4〕火纸：宗教、迷信用纸，供焚烧用。

〔5〕“所谓杀青”四句：杀青、汗青其实都是制竹简的程序，并非用水煮沥，而是用火烘焙。“简即已成纸名”是将竹简与纸混为一谈。其实是两回事。后人也有把简称为纸，那是简字意义的引申。

〔6〕“后人遂疑削竹片以纪事”二句：作者怀疑古代以竹片编串成册以记事的事实，这是其知识、阅历的局限，其实古代竹简在明以前已有出土。

〔7〕秦火：秦始皇焚书一事。

〔8〕西番：泛指中国古代西部的少数民族，旧时文献对西洋人也称西番，此处指印度。贝树：也称“贝多罗”树，是梵文PATTRA的音译，产于印度、巴基斯坦、斯里兰卡等地，叶子经水沤后可代纸用，古代印度人多用来写佛经。

〔9〕可哂：可笑。

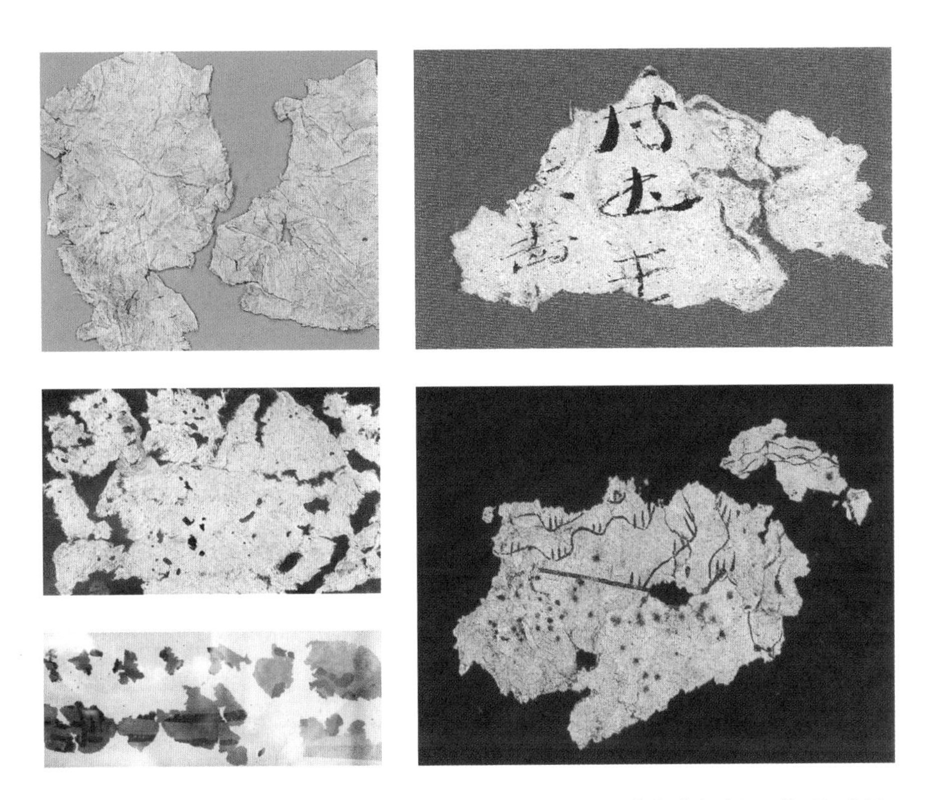

图中古纸标本前四件都是西汉时期的，分别为敦煌市马圈湾烽隧遗址出土的西汉麻纸、西汉肩水金关纸、敦煌悬泉置遗址出土的纸文书、天水市放马滩5号墓出土的西汉纸本地图。最后一件是1974年在甘肃武威旱滩坡出土的东汉时期带有书写痕迹的纸残片。比照西汉和东汉纸张的特点，我们从感官上就能够感受到它们的差异。

造竹纸

凡造竹纸，事出南方，而闽省独专其盛。当笋生之后，看视山窝深浅，其竹以将生枝叶者为上料。节界芒种[1]，则登山砍伐。截断五、七尺长，就于本山开塘一口，汪（注）水其中漂浸。恐塘水有涸[2]时，则用竹枧通引，不断瀑流注入。浸至百日之外，加功槌[3]洗，洗去粗壳与青皮（是名杀青），其中竹穰形同苎麻样。用上好石灰化汁涂浆，入楻桶[4]下煮，火以八日八夜为率。

凡煮竹，下锅用径二尺者，锅上泥与石灰捏弦，高阔如广中煮盐牢盆[5]样，中可载水十余石。上盖楻桶，其围丈五尺，其径四尺余。盖定受煮，八日已足。歇火一日，揭楻取出竹麻，入清水漂塘之内洗净。其塘底面、四维皆用木板合缝砌完，以妨（防）泥污（造粗纸者不须为此）。洗净，用柴灰浆过，再入釜中，其上按平，平铺稻草灰寸许。桶内水滚沸，即取出别桶之中，仍以灰汁淋下。倘水冷，烧滚再淋。如是十余日，自然臭烂。取出入臼受舂（山国[6]皆有水碓），舂至形同泥面，倾入槽内。凡抄纸槽，上合方斗，尺寸阔狭，槽视帘，帘视纸。竹麻已成，槽内清水浸浮其面三寸许，入纸药[7]水汁于其中（形同桃竹叶，方语无定名[8]），则水干自成洁白。

凡抄纸帘，用刮磨绝细竹丝编成。展卷张开时，下有纵横架框。两手持帘入水，荡起竹麻入于帘内。厚薄由人手法，轻荡则薄，重荡则厚。竹料浮帘之顷，水从四际淋下槽内，然后覆帘，落纸于板上，叠积千万张。数满则上以板压，俏绳入棍，如榨酒法，使水气净尽流干。然后以轻细铜镊[9]逐张揭起焙干。

凡焙纸，先以土砖砌成夹巷，下以砖盖。巷地面数块以往，即空一砖。火薪从头穴烧发，火气从砖隙透巷外。砖尽热，湿纸逐张贴上焙干，揭起成帙。近世阔幅者，名大四连。一时书文贵重，其废纸洗去朱墨污秽，浸烂入槽再造，全省从前煮浸之力，依然成纸，耗亦不多。南方竹贱之国，不以为然。北方即寸条片角在地，随手拾取再造，名曰还魂纸。竹与皮，精与粗，皆同之也。若火纸糙纸，斩竹煮麻，灰浆水淋，皆同前法，唯脱帘之后，不用烘焙，压水去湿，日晒成干而已。盛唐时，鬼神事繁，以纸钱代焚帛（北方用切条，名曰板钱），故造此者名曰火纸。荆楚[10]近俗，有一焚侈至千斤者。此纸十七供冥烧，十三供日用，其最粗而厚者，名曰包裹纸，则竹麻和宿田[11]晚稻稿所为也。若铅山[12]诸邑所造柬纸，则全用细竹料厚质荡成，以射[13]重价。最上者曰官柬。富贵之家，通刺[14]（刺）用之。其纸敦厚而无筋膜，染红为吉柬[15]，则先以白矾水染过，后上红花汁云。

注释

〔1〕界：界限。通“届”，至，到。　芒种：二十四节气之一，在公历6月5、6日左右，此时我国长江中下游地区将进入多雨的黄梅时节。农民将忙于夏收、夏种和夏管。

〔2〕涸：水干，枯竭。

〔3〕椎：通“棰”，用棒椎敲打。

〔4〕楻桶：蒸煮锅上有把手的木桶。

〔5〕广：古代广东的简称。　牢盆：古代煮盐器。

〔6〕山国：指山区。

〔7〕纸药：在纸槽中起悬浮剂作用的植物黏液。

〔8〕桃竹：指猕猴桃科的杨桃藤。　方语：各地方的称呼。

〔9〕镊：镊子，拔除毛发或夹取细小东西的用具，一般用金属制成。

〔10〕荆楚：指湖南、湖北一带地区。这里古代属楚国，又称荆州，所以合称荆楚。

〔11〕宿田：没有种庄稼的隔年田。

〔12〕铅山：县名，在今江西省东北部。

〔13〕射：谋取。

〔14〕通刺：名片。旧时做客访友所用的长方形纸片，上面印有本人的姓名、职位等。

〔15〕吉柬：婚帖。

斩竹漂塘。《天工开物》插图。造纸的原料有多种，都是以植物的皮和杆为主，各种纸的名称也多半与其有关。以竹造纸始于宋代，竹纸的制造首先要杀青，所谓杀青就是将砍下来的嫩竹放在水中浸泡至一定要求，取出后用棒槌捶打，去掉青皮硬壳，使其软化。图中表现的就是浸泡竹节的场景。

煮楻足火。《天工开物》插图。杀青后的竹料要放入适量的石灰，置于木桶中蒸煮八个昼夜，以达到除去竹原料中的有机杂质的目的，然后再进行漂洗蒸煮，漂洗蒸煮的过程需要重复许多次，长达十几天，经过如此地洗练，原料纤维就被慢慢地分解出来了。这道工序是造纸的第二个步骤。

覆帘压纸。《天工开物》插图。这是造纸的第四个程序，即将附有湿纸的竹帘倒扣在板上后小心移开，留下纸页使其一层层地慢慢堆叠起来，再施以重物挤压，排出水分，如此一张张四方形的纸张便成形了。一般来讲，手工造纸平均每个工匠每日只能做三五百张。

荡料入帘。《天工开物》插图。

抄纸，英国维多利亚阿伯特博物馆收藏的1790年间的水彩画。造纸的第三个程序是将已经煮烂的原料放在石臼里舂捣成泥浆状，然后配以适量的水，使纸纤维彻底浸透，以便能够成为悬浮状态，再放置到抄纸槽里，接着用细腻的竹帘在纸浆水中摇晃抄取，过滤掉多余的水分，一张湿纸就沾留在竹帘上了。

透火焙干。《天工开物》插图。如图所示，造纸的最后一道工序是，在用土砖砌成的夹巷中，通过火道中柴薪的加热，使热气上升而烘热外部的墙面，此时将湿纸平铺墙上，待其烘干。干燥了的纸张被揭起收好，便可以使用了。

造皮纸

凡楮树取皮，于春末夏初剥取。树已老者，就根伐去，以土盖之。来年再长新条，其皮更美。

凡皮纸，楮皮六十斤，仍入绝嫩竹麻四十斤，同塘漂浸，同用石灰浆涂，入釜煮糜。近法省啬者，皮竹十七而外，或入宿田稻稿十三，用药得方，仍成洁白。凡皮料坚固纸，其纵文扯断如绵丝，故曰绵纸。衡断〔1〕且费力。其最上一等，供用大内〔2〕糊窗格者，曰棂〔3〕纱纸。此纸自广信郡造，长过七尺，阔过四尺。五色颜料，先滴色汁槽内和成，不由后染。其次曰连四纸〔4〕，连四中最白者曰红上纸。皮名而竹与稻稿参和而成料者，曰揭帖〔5〕呈文纸。芙蓉等皮造者统曰小皮纸，在江西则曰中夹纸。河南所造，未详何草木为质，北供帝京，产亦甚广。又桑皮造者曰桑穰纸，极其敦厚，东浙所产，三吴〔6〕收蚕种者必用之。凡糊雨伞与油扇，皆用小皮纸。

凡造皮纸长阔者，其盛水槽甚宽，巨帘非一人手力所胜，两人对举荡成。若棂纱，则数人方胜其任。凡皮纸供用画幅，先用矾水荡过，则毛茨不起〔7〕。纸以逼帘〔8〕者为正面。盖料即成泥浮其上者，粗意犹存也。朝鲜白硾纸，不知用何质料。倭国有造纸不用帘抄者，煮料成糜时，以巨阔青石覆于炕面，其下爇〔9〕火，使石发烧。然后用糊刷蘸糜，薄刷石面，居然顷刻成纸一张，一揭而起。其朝鲜用此法与否，不可得知。中国有用此法者，亦不可得知也。永嘉〔10〕蠲糨纸，亦桑穰造。四川薛涛〔11〕笺，亦芙蓉皮为料煮糜，入芙蓉花末汁。或当时薛涛所指，遂留名至今。其美在色，不在质料也。

注释

〔1〕衡断：横断。衡通“横”。

〔2〕大内：皇宫内。

〔3〕棂：旧式房屋的窗格。

〔4〕连四纸：元明以来名纸，曾讹称连史纸。产于江西、福建等省。原料用竹，纸质细，色白，经久不变。旧时贵重书籍、碑帖、书画、扇面等多用之。

〔5〕揭帖：明朝制度，内阁直达皇帝的一种机密文件。后来公开的私人启事亦称揭帖。

〔6〕三吴：明时以苏州为东吴，润州为中吴，湖州为西吴，合称三吴。

〔7〕毛茨不起：纸面不起毛。

〔8〕逼帘：贴靠竹帘。

〔9〕爇：焚烧。

〔10〕永嘉：古县名，在今浙江省温州地区。　　蠲糨纸：浙江温州产的上等桑皮纸。以此纸交官府可免赋役，故名“蠲纸”。这是一种用米浆浆过的洁白光滑的纸。

〔11〕薛涛：唐代女诗人（768—831），生于长安，后随父居四川成都。晚年居成都浣花溪，自制彩笺写诗，称为薛涛笺。

卷下

五金　第十四

宋子曰：人有十等，自王公至于舆台，缺一焉，而人纪不立矣[1]。大地生五金，以利用天下与后世，其义亦犹是也。贵者千里一生，促[2]亦五六百里而生。贱者舟车稍艰之国，其土必广生焉。黄金美者，其值去黑铁一万六千倍。然使釜、鬵[3]、斤、斧不呈效于日用之间，即得黄金，直高而无民耳[4]。贸迁有无，货居《周官》[5]泉府，万物司命[6]系焉。其分别美恶而指点重轻，孰开其先，而使相须于不朽焉？

注释

〔1〕“人有十等”句：语出《左传·昭公七年》。古代把人分成王、公、大夫、士、皂、舆、隶、仆、台共十等，前四等属于贵族，后六等属于奴隶。这种等级制度是维护封建社会制度的重要支柱。人纪，人类的纲纪，即三纲五常。

〔2〕促：近。

〔3〕鬵：古代烹饪器具，大釜。

〔4〕即得黄金，直高而无民耳：即使得到了黄金，也不过好像只有高官而没有百姓一样罢了。

〔5〕《周官》：是古书《周礼》的原名，西汉刘歆把它改称《周礼》。　泉府：官名，为周礼中所述的地官之属，掌管收购货物，调节供求以及信用借贷等事务。此处引泉府之典，意在指出金属铸成货币作为贸易支付手段。

〔6〕司命：古代传说能操纵人的命运的神，有时也指灶神。这里指命运、命脉。

注释者按

任何一种事物都有自己的特性，金、银、铜、铁、锡、铅、锌等金属，在它们被人类发现和被利用的过程中，逐渐形成了不同的地位，这种等级之差并非是其品质的显现，而是人类赋予它们的属性，但黄金的“贵”和生铁的“贱”，与我们日常生活的关系却是等同的，其作用之大小常常难以定论。关于对各类金属的开采和冶炼，我国很久之前就已经开始，尤其是对铜铁合金的冶炼和运用，是人类聪明才智的充分显现。

黄金

凡黄金为五金之长，熔化成形之后，住世永无变更。白银入洪炉虽无折耗[1]，但火候足时，鼓鞲（韛）而金花闪烁，一现即没，再鼓则沉而不现。惟黄金则竭力鼓鞲（韛），一扇一花，愈烈愈现，其质所以贵也。

凡中国产金之区，大约百余处，难以枚举。山石中所出，大者名马蹄金，中者名橄榄金、带胯金[2]，小者名瓜子金。水沙中所出，大者名狗头金，小者名麸麦金、糠金。平地掘井得者，名面沙金，大者名豆粒金。皆待先淘洗后冶炼而成颗块。

金多出西南，取者穴山至十余丈，见伴金石，即可见金。其石褐色，一头如火烧黑状。水金多者出云南金沙江（古名丽水），此水源出吐蕃[3]，绕流丽江府[4]，至于北胜州[5]，回环五百余里，出金者有数截。又川北潼川等州邑与湖广沅陵、溆浦[6]等，皆于江沙水中，淘沃取金。千百中间有获狗头金一块者，名曰金母，其余皆麸麦形。入冶煎炼，初出色浅黄，再炼而后转赤也。儋、崖[7]有金田，金杂沙土之中，不必深求而得，取太频则不复产，经年淘炼，若有则限。然岭南夷獠[8]洞穴中，金初出如黑铁落[9]，深挖数丈得之黑焦石下[10]。初得时咬之柔软，夫匠有吞窃腹中者，亦不伤人[11]。河南蔡、巩[12]等州邑，江西乐平、新建[13]等邑，皆平地掘深井取细沙淘炼成，但酬答人功，所获亦无几耳。大抵赤县之内，隔千里而一生[14]。《岭表录》[15]云："居民有从鹅鸭屎中淘出片屑者，或日得一两，或空无所获。"[16]此恐妄记也。

凡金质至重。每铜方寸重一两者，银照依其则寸增重三钱；银方寸重一两者，金照依其则寸增重二钱。凡金性又柔，可屈折如枝柳。其高下色[17]，分七青、八黄、九紫、十赤。登试金石[18]上（此石广信郡河中甚多，大者如斗，小者如拳，入鹅汤中一煮，光黑如漆），立见分明。凡足色金参和伪售者，唯银可入，余物无望焉。欲去银存金，则将其金打成薄片剪碎，每块以土泥裹涂，入坩埚中，鹏砂[19]熔化，其银即吸入土内，让金流出，以成足色。然后入铅少许，另入坩埚内，勾出土内银，亦毫厘具在也[20]。

凡色至于金，为人间华美贵重，故人工成箔而后施之。凡金箔每金七厘[21]造方寸金一千片，粘铺物面，可盖纵横三尺。凡造金箔，既成薄片后，包入乌金纸内，竭力挥椎打成（打金椎，短柄，约重八斤）。凡乌金纸由苏杭造成，其纸用东海巨竹膜为质。用豆油点灯，闭塞周围，止留针孔通气，熏染烟光而成此纸。每纸一张，打金箔五十度，然后弃去，为药铺包朱用，尚未破损，盖人巧造成异物也。凡纸内打成箔后，先用硝熟猫皮绷急[22]为小方板，又铺线香[23]灰撒墁皮上，取出乌金纸内箔，覆于其上，钝刀界画成方寸。口中屏息，手执轻杖，唾湿而挑起，夹于小纸之中，以之华物，先以熟漆布地，然后粘贴（贴字者多用楮树浆）。秦中[24]造皮金者，硝扩羊皮使最薄，贴金其上，以便剪裁服饰用。皆煌煌至色存焉。凡金箔粘物，他日敝弃之时，刮削火化，其金仍藏灰内。滴清油[25]数点，伴落聚底，淘洗入炉，毫厘无恙。

凡假借金色者，杭扇以银箔为质，红花子[26]油刷盖，向火熏成。广南货物，以蝉蜕壳调水描画，向火一微炙而就。非真金色也。其金成器物，呈分浅淡者，以黄矾[27]涂染，炭木炸炙[28]，即成赤宝色。然风尘逐渐淡去，见火又即还原耳（黄矾详《燔石》卷）。

注释

〔1〕“白银入洪炉虽无折耗”二句：在高温下银较易氧化，而金不易氧化。

〔2〕带胯金：可以系在腰带上作为装饰品的金料。

〔3〕吐蕃：古时居住在青藏高原一带的人。这里指青藏高原。

〔4〕丽江府：今云南省怒江流域以东，丽江县以北地区。

〔5〕北胜州：古州名，即今云南省永胜县。

〔6〕潼川：古郡名，即今四川省梓潼县。　湖广：明代行省名，即今湖南、湖北省地带。　沅陵、溆浦：均县名，在湖南省西部沅水中上游。

〔7〕儋、崖：县名，分别在海南岛的西北部和南部。

〔8〕岭南夷獠：岭，指五岭，即越城、都庞、萌渚、骑田、大庾五岭的总称，在今湖南、江西、广东、广西等省区边境。　夷獠：这里对岭南少数民族的蔑称。

〔9〕铁落：指氧化铁屑。

〔10〕得之黑焦石下：金矿脉中常伴生着氧化铁、氧化铜和氧化亚铅等矿物，这些矿石都是黑色的。

〔11〕"初得时咬之柔软"句：此说见《本草纲目》卷八《金》条引陈藏器《本草拾遗》云："生金生岭南夷獠洞穴山中……咬时极软，即是真金，夫匠窃而吞者，不见有毒。"李时珍引用此说后遂即于同条《发明》栏内予以说明。然作者未加细审李时珍之精论，而误信初生金柔软可吞之说。事实上相当量的金子吞进肚子里去，是会坠穿肠胃而致死的。

〔12〕蔡、巩：古州名，在今河南省东部的汝南县一带和中部的巩县。

〔13〕乐平、新建：皆江西省县名，乐平离景德镇不远，新建临近鄱阳湖。

〔14〕赤县：指中国。　隔千里而一生：形容产金之处很少。

〔15〕《岭表录》：即唐刘恂《岭表录异》，是一部记载岭南各地风俗、物产的地理著作。

〔16〕"居民有从鹅鸭屎中淘出片屑者"句：接近金矿的河沙中含有金，鹅鸭吃了这种沙，消化不了，便会排泄出来。此说未必是"妄记"，但日得一两，也不一定。

〔17〕高下色：色指成分，即所谓"成色"。成色有高下，即所含金的百分比不同。

〔18〕试金石：黑色硅质岩砾石。《本草纲目》卷八亦提出将黄金样品在石面上划出条痕，成色不同便呈现不同颜色，这是早期黄金成色鉴定法。

〔19〕鹏砂：即硼砂，学名为十水四硼酸钠。硼酸的熔点比较低，在掺入金银时能起助熔作用。

〔20〕"然后入铅少许"句：就是今天的"熔融提取法"，在当时来说是相当先进的。坩埚里已熔的铅能够把金（特别是银）熔在其中。

〔21〕七厘：经换算后应为"七分"。

〔22〕绷急：张开拉紧。

〔23〕线香：用某些植物香料混合研末制成细长如线的香，可供熏焚。

〔24〕秦中：古地区名，在今陕西省中部平原地区。
〔25〕清油：即菜籽油。
〔26〕红花子：红花是菊科植物，籽可榨油。
〔27〕黄矾：含九个结晶水的硫酸铁，黄色。
〔28〕炭火炸炙：用炭火烘。

银

凡银中国所出：浙江、福建旧有坑场，国初[1]或采或闭。江西饶、信、瑞[2]三郡，有坑从未开。湖广则出辰州[3]，贵州则出铜仁[4]，河南则宜阳[5]赵保山、永宁[6]秋树坡、卢氏高嘴儿、嵩县马槽山，与四川会川[7]密勒山、甘肃大黄山等，皆称美矿。其他难以枚举。然生气有限，每逢开采，数不足，则括派以赔偿；法不严，则窃争而酿乱，故禁戒不得不苛。燕齐诸道，则地气寒而石骨薄，不产金银[8]。然合八省所生，不敌云南之半，故开矿煎银，唯滇中可永行也。

凡云南银矿：楚雄、永昌、大理[9]为最盛，曲靖、姚安[10]次之，镇沅[11]又次之。凡石山硐中有铆砂，其上现磊然小石，微带褐色者，分丫成径路[12]。采者穴土十丈或二十丈，工程不可日月计。寻见土内银苗，然后得礁砂[13]所在。凡礁砂藏深土，如枝分派别，各人随苗分径横挖而寻之。上楮[14]横板架顶，以防崩压。采工篝灯[15]逐径施镬，得矿方止。凡土内银苗，或有黄色碎石，或土隙石缝有乱丝形状，此即去矿不远矣。凡成银者曰礁，至碎者曰砂，其面分丫若枝形者曰铆，其外包环石块曰矿。矿石[16]大者如斗，小者如拳，为弃置无用物。其礁砂形如煤炭[17]，底衬石而不甚黑。其高下有数等（商民凿穴得砂，先呈官府验辨，然后定税）。出土以斗量，付与冶工，高者六七两一斗，中者三四两，最下一二两（其礁砂放光甚者，精华泄漏，得银偏少[18]）。

凡礁砂入炉，先行拣净淘洗。其炉土筑巨墩，高五尺许，底铺瓷屑、炭灰，每炉受礁砂二石。用栗木炭二百斤，周遭丛架。靠炉砌砖墙一朵，高阔皆丈余。风箱安置墙背，合两三人力，带拽透管通风。用墙以抵炎热，鼓鞴之人方克安身。炭尽之时，以长铁叉添入。风火力到，礁砂熔化成团。此时银隐铅中，尚未出脱，计礁砂二石熔出团约重百斤。冷定取出，另入分金炉（一名虾蟆炉）内，用松木炭匝围，透一门以辨火色。其炉或施风箱，或使交箑[19]。火热功到，铅沉下为底子（其底已成陀僧[20]样，别入炉炼，又成扁担铅）。频以柳枝从门隙入内燃照，铅气净尽，则世宝凝然成象矣[21]。此初出银，亦名生银。倾定无丝纹，即再经一火，当中止现一点圆星，滇人名曰茶经。逮后入铜少许，重以铅力熔化，然后入槽成丝（丝必倾槽而现，以四围匡住，宝气不横溢走散）。其楚雄所出又异，彼硐砂铅气甚少，向诸郡购铅佐炼。每礁百斤，先坐铅二百斤于炉内，然后煽炼成团。其再入虾蟆炉沉铅结银，则同法也。此世宝所生，更无别出。方书、本草[22]，无端妄想妄注，可厌之甚。

大抵坤元精气，出金之所，三百里无银；出银之所，三百里无金[23]。造物之情，亦大可见。其贱役扫刷泥尘，入水漂淘而煎者，名曰淘厘锱[24]。一日功劳，轻者所获三分，重者倍之。其银俱日用剪、斧口中委余[25]，或鞋底粘带，布于衢市[26]；或院宇扫屑，弃于河沿。其中必有焉，非浅浮土面能生此物也。

凡银为世用，惟红铜与铅两物可杂入成伪。然当其合琐碎而成钣锭[27]，去疵伪而造精纯，高炉火中，坩锅（埚）足炼。撒硝少许，而铜、铅尽滞锅底，名曰银锈。其灰池[28]中敲落者，名曰炉底。将锈与底同入分金炉内，填火土甑之中，其铅先化，就低溢流，而铜与粘带余银，用铁条逼就分拨，井然不紊。人工、天工亦见一斑云。炉式并具于左。

注释

〔1〕国初：指明朝初年。

〔2〕饶：饶州，今江西鄱阳县。　信：信州，今江西上饶地区。　瑞：瑞州，今江西高安县。

〔3〕辰州：府名，相当于今湖南沅陵以南、沅江流域以西地区。

〔4〕铜仁：县名，在贵州省东部，沅江支流洛水上游。

〔5〕宜阳：县名，在河南省洛阳市区西南部，洛河中游。

〔6〕永宁：古县名，即今河南省洛宁县。

〔7〕会川：今四川会理县一带。

〔8〕“燕齐诸道”句：此说欠妥。一般有无金银矿，是远古地质年代地壳凝固时已确定了的，和该地区的气候寒暖、石骨厚薄无关。

〔9〕楚雄：府名，今楚雄县一带。　永昌：府名，相当今保山、永平等县。　大理：府名，相当今大理县。

〔10〕曲靖：府名，相当今陆良、罗平以北，牛栏江上游以东地区。　姚安：古州名，相当今楚雄彝族自治州西部。

〔11〕镇沅：古州名，相当今云南省镇沅县以南地区。

〔12〕分丫成径路：矿脉分成支脉。

〔13〕礁砂：含银矿物。

〔14〕楮：柱子的根脚。引申为支柱、支撑。

〔15〕篝灯：采光照明的灯笼。

〔16〕矿石：现在叫“围岩”或“废石”，不能炼出银来。

〔17〕其礁砂形如煤炭：指辉银矿，是一种黑色的立体晶形矿石。

〔18〕“其礁砂放光甚者”句：辉银矿常与方铅矿共生，前者呈黑色，而后者闪烁有光辉，因此含铅多而含银少的矿石看起来更光亮。所谓“金华泄漏”而降低含银量的说法是不科学的。

〔19〕箑：扇子。

〔20〕陀僧：即密陀僧（氧化铅），常态是黄色粉末。

〔21〕“频以柳枝从门隙入内燃照”句：这在目前称为“吹灰”的过程。柳枝燃烧时发热，使铅更易于氧化，变成氧化铅而挥发掉。银在这种温度下基本上不氧化，因此剩下的便是银了。　世宝：世上的宝贝，这里指银。

〔22〕方书：炼丹术著作。　本草：药物学著作。

〔23〕“大抵坤元精气”句：此说不正确。金银矿有分生的，也有共生的，并无彼此间的一定距离。所谓金银是大地的精华宝气，也是不对的。坤，指大地。

〔24〕锱：古代重量单位，等于六铢，也等于四分之一两。常用来形容量小。

〔25〕委余：指脱弃的碎屑。

〔26〕衢市：街市。

〔27〕钣锭：铸成饼状或条状的金银。

〔28〕灰池：指锅底铺瓷屑、炭灰之处。

圖
井口鉄
礦石
苗

开采银矿图。《天工开物》插图。中国对于银矿的开采，大约始于春秋时期。由于银在自然界中多与其他矿体共生，尤其喜欢潜藏在铅矿中，所以对于银的开采首先要摸准矿体的走向，即图中所标注的银矿苗，分清含银成分不等的银矿石来分类开采，比如图中所标注的“礁”石中，含银量就较高。由于银有赋存于其他矿物中的特性，因此，在铅锌矿、铜矿、金矿等的开采冶炼过程中，也往往可以回收到银。

鎔礁結銀與鉛圖

熔礁结银与铅图。《天工开物》插图。

圖

沉铅结银图。《天工开物》插图。

盖面
土甑
鴻火在中
銅出
鐵條

分金炉清锈底。《天工开物》插图。这里描绘的是以铅炼银的几个流程。在古代炼银的过程中，人们常用铅来作为辅助的材料配合提炼，因为铅与银之间能够完全相互溶解，所以为了获取银的聚集提炼，在银矿石的炼制中加入铅，使银与铅结合而从矿石中分离出来，然后再使铅氧化，从而便能够获得较为纯净的银。

附：朱砂银[1]

凡虚伪方士[2]以炉火惑人者，唯朱砂银愚人易惑。其法以投铅、朱砂与白银等分，入罐封固，温养三、七日后，砂盗银气，煎成至宝。拣出其银，形存神丧，块然枯物。入铅煎时，逐火轻折，再经数火，毫忽无存。折去砂价、炭资，愚者贪惑犹不解，并志于此。

注释

〔1〕朱砂银：朱砂与铅合溶成铅汞齐，含铅少于33%，呈银色，可以冒充银。

〔2〕方士：炼丹家。

铜

凡铜供世用，出山与出炉，止有赤铜。以炉甘石或倭铅[1]参和，转色为黄铜[2]；以砒霜等药制炼为白铜[3]；矾、硝等药制炼为青铜[4]；广锡参和为响铜；倭铅和写（泻）为铸铜。初质则一味红铜而已。

凡铜坑所在有之。《山海经》言出铜之山四百六十七[5]，或有所考据也。今中国供用者，西自四川、贵州为最盛；东南间自海舶来；湖广武昌，江西广信皆饶铜穴。其衡、瑞等郡，出最下品，曰蒙山[6]铜者，或入冶铸混入，不堪升炼成坚质也。

凡出铜山夹土带石，穴凿数丈得之，仍有矿包其外。矿状如姜石，而有铜星，亦名铜璞[7]，煎炼仍有铜流出，不似银矿之为弃物。凡铜砂，在矿内形状不一，或大或小，或光或暗，或如鍮石[8]，或如姜铁[9]，淘洗去土滓，然后入炉煎炼，其熏蒸旁溢者，为自然铜，亦曰石髓铅[10]。凡铜质有数种：有全体皆铜，不夹铅、银者，洪炉单炼而成。有与铅同体者，其煎炼炉法，旁通高低二孔，铅质先化从上孔流出，铜质后化从下孔流出。东夷铜又有托体银矿内者。入炉炼时，银结于面，铜沉于下。商舶漂入中国，名曰日本铜，其形为方长板条。漳郡[11]人得之，有以炉再炼，取出零银，然后写（泻）[12]成薄饼，如川铜一样货卖者。

凡红铜升黄色为锤锻用者，用自风煤炭（此煤碎如粉，泥糊作饼，不用鼓风，通红则自昼达夜。江西则产袁郡及新喻[13]邑）百斤，灼于炉内；以泥瓦罐载铜十斤，继入炉甘石六斤，坐于炉内，自然熔化。后人因炉甘石烟洪飞损[14]，改用倭铅[15]，每红铜六斤，入倭铅四斤，先后入罐熔化。冷定取出，即成黄铜，唯人打造。凡用铜造响器[16]，用出山广锡无铅气者入内。钲（今名锣）、镯（今名铜鼓）之类，皆红铜八斤，入广锡二斤；铙、钹，铜与锡更加精炼。凡铸器，低者红铜、倭铅均平分两，甚至铅六铜四；高者名三火黄铜、四火熟铜，则铜七而铅三也〔17〕。

凡造低伪银者，唯本色红铜可入。一受倭铅、砒、矾等气，则永不和合〔18〕。然铜入银内，使白质顿成红色，洪炉再鼓，则清浊浮沉立分，至于净尽云。

注释

〔1〕炉甘石：矿物名，亦称“菱锌矿”，主要成分为碳酸锌，并有少量铁质。　倭铅：锌。

〔2〕黄铜：铜锌合金。中国古代用红铜与炉甘石或锌冶炼成黄铜。

〔3〕砒霜：由砒石（砷矿石）炼成，主要成分是三氧化二砷。　白铜：此处指铜砷合金。

〔4〕矾：此处指白矾。　硝：即硝石，也称“火硝”。　青铜：铜锡合金。但这里仅指表面颜色，是指硝矾将铜染成青铜色。

〔5〕《山海经》言出铜之山四百六十七：原刻本为“四百三十七”。查《山海经·中山经》“出铜之山四百六十七”，今依此将原文“四百三十七”改为“四百六十七”。《山海经》是我国古代地理名著，共十八卷，内容包括山川、民族、物产等，对研究我国古代的地理、历史、文化、民族、神话，都有重要参考价值。

〔6〕蒙山：在江西瑞江府上高县南，此地从宋代以来即产铜。因含杂质较多而性脆，只宜铸造，不宜锤炼。

〔7〕铜璞：在脉石里见到有黄铜矿、蓝铜矿等斑点的那种低品位铜矿石。

〔8〕鍮石：此处指黄铜矿。

〔9〕姜铁：铜矿中有小部分以天然铜形式存在，色黑如铁，又呈姜状，故名姜铁。

〔10〕石髓铅：即自然铜。石髓，原指非结晶的石英石，形状像动物脑髓。这里指从熔炉里流出来的自然铜，冷却后很像一块石髓状的铅，故名。

〔11〕漳郡：今福建漳州。

〔12〕泻：倾泻，倾注。

〔13〕袁郡：府名，今江西宜春县。　新喻：旧县名，今江西新余县。

〔14〕炉甘石烟洪飞损：炉甘石在300摄氏度分解成二氧化碳及氧化锌，

前者逸散时往往把后者带走一些，造成烟洪飞损。

〔15〕改用倭铅：倭铅（锌）本身的熔点为419.5摄氏度，沸点为907摄氏度，比较稳定。

〔16〕“凡用铜造响器”句：响铜主要含铜与锡，锌及铅的含量都较少。如含铅太多，会使音调降低或音色变浊。　广锡：两广产的锡。

〔17〕铜七而铅三：含锌（倭铅）约30%的黄铜（也叫三七黄铜），其延性和展性都很好。

〔18〕永不和合：指锌、砷、钾、铝等在银中不易熔合。

鉛
銅

淘净铜砂、化铜。《天工开物》插图。我国铜矿的分布很广，可以说各地都有，所以使用量也大，制铜工艺也随之发展迅速。与金银等贵金属相比，纯铜，即红铜的使用率极低，通常我们会将铜与其他物质相混合炼制而成为合成金属，比如青铜、响铜、黄铜等，以期达到造物的最佳效果。图为用熔炉熔化矿石，提炼铜块的场景。

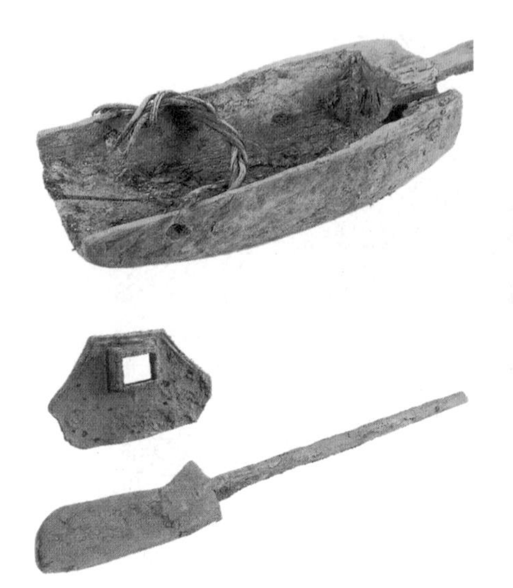

铜是人类最早认识和使用的金属之一，大约在新石器时代中晚期冶铜技术就已经出现。图为采集铜矿的相关工具。最下图为春秋战国时期楚地铜绿山竖井铜矿的开采遗址。

附：倭铅

凡“倭铅”古书本无之，乃近世所立名色[1]。其质用炉甘石熬炼而成，繁产山西太行山一带，而荆、衡[2]为次之。每炉甘石十斤，装载入一泥罐内，封裹泥固，以渐砑[3]干，勿使见火拆裂。然后逐层用煤炭饼垫盛，其底铺薪，发火锻红，罐中炉甘石熔化成团。冷定毁罐取出，每十耗去其二，即倭铅也。此物无铜收伏，入火即成烟飞去[4]。以其似铅而性猛，故名之曰“倭”云。

注释

〔1〕“凡倭铅古书本无之”句：倭铅即锌，这一名称最初见于署名“飞霞子”著的《宝藏论》中，可见我国在辽代已能炼出这一种金属。

〔2〕荆：湖北荆州。　衡：湖南衡州。

〔3〕砑：碾。这里指把表面碾光滑。

〔4〕“此物无铜收伏”句：铅的熔点、沸点各为419.5摄氏度和907摄氏度，而铜的熔点、沸点各为1083摄氏度和2336摄氏度。因此，锌本身较易挥发，但与铜成合金，沸点大为提高，不会挥发成蒸气而飞走，故称“收伏”。

升炼倭铅。《天工开物》插图。倭铅指的就是金属锌，在明代之前我们至今还没有发现任何关于炼锌的文字记录，对于锌的发明时间学术界尚有许多的争论，但至明代时人们已经掌握了从炉甘石中炼制金属锌的技术却是肯定的。由于炼锌时获得的锌块与铅很相似，所以锌又被称为倭铅、白铅、水锡等。

铁

凡铁场所在有之，其质浅浮土面，不生深穴；繁生平阳冈埠[1]，不生峻岭高山。质有土锭、碎砂数种。凡土锭铁[2]，土面浮出黑块，形似秤锤，遥望宛然如铁，捻之则碎土。若起冶煎炼，浮者拾之，又乘雨湿之后牛耕起土，拾其数寸土内者。耕垦之后，其块逐日生长[3]，愈用不穷。西北甘肃、东南泉郡[4]，皆锭铁之薮也。燕京、遵化与山西平阳[5]，则皆砂铁之薮[6]也。凡砂铁[7]，一抛土膜，即现其形，取来淘洗，入炉煎炼，熔化之后与锭铁无二也。

凡铁分生、熟：出炉未炒则生，既炒则熟。生熟相和，炼成则钢。凡铁炉用盐做造，和泥砌成。其炉多傍山穴为之，或用巨木匡围。塑造盐泥，穷月之力不容造次[8]。盐泥有罅，尽弃全功。凡铁一炉载土二千余斤，或用硬木柴，或用煤炭，或用木炭，南北各从利便。扇炉风箱必用四人、六人带拽。土化成铁之后，从炉腰孔流出。炉孔先用泥塞。每旦昼六时[9]，一时出铁一陀。既出即又泥塞，鼓风再熔。凡造生铁为冶铸用者，就此流成长条、圆块范内取用。若造熟铁，则生铁流出时相连数尺内，低下数寸筑一方塘，短墙抵之。其铁流入塘内，数人执持柳木棍排立墙上，先以污潮泥晒干[10]，舂筛细罗如面，一人疾手撒，众人柳棍疾搅[11]，即时炒成熟铁。其柳棍每炒一次，烧折二三寸，再用则又更之。炒过稍冷之时，或有就塘内斩划成方块者，或有提出挥椎打圆后货[12]者。若浏阳[13]诸冶，不知出此也。

凡钢铁炼法，用熟铁打成薄片如指头阔，长寸半许，以铁片束包尖紧，生铁安置其土（上）（广南生铁名堕子生钢者妙甚），又用破草履盖其上（粘带泥土者，故不速化），泥涂其底下。洪炉鼓鞴，火力到时，生钢先化，渗淋熟铁之中，两情投合。取出加锤，再炼再锤，不一而足。俗名团钢[14]，亦曰灌钢者是也。其倭夷刀剑[15]，有百炼精纯、置日光檐下则满室辉曜者，不用生熟相和炼，又名此钢为下乘[16]云。夷人又有以地溲[17]淬刀剑者（地溲乃石脑油[18]之类，不产中国），云钢可切玉，亦未之见也。凡铁内有硬处不可打者名铁核[19]，以香油涂之即散。凡产铁之阴，其阳出慈石[20]，第[21]有数处不尽然也。

注释

〔1〕“其质浅浮土面”句：这是描述古代的铁矿开采情况，当时仅对靠近地面风化矿层开采。　平阳：平坦开阔之处。　冈埠：丘陵地带。

〔2〕土锭铁：指成块的铁矿物，一般是磁铁矿。

〔3〕其块逐日生长：这说法不正确，可能未曾拾过的铁矿石经再次犁耕时浮现出来。

〔4〕泉郡：福建省东部沿海的泉州。

〔5〕平阳：府名，相当今山西省临汾地区。

〔6〕薮：人或物聚集的地方。

〔7〕砂铁：含的多是赤铁矿或褐铁矿。

〔8〕造次：匆忙。

〔9〕六时：六个时辰，每一时辰为两个小时。

〔10〕“先以污潮泥晒干”句：撒泥粉的作用，主要在于泥土中含硅酸铁和氧化铁，能促使碳氧化成二氧化铁后挥发掉，从而减少碳含量，使生铁变成熟铁。

〔11〕柳棍疾搅：柳棍的快速搅动和逐渐烧灼、蒸发，都会增大生铁水与空气接触，使其中的部分碳氧化，从而加快生铁脱碳成熟铁的速度。

〔12〕货：卖。

〔13〕浏阳：今湖南浏阳县。

〔14〕团钢：即灌钢，也叫渗碳钢。我国南北朝时就发明，沈括（1031—1095）《梦溪笔谈·辨证一》云：“世间锻铁所谓钢铁者，用柔铁屈盘之，乃以生铁陷其间，泥封炼之，锻令相入，谓之‘团钢’，亦谓之‘灌钢’。”

〔15〕倭夷刀剑：指日本刀剑。

〔16〕下乘：下等的马。比喻庸俗的人才或次等的物品。

〔17〕地溲：溲，便溺，常指小便。地溲，这里指石油。

〔18〕石脑油：矿物油类，即石油原油或粗挥发油。史书记载我国汉代已发现石油，南北朝时用作膏车（润滑剂），此后历代均有记载。这里说“不产

中国”是错误的。

〔19〕铁核：指未融化的小块磁铁矿，也叫铁尖晶石，是比较坚硬的。香油作为还原剂，在高温下通过碳化，再经过锤打，把铁核还原成氧化铁或铁而变软。

〔20〕凡产铁之阴，其阳出慈石：铁，可包括不结成完整大块晶体的磁铁矿（磁性一般很弱），以及赤铁矿等。慈石：即磁石，属磁铁矿，带有强烈的磁性。阴指北面，阳指南面。

〔21〕第：但，只。

垦土拾锭。《天工开物》插图。

淘洗铁砂。《天工开物》插图。铁矿石埋藏较浅，随处可得，分为土块状和碎砂状等。土块状的铁矿石为黑色，多暴露在泥土外面，犁田时也常有藏于浅表的被翻出，即可捡取。砂铁入熔炉炼制后和土块状铁矿石炼制出来的生铁性质上是完全一样的，只是入炉前需要经过淘洗的工序。

生熟煉鐵爐
撒潮泥灰
流入方塘
板生鐵

生熟炼铁炉。《天工开物》插图。铁有生铁和熟铁之分，图中表现的就是古代炼制生铁和熟铁的过程。首先在圆形的炼炉中放入铁矿石炼制，等到一定的时辰和达到一定的温度后，生铁水便会从炉腰的流口处流出，此时用模具接住，冷却成形，就成为可以使用的生铁块了。如若要炼熟铁，那就要将生铁水引入如图中所示的方形池塘内，加入泥灰搅拌，然后才可以获得。

锡

凡锡，中国偏出西南郡邑，东北寡生。古书名锡为“贺”者，以临贺郡[1]产锡最盛而得名也。今衣被天下者，独广西南丹、河池[2]二州居其十八，衡、永[3]则次之。大理、楚雄即产锡甚盛，道远难致也。

凡锡有山锡、水锡[4]两种，山锡中又有锡瓜、锡砂两种。锡瓜块大如小瓠[5]，锡砂如豆粒，皆穴土不甚深而得之。间或土中生脉充牣[6]，致山土自颓，恣人拾取者，水锡衡、永出溪中，广西则出南丹州河内。其质黑色，粉碎如重罗面。南丹河出者，居民旬前从南淘至北，旬后又从北淘至南，愈经淘取，其砂日长[7]，百年不竭。但一日功劳，淘取煎炼，不过一斤。会计炉炭资本，所获不多也。南丹山锡出山之阴，其方无水淘洗，则接连百竹为枧，从山阳枧水淘洗土滓，然后入炉。

凡炼煎亦用洪炉。入砂数百斤，丛架木炭亦数百斤，鼓鞴熔化。火力已到，砂不即熔，用铅少许勾引，方始沛然流注[8]。或有用人家炒锡剩灰[9]勾引者，其炉底炭末、瓷灰铺作平池，旁安铁管小槽道，熔时流出炉外低池。其质初出洁白，然过刚，承锤即拆裂[10]。入铅制柔，方充造器用。售者杂铅太多，欲取净则熔化，入醋淬八九度[11]，铅尽化灰而去。出锡唯此道。方书云马齿苋[12]取草锡者，妄言也。谓砒为锡苗[13]者，亦妄言也。

注释

〔1〕临贺郡：今广西壮族自治区东部的贺县。

〔2〕南丹：县名，在广西壮族自治区西北部。　河池：明代州名。在今广西壮族自治区北部，与南丹县相邻。

〔3〕衡：衡州，州治在今湖南省衡阳县。　永：永州，州治在今湖南江永县。

〔4〕山锡、水锡：山锡现常称“脉锡”，“水锡”称“砂锡”，都属锡石

类矿物。

〔5〕瓠：又称“瓠瓜”，即葫芦瓜。

〔6〕充牣：充满。

〔7〕愈经淘取，其砂日长：此说不正确。实际上一些锡矿砂新从上游冲下来，或从原来河砂里被水翻滚到上面来的。

〔8〕“用铅少许勾引”句：铅锡合金的熔点比较低，而且流动性也好，故有“沛然流注”的效果。

〔9〕炒锡剩灰：炒锡所剩炉渣，可起还原和助熔作用。

〔10〕“承锤即拆裂”：炉渣中可能含有砷、锑等杂质，掺入锡中，使锡质变脆。

〔11〕“入醋淬八九度”句：在含铅的锡中多次入醋，使铅变成醋酸铅，其熔点为280摄氏度，仍在锡的熔点231.9摄氏度之上，故会形成炉渣（灰）。　度：次。

〔12〕马齿苋：一年生肉质草本植物，马齿苋科。茎、叶均可作蔬菜或家畜饲料，也可入中药。但尚未发现含锡，也谈不上供炼锡之用。作者对方书的批评是正确的。

〔13〕砒为锡苗：《本草纲目》卷十《砒石》条云砒“乃锡之苗”。此话有理。中国锡矿床中多含毒砂（含砷46%），作者这一批评是不对的。

河池山锡。《天工开物》插图。

南丹水锡。《天工开物》插图。河池、南丹均位于广西壮族自治区的西北部，两地相邻，此地长久以来一直盛产锡矿。图中表现的是锡矿的采集渠道，有生长于岩土之中的，也有分布在河道之中的。中国古代对于锡的冶炼和使用，在三千多年前就已经非常熟练，由于锡是合金形成中的重要比配，所以锡的生产很受重视。

炼锡炉。《天工开物》插图。冶炼金属矿物质的熔炉大致相似，在炼锡时，光开足火力熔解锡矿是不够的，所以图中点出其诀窍为“点铅勾锡”，即以铅作为引子，如此，锡才能够从矿石中熔化流出。

铅

凡产铅山穴，繁于铜、锡。其质有三种：一出银矿中，包孕白银，初炼和银成团，再炼脱银沉底，曰银矿铅。此铅云南为盛。一出铜矿中，入洪炉炼化，铅先出，铜后随，曰铜山铅〔1〕。此铅贵州为盛。一出单生铅穴，取者穴山石，挟油灯寻脉，曲折如采银铆。取出淘洗煎炼，名曰草节铅〔2〕。此铅蜀中嘉、利〔3〕等州为盛。其余雅州〔4〕出钓脚铅〔5〕，形如皂荚〔6〕子，又如蝌蚪子，生山涧沙中。广信郡上饶、饶郡乐平出杂铜铅，剑州〔7〕出阴平铅〔8〕，难以枚举。

凡银铆中铅，炼铅成底，炼底复成铅〔9〕。草节铅单入洪炉煎炼，炉旁通管，注入长条土槽内，俗名扁担铅，亦曰出山铅，所以别于凡银炉内频经煎炼者。

凡铅物值虽贱，变化殊奇：白粉、黄丹〔10〕，皆其显像〔11〕。操银底于精纯，勾锡成其柔软，皆铅力也。

注释

〔1〕铜山铅：多金属石英脉矿床。

〔2〕草节铅：即方铅矿，也叫硫化铅。

〔3〕嘉：州名，相当今四川中部乐山、峨眉、夹江、犍为等县。　利：州名。相当今四川北部广元县与昭化镇一带。

〔4〕雅州：相当今四川中部雅安、名山、荥经、天全、芦山等县。

〔5〕钓脚铅：黑色自然铅。

〔6〕皂荚：也叫皂角，豆科，落叶乔木。结荚果，扁平，褐色，可以用来洗衣物。荚果、刺和树皮都可以入药，是去痰剂。

〔7〕剑州：相当今福建中部南平市及顺昌、沙县、龙溪一带。

〔8〕阴平铅：白铅矿。

〔9〕“凡银铆中铅”句：在《银》的一节中已有记述。

〔10〕白粉：即胡粉，也叫铅粉。学名碱式碳酸铅。色洁白，故名。主要用于化妆和绘画。　黄丹：矿物名，即氧化铅，黄色，可作颜料。

〔11〕显像：现象，此处指铅的表现形式。

穴取铜铅。《天工开物》插图。铅多混杂在铜矿、银矿之中，在炼制金属铜或银的时候，可以获取到铅。纯铅矿也有，但有生成条件的限制，开凿起来也比较艰难。由于铅能够与多种金属相作用，所以铅的使用很广。图中表现的是对挖洞穴获取铜铅矿的描述。

附：胡粉

凡造胡粉，每铅百斤，熔化，削成薄片，卷作筒，安水甑内，甑下甑中各安醋一瓶，外以盐泥固济，纸糊甑缝。安火四两[1]，养之七日。期足启开，铅片皆生霜粉，扫入水缸内。未生霜者，入甑依旧再养七日，再扫，以质[2]尽为度。其不尽者留作黄丹料。每扫下霜一斤，入豆粉二两、蛤粉四两[3]，缸内搅匀，澄去清水，用细灰按成沟，纸隔数层，置粉于上。将干，截成瓦定[4]形。或如磊块。待干收货。此物古因辰、韶[5]诸郡专造，故曰韶粉（俗误朝粉）。今则各省直饶为之矣。其质入丹青，则白不减；揸[6]妇人颊，能使本色转青。胡粉投入炭炉中，仍还熔化为铅，所谓色尽归皂[7]者。

注释

〔1〕安火四两：指大约四两木炭的火力。

〔2〕质：此处指铅。

〔3〕入豆粉二两、蛤粉四两：蛤粉成白色，起润滑和填充作用。豆粉主要提供胶质，使形成的白粉末能黏结成块。

〔4〕瓦定：疑是“瓦当”之误。瓦当，即筒瓦的头，一般为半圆形。

〔5〕辰：辰州，今湖南沅陵。　韶：州、府名，相当今广东韶关一带。

〔6〕揸：同搽，涂抹。使脸色转青是皮肤的铅中毒表现。

〔7〕皂：黑色。

附：黄丹

凡炒铅丹[1]，用铅一斤、土硫黄十两、硝石一两。熔铅成汁，下醋点之。滚沸时下硫一块，少顷，入硝少许，沸定再点醋，依前渐下硝、黄。待为末，则成丹矣。其胡粉残剩者，用硝石、矾石炒成丹，不复用错（醋）也。欲丹还铅，用葱白汁[2]拌黄丹慢炒，金汁[3]出时，倾出即还铅矣。

注释

〔1〕铅丹：这里指黄丹，红色粉末。

〔2〕葱白汁：葱白挤的汁。在此作还原剂，把氧化铅还原为铅。

〔3〕金汁：金黄色的液汁。

佳兵[1] 第十五

宋子曰：兵非圣人之得已也。虞舜在位五十载，而有苗犹弗率[2]。明王圣帝，谁能去兵哉？“弧矢之利，以威天下”[3]，其来尚[4]矣。

为老氏[5]者，有葛天[6]之思焉。其词有曰：“佳兵者，不祥之器”，盖言慎也。

火药机械之窍[7]，其先凿自西番与南裔[8]，而后乃及于中国。变幻百出，日盛月新。中国至今日，则即戎者[9]以为第一义。岂其然哉[10]？虽然，生人纵有巧思，乌能至此极也！

注释

〔1〕佳兵：词出老子《道德经》第三十一章：“夫佳兵者，不祥之器。”佳，善。兵，此处指武器。佳兵指优良的武器。

〔2〕有苗：即三苗，古族名。　弗率：不顺服。

〔3〕弧矢之利，以威天下：语见《周易·系辞下》。　弧矢：弓箭，此处指武器。意思是：武器的功用，在于威慑天下。

〔4〕尚：久。

〔5〕老氏：指老子，姓李名耳，春秋时期道家创始人，著有《道德经》一书。

〔6〕葛天：即葛天氏，是传说中远古时代的一个帝王，在伏羲之前。据说他不用礼教刑法治国，一切听凭自然，“不言而自信，不化而自行”。作者认为老子的“无为而治”的思想就是葛天氏的思想。

〔7〕窍：关键，窍门。

〔8〕凿：凿通，开通。　西番：西洋人。　裔：边远的地方。欧式枪炮是在十六世纪由葡萄牙经南洋群岛，后经西域传入中国的。　火药机械：指

欧式枪炮。至于用火药发射的土炮，我国在宋代已大量制造并用于战争。

〔9〕即戎：用兵，打仗。　即戎者：指带兵打仗的人。

〔10〕岂其然哉：这种想法正确吗？作者对“即戎者”以(发展武器)为第一义的观点表示怀疑。

注释者按

兵器是中国古代造物史中的一个部分，在远古，没有独立的兵器制造，是战争促使了兵器从工具中的逐渐分离，最后形成一种特殊的用具。对于兵器，老子发表过“佳兵者，不祥之器”的看法，但只要有人类生存的地方，就会有争端。所以古往今来，兵器的制造与发展也是一个社会政治与经济的表征。

一般对于兵器的研究都分作两个时期，以火药的出现为划分线，之前我们称其为冷兵器时期，之后则是冷兵器和火器的并用时期。归纳来说，我国的冷兵器时期经历了青铜时代和铁器时代两个阶段，至北宋时，火药开始用于兵器中。火药在兵器的使用，应该归结于中国古代炼丹术的成果，这是硫磺、硝石、木炭相混合后的化学反应，使人们对爆炸产生了进一步的认识。

弧矢[1]

凡造弓以竹与牛角为正中干质（东北夷[2]无竹，以柔木为之），桑枝木为两稍（梢）。弛则竹为内体，角护其外；张则角向内而竹居外[3]。竹一条而角两接。桑弰则其末刻锲[4]，以受弦。弝其本则贯插接笋于竹丫，而光削一面以贴角。凡造弓先削竹一片（竹宜秋冬伐，春夏则朽蛀），中腰微亚小，两头差大，约长二尺许，一面粘胶靠角，一面铺置牛筋与胶而固之。牛角当中牙接[5]（北虏[6]无修长牛角，则以羊角四接而束之；广弓则黄牛明角亦用，不独水牛也），固以筋胶。胶外固以桦皮，名曰暖靶。

凡桦木关外产辽阳[7]，北土繁生遵化[8]，西陲繁生临洮郡[9]，闽、广、浙亦皆有之。其皮护物，手握如软绵，故弓靶[10]所必用。即刀柄与枪干，亦需用之。其最薄者，则为刀剑鞘室[11]也。

凡牛脊梁每只生筋一方条，约重三十两。杀取晒干，复浸水中，析破如苎麻[12]丝。胡虏无蚕丝，弓弦处皆纠合此物为之。中华[13]则以之铺护弓干，与为棉花弹弓弦也。

凡胶乃鱼脬[14]杂肠所为，煎治多属宁国郡[15]。其东海石首鱼[16]，浙中以造白鲞[17]者，取其脬为胶，坚固过于金铁。北虏取海鱼脬煎成，坚固与中华无异，种性则别也。天生数物，缺一而良弓不成，非偶然也。

凡造弓初成坯后，安置室中梁阁上，地面勿离火意。促者旬日，多者两月，透干其津液，然后取下磨光，重加筋胶与漆，则其弓良甚。货弓之家，不能俟日足者，则他日解释[18]之患因之。

凡弓弦取食柘[19]叶蚕茧，其丝更坚韧。每条用丝线二十余根作骨，然后用线横缠紧约。缠丝分三停[20]，隔七寸许则空一二分不缠，故弦不张弓时，可折叠三曲而收之。往者北虏弓弦，尽以牛筋为质，故夏月两（雨）雾，妨其解脱，不相侵犯。今则丝弦亦广有之。涂弦或用黄蜡，或不用亦无害也。凡弓两硝系弨处，或切最厚牛皮，或削柔木为小棋子，钉粘角端，名曰垫弦，义同琴轸〔21〕。放弦归返时，雄力向内，得此而抗止，不然则受损也。

凡造弓视人力强弱为轻重：上力挽一百二十斤，过此则为虎力，亦不数出〔22〕；中力减十之二三；下力及其半。彀〔23〕满之时，皆能中的。但战阵之上，洞胸彻札〔24〕，功必归于挽强者。而下力倘能穿杨贯虱〔25〕，则以巧胜也。凡试弓力，以足踏弦就地，秤钩搭挂弓腰，弦满之时，推移秤锤所压，则知多少。其初造料分两，则上力挽强者，角与竹片削就时，约重七两；筋与胶、漆与缠约丝绳，约重八钱，此其大略。中力减十之一二，下力减十之二三也。

凡成弓，藏时最嫌霉湿（霉气先南后北：岭南谷雨时，江南小满〔26〕，江北六月，燕齐七月。然淮扬霉气独盛）。将士家或置烘厨烘箱，日以炭火置其下（春秋雾雨皆然，不但霉气）；小卒无烘厨，则安顿灶突〔27〕之上。稍怠不勤，立受朽解之患也（近岁命南方诸省造弓解北，纷纷驳回，不知离火即坏之故，亦无人陈说本章〔28〕者）。

凡箭笴〔29〕，中国南方竹质，北方萑柳〔30〕质，北虏桦质，随方不一。竿长二尺，镞〔31〕长一寸，其大端也。凡竹箭削竹四条或三条，以胶粘合，过刀光削而圆成之。漆丝缠约两头，名曰“三不齐”箭〔32〕杆。浙与广南有生成箭竹〔33〕，不破合者。柳与桦杆则取彼圆直枝条而为之，微费刮削而成也。凡竹箭其体自直，不用矫揉。木杆则燥时必曲，削造时以数寸之木，刻槽一条，名曰“箭端”，将木杆逐寸戛〔34〕拖而过，其身乃直。即首尾轻重，亦由过端而均停也。

凡箭，其本刻衔口以驾弦，其末受镞。凡镞冶铁为之（《禹贡》砮石乃方物〔35〕，不适用），北虏制如桃叶枪尖，广南黎人矢镞如平面铁铲，中国则三棱锥象也。响箭则以寸木空中锥眼为窍，矢过招风而飞鸣，即庄子所谓嚆矢〔36〕也。

凡箭行端斜与疾慢，窍妙皆系本端翎羽[37]之上。箭本近衔处，剪翎直贴三条，其长三寸，鼎足安顿，粘以胶，名曰箭羽（此胶亦忌霉湿，故将卒勤者，箭亦时以火烘）。羽以雕膀为上（雕似鹰而大，尾长翅短），角鹰[38]次之，鸱鹞[39]又次之。南方造箭者，雕无望焉，即鹰鹞亦难得之货，急用塞数，即以雁翎，甚至鹅翎亦为之矣。凡雕翎箭行疾过鹰、鹞翎，十余步而端正，能抗风吹。北虏羽箭多出此料。鹰、鹞翎作法精工，亦恍惚[40]焉。若鹅雁之质，则释放之时，手不应心，而遇风斜窜者多矣。南箭不及北，由此分也。

注释

〔1〕弧矢：弓和箭。

〔2〕东北夷：指东北少数民族。

〔3〕“弛则竹为内体”句：弓弦卸下时弓身弧形，贴牛角的一面在弧外，角保护竹内体。张弓时把外弛的弓翻过来，贴牛角的一面向着弧内。

〔4〕弰：弓两端没有缠束的部分，常用骨角装饰。　锲：用刀子刻。此处指弓梢末端用刀刻出缺口。

〔5〕牙接：互相咬合。

〔6〕北虏：指北方少数民族。

〔7〕辽阳：今辽宁省辽阳市。

〔8〕遵化：今河北省遵化县。

〔9〕临洮郡：今甘肃省东部临洮县一带。

〔10〕靶：通“把”，即把手。指弓正中握手部分。

〔11〕鞘室：刀剑套。

〔12〕苎麻：麻科。多年生草本。茎部韧皮纤维坚韧有光泽，耐霉、易染色、不皱缩，供纺织、造纸或织渔网。

〔13〕中华：指中原地区。

〔14〕鱼脬：鱼鳔，鱼体内的气囊。用它和鱼肠可熬成黏性很强的胶。

〔15〕宁国郡：今安徽省宁国县。

〔16〕石首鱼：俗称黄花鱼，因鱼的头部有两块石状的骨而得名。

〔17〕白鲞：剖开晒干的黄花鱼。

〔18〕解释：消溶，松散。此处指脱胶。

〔19〕柘：也叫黄桑，桑科植物。叶可饲蚕。

〔20〕停：成数，总数分为几份，其中一份叫一停。这里指一段。

〔21〕轸：琴面垫弦线的码子。

〔22〕数：屡次，频繁。　不数出：不常出现，不多。

〔23〕彀：使劲张弓。

〔24〕洞胸彻札：穿透胸膛、铠甲。　洞：作动词用，贯穿之意。　彻：穿透。　札：古代武士用厚皮或铁片造的护身衣，称为甲。每一重甲称为一札。

〔25〕穿杨：百步穿杨，典出《北史·隐逸传》。　贯虱：射中虱子，典出《列子·汤问》篇。　穿杨贯虱：形容善于射箭。

〔26〕小满：二十四节气之一,一般在5月21、22日左右，这时我国北方夏熟作物籽粒逐渐饱满，南方进入夏收夏种季节。

〔27〕灶突：灶头烟囱。

〔28〕本章：臣下对皇帝的奏章。这里指事情的经过和原因。

〔29〕笴：箭支的主杆。

〔30〕萑柳：即蒲柳，也称水杨。

〔31〕镞：箭头。

〔32〕"三不齐"箭：《明会典》卷一百九十二记载，有"黑雕翎竹竿三不齐铁箭"和"黑雕翎碌扣三不齐铁箭"。这两种箭都由兵仗局制造。

〔33〕箭竹：即刚竹。杆坚硬、质地致密，富有弹性。

〔34〕戛：敲击。这里用作象声词。

〔35〕《禹贡》砮石乃方物：《书经·禹贡》载荆州所贡砮石，是一种土产。砮石：石制的箭头。

〔36〕嚆矢：响箭。典出《庄子·外篇·在宥》："焉知曾史之不为盗跖嚆矢也。"

〔37〕翎羽：禽类翅和尾上长而硬的羽毛，有的颜色很美丽，可以作装饰品。

〔38〕角鹰：鹰的别名。其头顶角有毛角，故名角鹰。

〔39〕鸱鹞：雀鹰的统称，属鹰科野禽。

〔40〕恍惚：仿佛，差不多。

端箭。《天工开物》插图。弓箭的灵感来源于弹弓，最早的弓箭十分简单，有曰："弓者，揉木而弦之以发矢。"后来在弓箭的发展和改良中，弓由一条木头或竹子为弓臂的单体弓发展到由竹木干材加上动物角组成的多层弓臂的复合弓，而箭则加装了提高穿透力的镞和增强稳定性的羽翼。图中表现的就是对箭镞、铁管和羽翚的长短、大小等的调整。

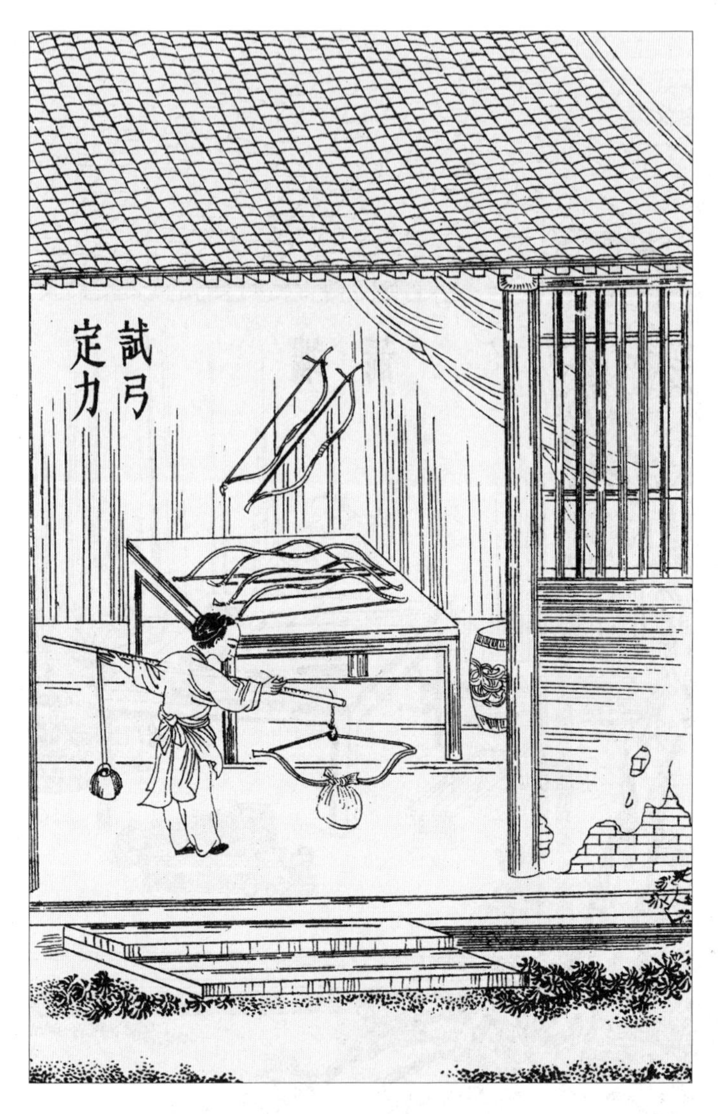

试弓定力。《天工开物》插图。弓箭是一种古老的兵器，在山西朔县曾出土了距今2.8万年的旧石器时期遗址中用燧石制造的箭镞。与投掷器相比，弓箭不仅有携带方便、射程远、命中率高等优点，其最精妙之处还在于它运用阴阳原理的张弛结合，成为人类历史上第一种由两件物体构成的复合工具。图中表现的是对弓的力度的测试。一般来讲，尽管弓的制造方法一样，但弓的受力度是可以调整制作的，通常一张普通弓为60斤，大力量的弓则可以达到双倍，120斤的力度。

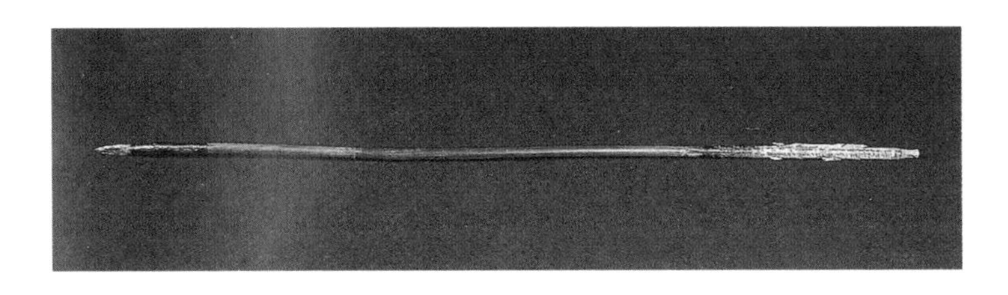

这是一件由内蒙古额济纳旗破城子居延甲渠侯官遗址出土的汉代造箭。箭镞为铜制三棱形镞，箭杆竹制表面涂漆，尾部留有羽根，翼已损失。

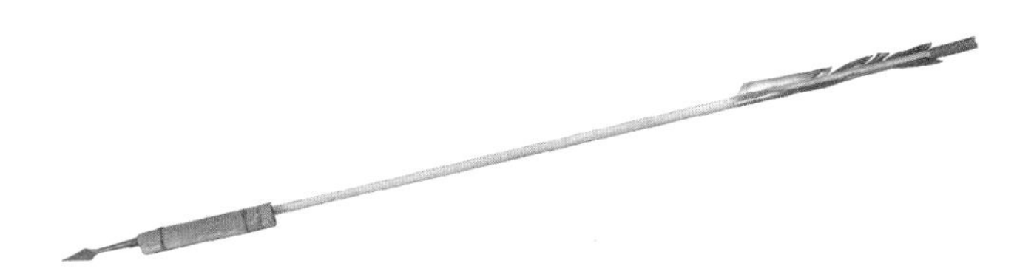

明代火箭。中国古代弓箭的发展，到东周时复合弓的制造已达到高峰，在春秋战国时期的《考工记》中就对制弓技术作了详细的总结，之后的两千多年里，弓的制作大体一直如此。而箭发展到了明代，又发展出了一个分支：火箭，即缚以火药筒于箭杆前端，运用火药的反作用力来加大箭的发射力。可以说，明火箭是世界上最早的喷射火器，是冷兵器在火器发明后的创举。

明代火箭“一窝蜂”。这是世界上最早的“多弹头”火箭，创意由单支火箭而来，杀伤力更大。“一窝蜂”通高171厘米，直径48.5厘米，当其被点燃后，十几支火箭齐发，功力很大。

弩

凡弩为守营兵器，不利行阵。直者名身，衡者名翼[1]，弩牙发弦者名机[2]。斫木为身，约长二尺许，身之首横拴度翼[3]。其空缺度翼处[4]，去面刻定一分（稍厚则弦发不应节），去背则不论分数[5]。面上微刻直槽一条以盛箭。其翼以柔木一条为者名扁担弩，力最雄。或一木之下，加以竹片叠承（其竹一片短一片），名三撑弩[6]，或五撑、七撑而止。身下截刻锲衔弦，其衔傍活钉牙机，上剔发弦[7]。上弦之时，唯力是视。一人以脚踏强弩而弦者，《汉书》名曰“蹶张”材官[8]。弦送矢行，其疾无与比数。

凡弩弦以苎麻为质，缠绕以鹅翎[9]，涂以黄蜡。其弦上翼则谨[10]，放下仍松，故鹅翎可扱[11]首尾于绳内。弩箭羽以箬[12]叶为之。析破箭本，衔于其中而缠约之。其射猛兽药箭，则用草乌[13]一味，熬成浓胶，蘸染矢刃。见血一缕，则命即绝，人畜同之。凡弓箭强者，行二百余步；弩箭最强者五十步而止，即过咫尺[14]，不能穿鲁缟[15]矣。然其行疾则十倍于弓，而入物之深亦倍之。

国朝[16]军器造神臂弩[17]、克敌弩[18]，皆并发二矢、三矢者。又有诸葛弩[19]，其上刻直槽，相承函[20]十矢，其翼取最柔木为之。另安机木，随手扳弦而上，发去一矢，槽中又落下一矢，则又扳木上弦而发。机巧虽工，然其力绵甚，所及二十余步而已。此民家妨（防）窃具，非军国器。其山人射猛兽者，名曰窝弩[21]，安顿交迹之衢[22]，机傍引线，俟兽过带发而射之。一发所获，一兽而已。

注释

〔1〕翼：即弩担，就是弓身，用弹性好的柔韧木条制成。

〔2〕机：弩上的发箭机关叫弩机，包括牙、郭、悬刀等。钩弦的部件叫“牙”。

〔3〕度翼：即弩翼。

〔4〕其空缺度翼处：指穿孔拴翼之处。

〔5〕去背则不论分数：与底部距离不计较其厚薄。

〔6〕三撑弩：用三条主片重叠以加强弓身弹力的弩。　撑：支持。

〔7〕上剔发弦：上推发箭。　剔：从孔洞里往外挑东西，拨动。

〔8〕“蹶张”材官：以脚踏强弩有力气的武官。语出《汉书·申屠嘉传》：“申屠嘉以材官蹶张，从高帝击项籍。”注：“材官之多力，能脚踏强弩张之。”

〔9〕鹅翎：这里指鹅翎中没有毛羽的一段，纵向剪开浸软后包绕在弦的中段，以保护弦。

〔10〕谨：疑为“紧”字之误。

〔11〕扱：插，夹。

〔12〕箬：箬竹，亦称竹。禾本科。长江流域特产，叶可裹粽。

〔13〕草乌：也叫“乌头”。毛茛科。块根含乌头碱，有剧毒。

〔14〕咫尺：比喻距离很近。咫：古代长度名，周代的制度是八寸为一咫，合今制市尺六寸二分五厘。

〔15〕不能穿鲁缟：典出《汉书·韩安国传》：“强弩之末，力不能穿鲁缟。”形容箭支超过了射程就完全无力。　鲁缟：山东出产的一种细而薄的白色丝织品。

〔16〕国朝：指明朝。

〔17〕神臂弩：宋代熙宁年间开始制造的弩，射程可达二百四十多步。见沈括《梦溪笔谈》卷十九。

〔18〕克敌弩：《明会典》卷一百九十二《工部》记载：“弘治十七年（1504）题造硬弩二，一并发二矢，一并发三矢，比神臂弩为远，定名克敌弩。”

〔19〕诸葛弩：《武备志》卷一百零三载：“此弩即懦夫闺妇皆可执。以环定其域，一弩连发十矢，铁镞涂以射虎毒药，发矢一中人马，见血立毙。便捷轻巧，即付骑兵，可持之以冲突。但矢力轻，必借药耳。”

〔20〕函：包含，包容。

〔21〕窝弩：即窝弓。猎人用以捕兽的伏弩。

〔22〕衢：四通八达的大路。这里指野兽往来出没的要道。

連發弩

连发弩。《天工开物》插图。弩是我国古代兵器中发射装置的代表，它由弓发展而来，在典型的弓的形制下增加了两个重要的部件：弩臂与弩机，如此，使弓的功能最大限度地得到了使用，也使得张弦、装矢、瞄准、发射的步骤更加标准化。图中描绘的是对于连发弩的制造，所谓连发弩，即一弩装有多箭，扣动扳机，箭矢能够自动上弦，做到接连发射。

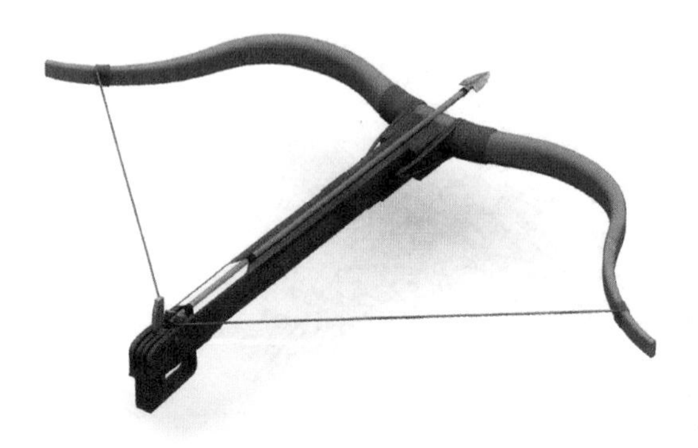

这是一把1952年出土于湖南长沙南郊扫把塘138号墓的战国弩的复原效果图。此弩为木制，整体生漆髹地，弩臂总长51.8厘米。从图中我们可以清楚地看到弩臂、弩机和弩体的关系。

汉代弩机。出土时，这把弩的其他部分均已损坏无存。

上腰开弩图和发弩图。《古书图书集成·戎政典》插图。图中描绘了张弦和发箭时人物的生动形态。

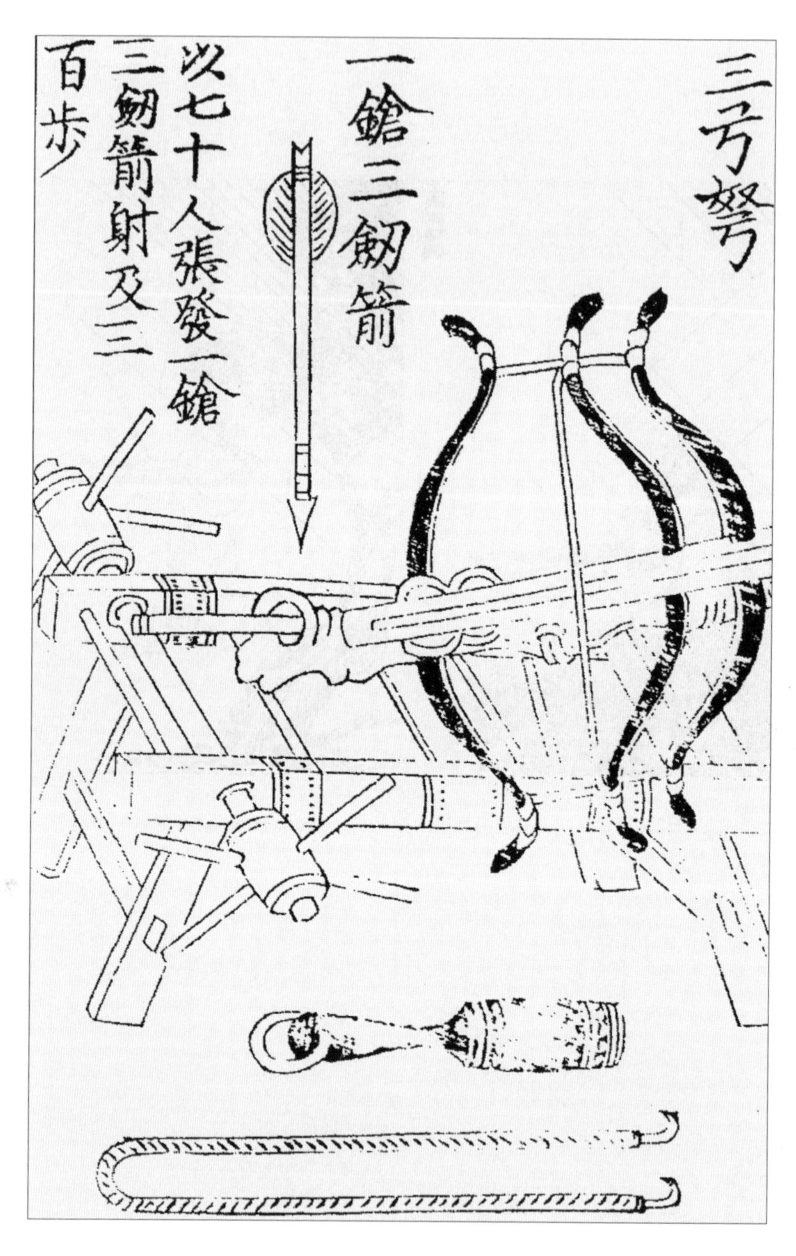

宋代《武经总要》插图：三弓床弩。这是一种安置在架上的大型弩状发射器。床弩都装有复合弓，有双弓、三弓等形制之分，必须多人合作方可工作。

干

凡干戈[1]，名最古。干与戈相连得名者，后世战卒，短兵驰骑者更[2]用之。盖右手执短刀，则左手执干以蔽敌矢。古者车战之上，则有专司执干，并抵同人之受矢者，若双手执长戈与持戟槊[3]，则无所用之也。凡干长不过三尺，杞柳[4]织成尺径圈，置于项下，上出五寸，亦锐其端，下则轻竿可执。若盾名“中干”，则步卒所持以蔽矢并拒槊者，俗所谓傍牌是也。

注释

〔1〕干：盾牌，古代战争中用来掩护身体。　戈：古代一种杆头带有横向短刃的器。

〔2〕更：愈加，越发。

〔3〕戟：古代兵器，长杆上头有月牙状的利刃。　槊，即长矛。

〔4〕杞柳：也称紫柳。杨柳科丛生灌木，枝条细韧，供编织柳条箱、筐、帽等用。

火药料

火药火器，今时妄想进身博官者[1]，人人张目而道[2]，著书以献，未必尽由试验。然亦粗载数叶[3]，附于卷内。

凡火药以硝石[4]、硫黄为主，草木灰[5]为辅。硝性至阴，硫性至阳，阴阳两神物[6]相遇于无隙可容之中。其出也，人物膺[7]之，魂散惊而魄齑[8]粉，凡硝性主直，直击者硝九而硫一；硫性主横，爆击者硝七而硫三。其佐使之灰，则青杨、枯杉、桦根、箬叶、蜀葵、毛竹根、茄秸之类。烧使存性，而其中箬叶为最燥也。

凡火攻有毒火、神火、法火、烂火、喷火。毒火以白砒、硇砂[9]为君，金汁[10]、银锈[11]、人粪和制；神火以朱砂[12]、雄黄[13]、雌黄[14]为君。烂火以硼砂[15]、磁末[16]、牙皂[17]、秦椒[18]配合。飞火以朱砂、石黄、轻粉[19]、草乌、巴豆[20]配合。劫营火则用桐油、松香。此其大略。其狼粪烟[21]昼黑夜红，迎风直上，与江豚[22]灰能逆风而炽，皆须试见而后详之。

注释

〔1〕进身博官者：想提拔博取官位的人。

〔2〕张目而道：大肆谈论。　张目：助长声势。

〔3〕数叶：数页。叶，同“页”。

〔4〕硝石：矿物名，也称“甲硝石”，“火硝”，无色或白色，有玻璃光泽，用以制造火药、炸药和肥料。

〔5〕草木灰：此处指木炭碾成的粉末。

〔6〕两神物：两种神奇的物质。

〔7〕膺：承受。

〔8〕齑：细切，引申为细碎。　齑粉：比喻粉身碎骨。

〔9〕硇砂：矿物名，天然的氯化铵，无色或白色，间带红褐色，有玻璃光泽，有毒。

〔10〕金汁：即“粪清”，用绵纸过滤后贮藏一年以上的粪汁。

〔11〕银锈：提炼银矿时遗留在坩埚底的铜、铅质渣滓。

〔12〕朱砂：矿物名，也叫辰砂，朱红色。

〔13〕雄黄：矿物名，成分是硫化砷，也叫石黄。橘黄色，有光泽。用来制造有色玻璃、染料、农药等，又可入药，能解毒。

〔14〕雌黄：矿物名，成分是三硫化二砷。晶体多呈柱状，略透明，橙黄色，供作颜料或褪色剂用。

〔15〕硼砂：无机化合物，白色或无色结晶，溶于热水，用于制造光学玻璃、搪瓷、焊剂、试剂、医药等。

〔16〕磁末：此处磁应为瓷。磁末，即为瓷的碎片。

〔17〕牙皂：皂角，属植物的果实，长约一尺，宽寸许，状似镰刀。

〔18〕秦椒：即花椒。芸香科，果实作调味料，亦可入药。

〔19〕轻粉：由水银加工制成，主要成分是氧化亚汞。有毒，可供药用。

〔20〕巴豆：常绿小乔木。种子含有巴豆油和毒性蛋白等，有大毒，可供药用，是剧烈的泻剂。

〔21〕狼粪烟：即“狼烟”，是我国古代边防报警的一种方法。遇有敌情，则烧狼粪以报警，故名。

〔22〕江豚：也称“江猪”或“河豚”，属哺乳纲鱼类，栖息于温带和热带的淡水港湾中。肉可食，骨和肉可供炼油脂和作肥料，皮可制革。

硝石

凡硝，华夷皆生，中国则专产西北。若东南贩者不给官引[1]，则以为私货而罪之。硝质与盐同母，大地之下，潮气蒸成，现于地面。近水而土薄者成盐，近山而土厚者成消。以其入水即消镕（溶），故名曰“硝”。长淮以北，节过中秋，即居室之中，隔日扫地，可取少许以供煎炼。

凡硝三所最多：出蜀中者曰川硝，生山西者俗呼盐硝，生山东者俗呼土硝。凡硝刮扫取时（墙中亦或迸出），入缸内水浸一宿，秽杂之物，浮于面上，掠取去时，然后入釜，注水煎炼。硝化水干，倾于器内，经过一宿，即结成硝。其上浮者曰“芒硝”，芒长者曰“马牙硝”（皆从方产本质幻出），其下猥杂者曰“朴硝”[2]。欲去杂还纯，再入水煎炼。入莱菔[3]数枚同煮熟，倾入盆中，经宿结成白雪，则呼盆硝。凡制火药，牙硝、盆硝功用皆同。

凡取硝制药，少者用新瓦焙，多者用土釜焙，潮气一干，即取研末。凡研硝不以铁碾入石臼[4]，相激火生，则祸不可测。凡硝配定何药分两[5]，入黄同研，本灰则从后增入。凡硝既焙之后，经久潮性复生。使用巨炮，多从临期装载也。

注释

〔1〕官引：由官方发给商人的运销货物凭证。

〔2〕芒硝、马牙硝、朴硝：都是含有结晶水的硫酸钠的俗称。外观像硝石，但成分不同，作者将它们与硝石混为一谈是不正确的。硝石可作火药原料，而芒硝则不能用来制作火药。

〔3〕莱菔：即萝卜，在硝酸钾重结晶纯化时用萝卜来脱色和除去杂质。

〔4〕凡研硝不以铁碾入石臼：防止产生静电火花而引起爆炸。如果用木槌木臼，便可避免。

〔5〕分两：一分一两。指分量，轻重。

硫黄（详见《燔石》卷）

凡硫黄配硝，而后火药成声。北狄[1]无黄之国，空繁硝产，故中国有严禁。凡燃炮，拈[2]硝与木灰为引线，黄不入内，入黄即不透关[3]。凡碾黄难碎，每黄一两，和硝一钱同碾，则立成微尘细末也。

注释

〔1〕北狄：秦汉以来，“狄”或“北狄”是中原人对北方边境各族的一种蔑称。

〔2〕拈：用手指搓转。

〔3〕透关：过关，即不发生阻碍的意思。

火器

西洋炮，熟铜铸就，圆形若铜鼓。引放时，半里之内，人马受惊死（平地爇引炮有关捩[1]，前行遇坎方止。点引之人，反走坠入深坑内，炮声在高头，放者方不丧命）。红夷炮铸铁为之，身长丈许，用以守城。中藏铁弹并火药数斗，飞激二里，膺其锋者为齑粉。凡炮爇引内灼时，先往后坐千钧力，其位须墙抵住，墙崩者其常[2]。

大将军、二将军（即红夷之次，在中国为巨物），佛郎机[3]（水战舟头用）。

三眼铳、百子连珠炮[4]。

地雷：埋伏土中，竹管通引，冲土起击，其身从其[5]炸裂。所谓“横击”，用黄多者（引线用矾油，炮口覆以盆）。

混江龙[6]：漆固皮囊裹炮沉于水底，岸上带索引机。囊中悬吊火石、火镰[7]，索机一动，其中自发。敌舟行过，遇之则败。然此终痴物也。

鸟铳：凡鸟铳长约三尺，铁管载药，嵌盛木棍之中，以便手握。凡锤鸟铳，先以铁挺一条大如箸[8]者为冷骨，裹红铁锤成。先为三接，接口炽红，竭力撞合。合后以四棱钢锥如箸大者，透转其中，使极光净，则发药无阻滞。其本近身处，管亦大于末，所以容受火药。每铳约载配硝一钱二分，铅铁弹子二钱。发药不用信引（岭南制度，有用引者），孔口通内处露硝分厘，捶熟苎麻点火。左手握铳对敌，右手发铁机逼苎火于消上，则一发而去。鸟雀遇于三十步内者，羽肉皆粉碎，五十步外方有完形，若百步则铳力竭矣。鸟枪行远过二百步，制方仿佛鸟铳，而身长药多，亦皆倍此也。

万人敌[9]：凡外郡小邑，乘城却敌，有炮力不具者，即有空悬火炮而痴重难使者，则万人敌近制随宜可用，不必拘执一方也。盖硝黄火力所射，千军万马，立时糜烂。其法：用宿干〔10〕空中泥团，上留小眼，筑实消黄火药，参入毒火神火，由人变通增损。贯药安信而后，外以木架匡围，或有即用木桶而塑泥实其内郭〔11〕者，其义亦同。若泥团必用木匡，所以防（防）掷投先碎也。敌攻城时，燃灼引信，抛掷城下。火力出腾，八面旋转。旋向内时，则城墙抵住，不伤我兵；旋向外时，则敌人马皆无幸。此为守城第一器。而能通火药之性、火器之方者，聪明由人。作者不上十年〔12〕，守土者留心可也。

注释

〔1〕关捩：操纵转动的部件。

〔2〕墙崩者其常：时常崩墙。

〔3〕大将军、二将军：我国古代的将军炮，巨炮或重型炮。　佛郎机：明代称西班牙人和葡萄牙人为佛郎机，从而将船上的火炮称为佛郎机炮或简称佛郎机。

〔4〕三眼铳：三管枪，明军常用火器。　百子连珠炮：可旋转的金属管炮。

〔5〕从其：从而。“其”相当于“而”。

〔6〕混江龙：一种水雷。

〔7〕火石、火镰：古代没有雷管和火柴，用镰刀状铁块打击火石，迸发火花以引燃火器。

〔8〕铁挺：铁杆。　箸：筷子。

〔9〕万人敌：古代一种能旋转的炸药包。其作用原理类似烟花中的“地老鼠”。

〔10〕宿干：干燥了很长时间。宿：积久，素常。

〔11〕内郭：指内框。郭：物体的框或壳。

〔12〕作者不上十年：指万人敌的研制还不到十年。

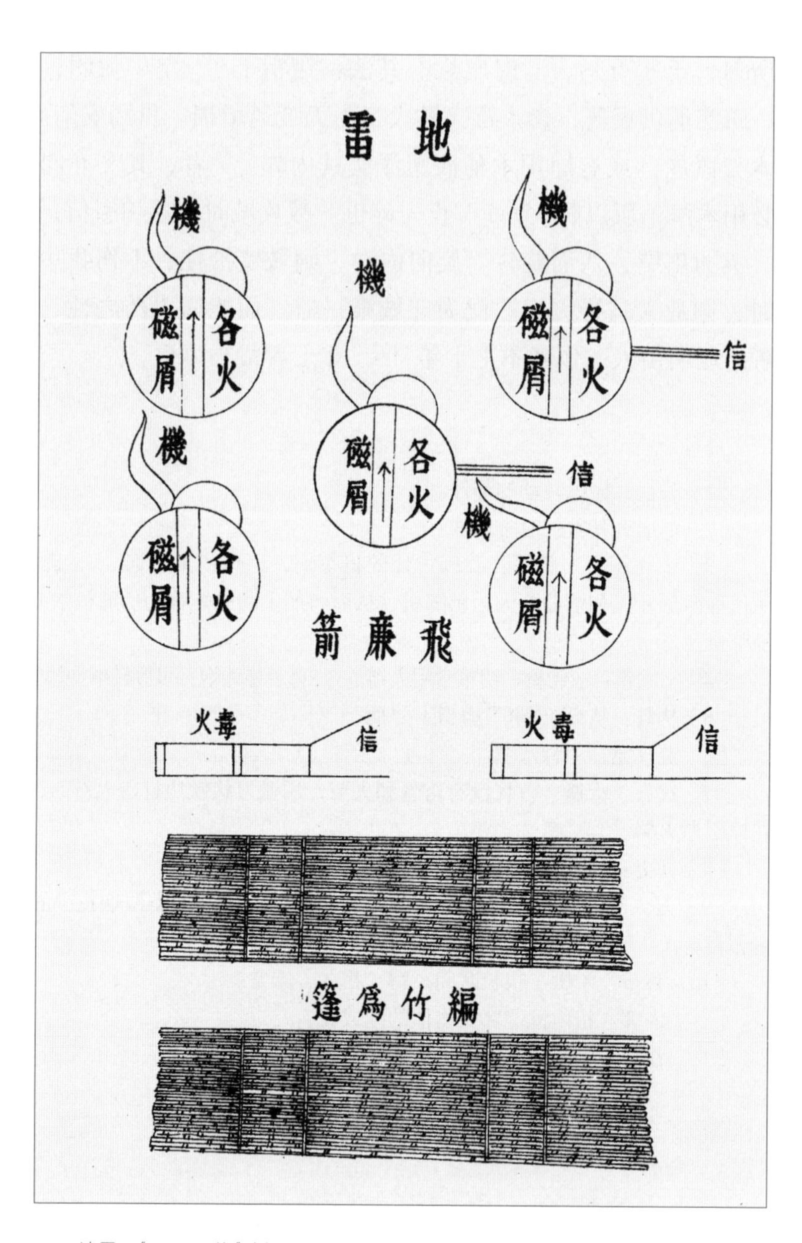

地雷。《天工开物》插图。

地雷炸。《天工开物》插图。地雷是埋在泥土中，通过引线点燃的爆炸性武器。中国古代的地雷在明代时的使用已经相当成熟，不仅种类多，而且在作战中能够灵活运用。

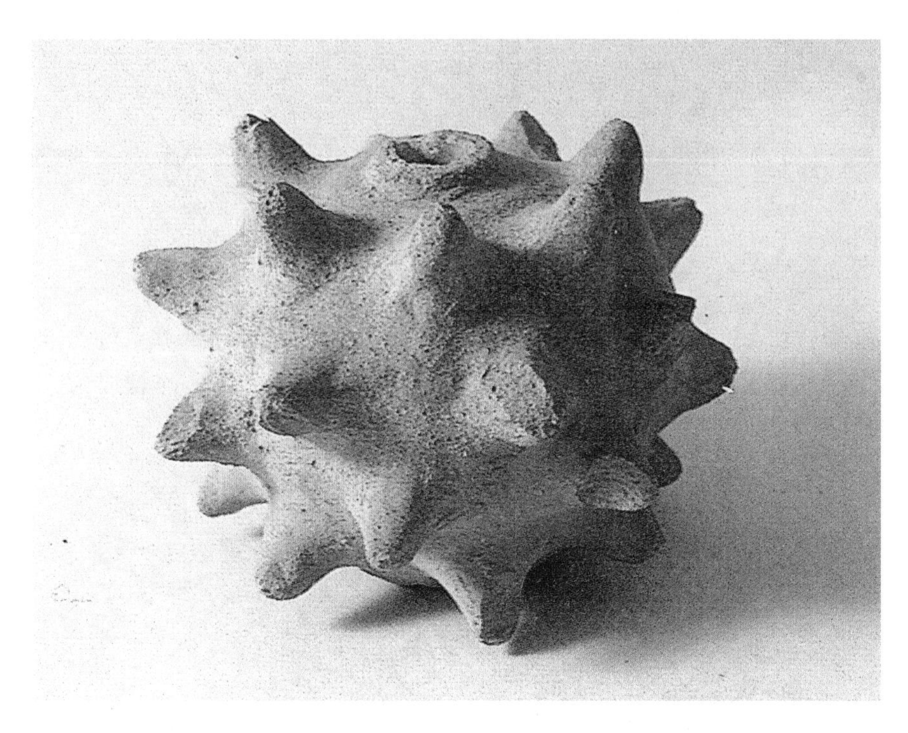

在北宋的《武经总要》中，对火药的使用，讲到了三种配方，第一是蒺藜火球，第二是霹雳火球，还有火炮火药法。其中所述的蒺藜火球，就是地雷的一种雏形。图中是一枚元代的陶蒺藜，腹中空心，以放置火药，当其爆炸时，每一片带棱角的陶片都具有杀伤力。

这是一件明代的战车，称作架火战车。它由独轮车、火铳、火箭、长枪、矛头等合组为一体，反映了明代时我国军队因时因地对武器的灵活变通使用。

万人敌。《天工开物》插图。万人敌是明代发明的一种重型爆炸武器，多用于守城时的作战使用，以中空晒干泥团置入火药及其他药料，外加木框而成。战时将其从城楼上投掷到攻城的敌军中即可，威力很大。

混江龍炸

混江龙和混江龙炸。《天工开物》插图。混江龙是明代用于水战的一种爆炸火器，器体以皮革包裹，漆料密封，在水下遇到目标即引燃爆炸，相当于现代水雷的作用。

鸟铳。《天工开物》插图。鸟铳是由西方传入的，虽然中国是火药的发源地，中国的军队也是最早使用火器的军队，但火药传到西方以后，其发展却更为迅速，所以当年他们的商船到达之时，不仅与我们进行商业的贸易，也带过来了当时西方先进的枪炮。由此，明政府实施了引进西方枪炮制作技术的措施。

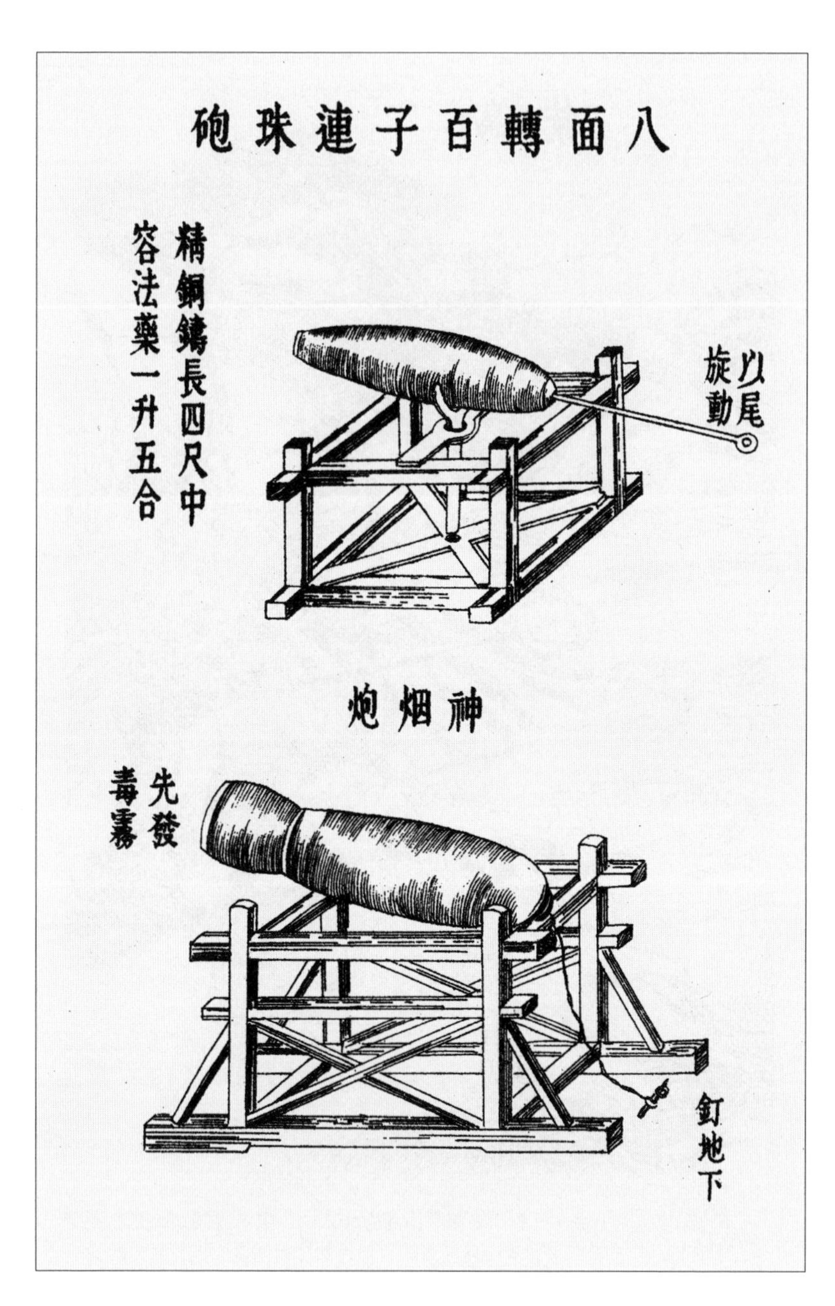

八面转百子连珠炮，神烟炮。《天工开物》插图。

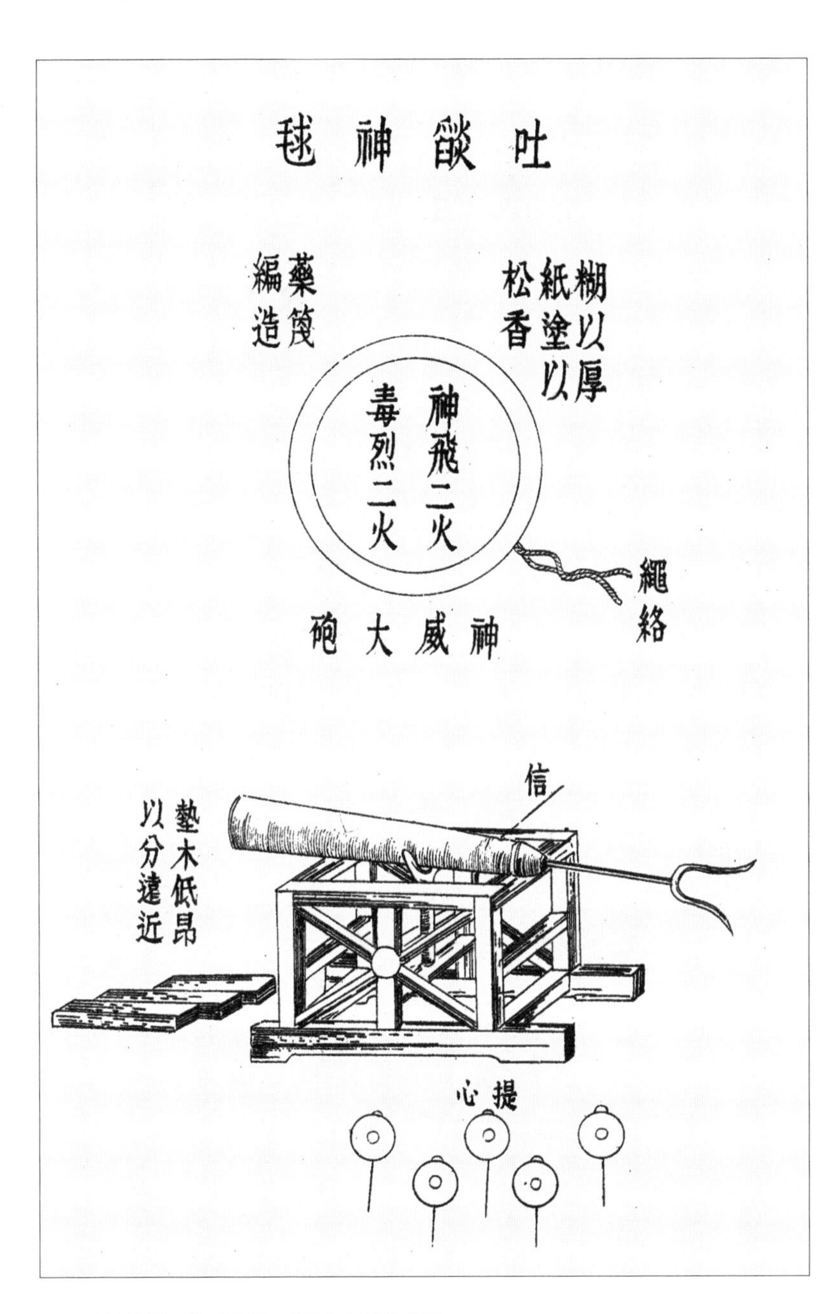

吐焰神球，神威人炮。《天工开物》插图。

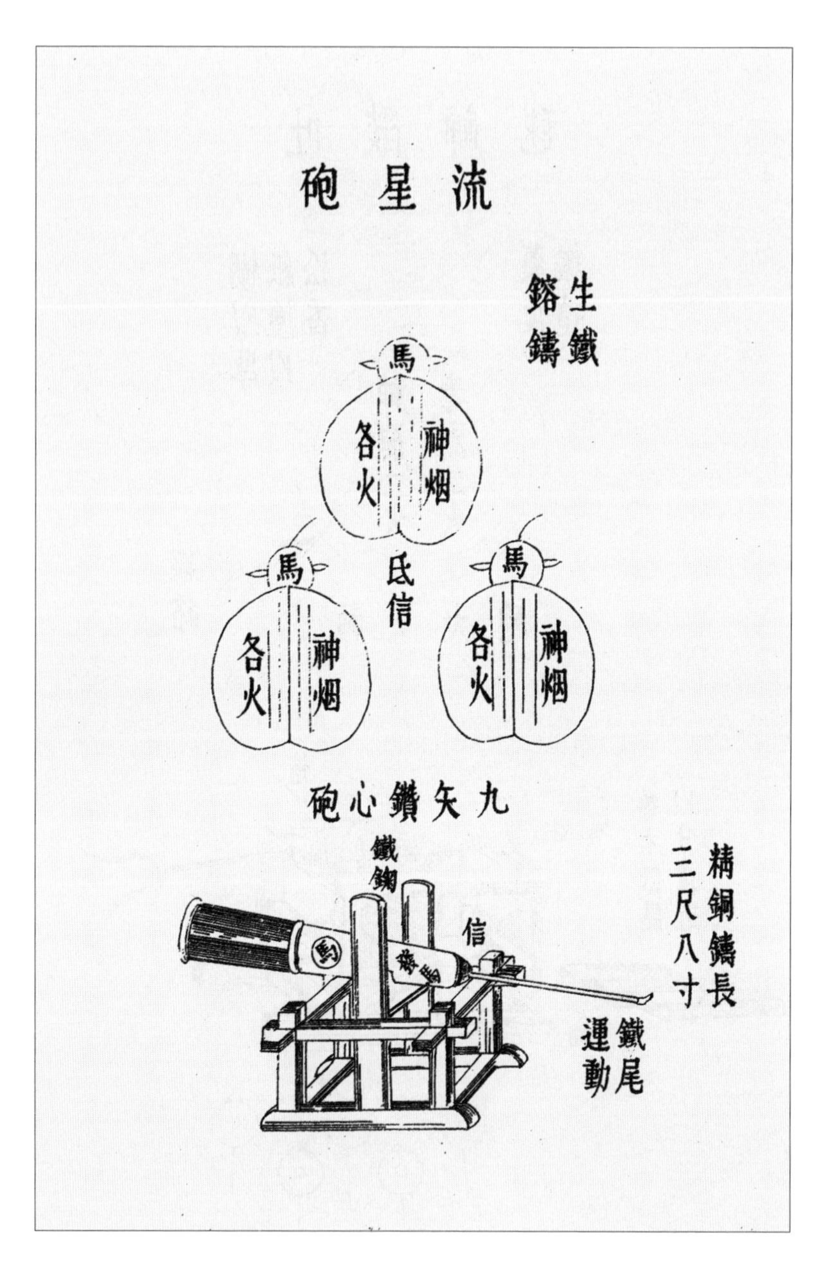

流星炮，九矢钻心炮。《天工开物》插图。火炮源于西洋，但明代时我们自己也能够铸造且种类繁多。图中描绘的各种火炮，其名称与其功能是相一致的。

明代山海关火炮实物照片。上图为城楼上被称作“大将军”的重型炮，炮身上铸有明崇祯年的字样，下图为可以搬运随军作战的竹节炮。两门火炮均为铁制。

丹青[1] 第十六

宋子曰：斯文[2]千古之不坠也，注玄尚白[3]，其功孰与京[4]哉！离火[5]红而至黑孕其中，水银白而至红呈其变，造化炉锤，思议何所容也！五章遥降[6]，朱临墨而大号彰[7]；万卷横披，墨得朱而天章焕[8]。文房异宝，珠玉何为？至画工肖象万物，或取本姿，或从配合，而色色咸备焉。夫亦依坎附离[9]，而共呈五行变态，非至神[10]孰能与于斯哉？

注释

〔1〕丹青：语出《晋书·顾恺之传》："丹青妙绝于时。"原指红色和青色的颜料，借指绘画，此处指墨和其他颜料的制作。

〔2〕斯文：指古代的礼乐制度或文化遗产。

〔3〕注玄尚白：指白纸黑字的记载或著述。

〔4〕京：大。

〔5〕离火：语出《周易·说卦》："离为火。"

〔6〕五章遥降：五章，指青、黄、赤、白、黑五色。这里指皇帝的诏书。　遥降：从遥远的京都颁发下来。　五章遥降是指从朝廷下来的五色诏书。

〔7〕大号彰：重大的号令得以彰扬。

〔8〕"万卷横披"句：我国古代手写或印刷文字一般都没有标点符号，读者看书时随手用朱笔自加标点。　天章：原指帝王的文章、字画，这里泛指好文章。

〔9〕依坎附离：指颜料要靠水火的相互作用才能制成。在《周易》的八卦

中，坎象征水，离象征火。

〔10〕至神：自然力的巧妙。

注释者按

墨是闻名中外的“文房四宝”之一，墨不仅有它的实用性，而且在中国，墨也含有它独特的精神内含，古人云：“有佳墨，犹如名将之有良马。”可以说，墨是书家画家们至爱至赖的信物。对于墨到底出现于何时，现今我们已无从考究，但可以肯定的是，我国在春秋战国时期就已经有了墨的存在。另外，墨与朱砂的传统结合形式，是我们文化的惯例，奏折与批注，墨宝与印章，真的是至纯至美，无可替代。

朱

凡朱砂[1]、水银[2]、银朱[3]，原同一物[4]。所以异名者，由精粗老嫩而分也。上好朱砂，出辰、锦（今名麻阳）与西川[5]者，中即孕汞，然不以升炼[6]。盖光明、箭镞、镜面等砂，其价重于水银三倍，故择出为朱砂货鬻[7]；若以升水[8]，反降贱值。唯粗次朱砂，方以升炼水银，而水银又升银朱也。

凡朱砂上品者，穴土十余丈乃得之。始见其苗，磊然白石，谓之朱砂床。近床之砂，有如鸡子大者。其次砂不入药，只为研供画用与升炼水银者。其苗不必白石，其深数丈即得。外床或杂青黄石，或间沙土，土中孕满，则其外沙石多自折裂。此种砂贵州思、印、铜仁[9]等地最繁，而商州[10]、秦州[11]出亦广也。凡次砂取来，其通坑色带白嫩者，则不以研朱，尽以升汞。若砂质即嫩而烁[12]视欲丹者，则取来时，入巨铁碾槽中，轧碎如微尘，然后入缸，注清水澄浸。过三日夜，跌取其上浮者，倾入别缸，名曰二朱。其下沉结者，晒干即名头朱也。

凡升水银，或用嫩白次砂，或用缸中跌[13]出浮面二朱，水和槎[14]成大盘条，每三十斤入一釜内升汞，其下炭质亦用三十斤。凡升汞，上盖一釜，釜当中留一小孔，釜傍盐泥紧固。釜上用铁打成一曲弓溜管，其管用麻绳密缠通梢[15]，仍用盐泥涂固，煅火之时，曲溜一头插入釜中通气（插处一丝固密），一头以中罐注水两瓶，插曲溜尾于内，釜中之气达于罐中之水而止。共煅五个时辰，其中砂末尽化成汞，布于满釜。冷定一日，取出扫下。此最妙玄，化全部天机[16]也。（《本草》胡乱注：凿地一孔，放碗一个盛水[17]。）

凡将水银再升朱用，故名曰银朱。其法或用罄口泥罐，或用上下釜。每水银一斤，入石亭脂[18]（即硫黄制造者）二斤同研不见星[19]，炒作青砂头，装于罐内。上用铁盏盖定，盏上压一铁尺。铁线兜底捆缚，盐泥固济[20]口缝，下用三钉插地鼎足盛罐。打火三炷香久，频以废笔蘸水擦盏，则银自成粉，贴于罐上，其贴口者朱更鲜华。冷定揭出，刮扫取用。其石亭脂沉下罐底，可取再用也。每升水银一斤，得朱十四两，次朱三两五钱，出数藉硫质而生[21]。凡升朱与研朱，功用亦相仿。若皇家贵家画采，则即同辰锦丹砂研成者，不用此朱也。凡朱，文房胶成条块，石砚则显，若磨于锡砚之上，则立成皂汁[22]。即漆工以鲜物彩，唯入桐油调则显，入漆亦晦也。

凡水银与朱更无他出。其汞海、草汞之说，无端狂妄[23]，耳食者[24]信之。若水银已升朱[25]，则不可复还为汞，所谓造化之巧已尽也。

注释

〔1〕朱砂：也叫辰砂，属于辉闪矿类，主要产品成分是硫化汞。它生长在石灰岩中，成块形、柱形、板形等。我国主要产地在湖南、贵州、四川、云南等省。最好的天然朱砂表面光滑像镜子。色朱红，是炼汞的主要原料，也可制作颜料或药用。

〔2〕水银：汞的俗称。银白色液体，有毒，内聚力很强，化学性不活泼，能溶解许多金属而成液体的或固体的合金。可用来制造药品。

〔3〕银朱：无机化合物，人造硫化汞，由汞和硫黄混合加热升华而成。鲜红色的粉末，有毒，用做颜料和药品。

〔4〕原同一物：严格地说，只有朱砂和银朱是同一种化合物，即硫化汞，而水银则是一种单纯元素。

〔5〕辰、锦：辰州和锦州，今湖南麻阳、辰溪一带。　西川：今四川成都以东一带。

〔6〕升炼：即升华，有时相当于蒸馏。不以升炼，不用朱砂制水银。

〔7〕货鬻：卖。

〔8〕水：疑为“汞”之误。

〔9〕思、印、铜仁：今贵州省东部的思南、印江、铜仁等县。

〔10〕商州：古州名，今陕西商县一带。

〔11〕秦州：古州名，今甘肃天水市一带。

〔12〕烁：照射、闪烁。

〔13〕跌：跌荡，指在澄清过程中，经过摇落和振荡，使粗细颗粒较彻底地分别开来的手续。

〔14〕槎：疑为“搓”之误。

〔15〕梢：泛指事物的末端或枝叶。

〔16〕天机：天之机密。这里指自然界变化的奥妙。

〔17〕“《本草》胡乱注”句：指《本草纲目》卷九《金石部·水银》条引元人胡演《丹药秘诀》：“取砂汞法，用瓷盆盛朱砂，不拘多少，以纸封口，香汤煮一沸时，取入水火鼎内，碳塞口，铁盘盖定。凿地一孔，放一个盛水，连盘复鼎于碗上，盐泥固缝，周围加火锻之。冷定取出，汞自流于碗矣”。这种方法虽不及作者所述先进，然亦不可斥为“胡乱注”。

〔18〕石亭脂：也叫“石流赤”，赤色的天然硫磺。

〔19〕不见星：研细到不见水银亮珠。

〔20〕固济：黏结。

〔21〕出数藉硫质而生：多出的重量是凭借石亭脂的流质而产生的。这里表明作者已认识到化学变化中质量守恒的道理。一百三十多年前，西方拉瓦锡才进一步阐述了物质不灭定律。

〔22〕立成皂汁：朱墨在锡砚上研磨会发生化学变化，变成棕色的硫化锡。

〔23〕汞海、草汞之说：见《本草纲目》卷九《水银》条。汞海，指自然界中存在着水银湖。草汞，指能够从中提炼出汞的草。这种说法未必狂妄。

〔24〕耳食者：指不加思考、轻信传闻的那种人。

〔25〕“若水银已升朱”句：这一说法是不对的，并且与上文关于用次朱升炼水银的记述自相矛盾。

研朱。《天工开物》插图。朱砂、水银和银朱是属于同一种物质的不同等级，在朱砂矿中均含有水银，由水银又可炼成银朱。朱砂可以入药，上等朱砂矿呈白色，其矿苗常埋于地下较深的位置，次等朱砂矿埋藏较浅，多用来磨成粉作为朱砂颜料使用或以此提炼水银。图中描绘的就是用碾槽碾碎朱砂矿，再用清水浸泡，获取沉积于水下的头朱和漂浮在水面的次朱的过程。

云南省鹤庆县近代碾槽，上下两图是同一件器物的不同角度。槽与碾均为铁制，使用时与《天工开物》插图不同的是，劳作者是坐在凳子上，用双脚踏住碾棍来回运动，进行操作的。

升炼水银。《天工开物》插图。一般炼制水银是用次朱或次等的朱砂矿，图中标注的固济部分即是用朱砂调和水后的固状物，通过加热，水银气体分离出来，由导管引入水罐冷却，整个过程都要密封，待到一定时辰后，朱砂粉全部气化为水银，布满罐的内壁，炼制就完成了。

银复生朱。《天工开物》插图。用水银再炼成朱砂，就叫银朱，银朱的颜色非常鲜艳，炼制时依然需要通过火的加热以及必须加入硫磺进行化学作用。许多传说故事中讲到的九转灵丹等，大抵就是水银转变为丹药的过程，因为朱砂是有药用的。

墨[1]

凡墨，烧烟凝质而为之。取桐油、清油[2]、猪油烟为者，居十之一；取松烟为者，居十之九。凡造贵重墨者，国朝推重徽郡[3]人。或以载油之艰，遣人僦居[4]荆、襄[5]、辰、沅[6]，就其贱值桐油点烟而归[7]。其墨他日登于纸上，日影横射，有红光者，则以紫草[8]汁浸染灯心而燃炷者也。

凡爇油取烟，每油一斤，得上烟一两余。手力捷疾者，一人供事灯盏二百付。若刮取怠缓则烟老，火燃质料并丧也。其余寻常用墨，则先将松树流去胶香，然后伐木。凡松香有一毛未净尽，其烟造墨，终有滓结不解之病。凡松树流去香，木根凿一小孔，炷灯缓炙，则通身膏液，就暖倾流而出也。

凡烧松烟，伐松斩成尺寸，鞠[9]篾为圆屋如舟中雨篷式，接连十余丈。内外与接口，皆以纸及席糊固完成。隔位数节，小孔出烟，其下掩土砌砖先为通烟道路。燃薪数日，歇冷入中扫刮。凡烧松烟，放火通烟，自头彻尾。靠尾一、二节者为清烟，取入佳墨为料。中节者为混烟，取为时墨料。若近头一、二节，只刮取为烟子，货卖刷印书文家，仍取研细用之。其余则供漆工垩工[10]之涂玄者。

凡松烟造墨，入水久浸，以浮沉分精悫[11]。其和胶之后，以捶敲多寡分脆坚。其增入珍料与漱金、衔麝[12]，则松烟、油烟，增减听人。其余《墨经》[13]《墨谱》[14]，博物[15]者自详，此不过粗记质料原因而已。

注释

〔1〕墨：主要成分是炭黑，上古时期制墨，以天然石墨为主。一世纪我国出版的最早一本字典《说文解字》，对墨字的解释是："从黑从土，墨者烟烧所成，土之类也。"到三世纪的魏晋时期，烧取松烟制作墨已很普遍。宋时晁贯之的《墨经》中说："古者松烟、石墨两种。石墨自晋魏以后无用，松烟之制尚矣。"到十世纪南唐时，我国开始用桐油及其他动植物油为原料，点灯燃油制造优质墨料。到1871年世界上才首次实现炭墨的工业化生产。这里叙述的是属于传统的制墨工艺。

〔2〕清油：即菜籽油。明代沈继孙《墨法集要·浸油》说："衢人用皂青油烧烟，苏人用菜籽油、豆油烧烟。"

〔3〕徽郡：即徽州，在今安徽省歙县一带。该地自五代开始便以产墨著名，宋以后这一带制墨良工，墨质与装饰并佳，世称徽墨。

〔4〕僦居：租房子住。

〔5〕荆襄：府名，荆州、襄州。分别在今湖北省江陵县和襄阳县一带。

〔6〕辰：辰州，今湖南辰溪。　沅：今湖南沅陵县。

〔7〕就其贱值桐油点烟而归：买当地便宜桐油，就地点燃成烟灰带回。

〔8〕紫草：紫草科植物，多年生草本，根部含有紫色结晶物质乙酰紫草素，可作紫色染料。

〔9〕鞠：弯曲。

〔10〕垩工：粉刷工。

〔11〕精悫：清纯和浓厚。

〔12〕漱金、衔麝：烫上金字，加入麝香。

〔13〕《墨经》：宋人晁贯之撰，一卷，论墨锭的源流及制造。

〔14〕《墨谱》：宋人李孝美撰，三卷，论采松、烧烟、制墨颇详。

〔15〕博物：能辨别许多事物。

取流松液。《天工开物》插图。我国的传统制墨材料，是以植物、植物油及矿物不充分燃烧所产生的碳素，掺以胶料、香料压模制造而成，故按其所选烟料，大致可分为松烟、桐油烟、漆烟、石油烟等。松烟之制最为古老，是宋代桐油烟被用于制墨之前的最主要方式。图中描述的是对制松烟前的准备：去除油脂，即我们通常称为松香的物质。

烧取松烟。《天工开物》插图。松烟烧制时竹棚中用砖砌有专门的排烟通道设施，顶部间隔留有出烟孔，烟道很长，尾部收取到的松烟叫作清烟，品质最为上乘，中部、首部所收刮到的松烟等级层层次之。

燃扫清烟。《天工开物》插图。上古时期制墨，以天然石墨为主，至魏晋时，烧取松烟为墨已非常普遍。宋时又已能熟练以桐油和其他动植物油为原料，以点灯燃油的方法制造优良墨料。比较松烟墨和桐油烟墨，后者则更有光泽。

附

胡粉（至白色，详《五金》卷）。

黄丹[1]（红黄色，详《五金》卷）。

淀花（至蓝色，详《彰施》卷）。

紫粉（縹[2]红色。贵重者用胡粉、银朱对和，粗者用染家红花滓汁为之）。

大青（至青色，详《珠玉》卷）。

铜绿[3]（至绿色，黄铜打成板片，醋涂其上，果（裹）藏糠内，微借暖火气，逐日刮取）。

石绿（详《珠玉》卷）。

代赭石[4]（殷红色。处处山中有之，以代郡[5]者为最佳）。

石黄（中黄色，外紫色，石皮内黄，一名石中黄子）。

注释

〔1〕黄丹：是正交晶体形的氧化铅。

〔2〕縹：原义是用以织布的苎麻、苎丝，这里指它的颜色，粉红色。

〔3〕铜绿：一水醋酸铜，是蓝绿色粉末。

〔4〕代赭石：一种天然的红土，主要成分是三氧化二铁。

〔5〕代郡：指山西代县。

曲糵[1]　第十七

宋子曰：狱讼[2]日繁，酒流[3]生祸，其源则何辜[4]！祀天追远[5]，沉吟《商颂》《周雅》[6]之间，若作酒醴之资曲糵也[7]，殆圣作[8]而明述矣。惟是五谷[9]菁华变幻，得水而凝，感风而化[10]。供用岐黄[11]者神其名，而坚固食羞[12]者丹其色。君臣[13]自古配合日新，眉寿介而宿痼怯[14]，其功不可殚述。自非炎黄作祖[15]、末流聪明[16]，乌能竟其方术哉！

注释

〔1〕曲糵：酒母。曲是指含有大量能发酵的活微生物或其酶类的发酵剂或酶制剂。一般用粮食或粮食副产品培养适当微生物制成。各种曲中微生物的种类随酿造用途而异，如酿造白酒则用大曲或小曲。糵，酿造用的发酵剂。古代将曲和糵视为一物，都看作是酿酒用的酵母。本卷标题用的就是这个古义。

〔2〕狱讼：因酗酒闹事而打官司。

〔3〕酒流：指酗酒。　流：漫无拘束。

〔4〕何辜：有什么罪过。　辜：罪。

〔5〕祀天追远：指封建社会的祭祀天地和追念祖先的仪式。

〔6〕《商颂》：《诗经》三颂之一，商周时期宋国朝廷用于宗庙祭祀的乐歌。　《周雅》：指《诗经》中的《大雅》和《小雅》，是周代奴隶主贵族宴饮时的乐章。

〔7〕若作酒醴之资曲糵也：出自《尚书·说命下》里殷高宗对傅说讲的话："若作酒澧，尔惟去糵。"　澧：甜酒。　资：凭借，依靠。

〔8〕圣作：圣贤著作。

〔9〕五谷：五种谷物。古代有多种说法。一曰麻、黍、稷、麦、豆；二曰稻、黍、稷、麦、菽；三曰稻、稷、麦、豆、麻；四曰粳米、小豆、麦、大豆、黄黍。

〔10〕得水而凝，感风而化：指五谷制品中的微生物得到水分和空气滋养，就生长旺盛，使五谷变成酒母。　风：指空气。

〔11〕岐黄：传说古代岐伯与黄帝是医学的创始人。后泛指医术。

〔12〕坚固食羞：保持事物的美味。　羞：美味的菜式。

〔13〕君臣：中药处方中起主治作用的主药叫君，起辅助作用的辅药叫臣。这里指制曲糵的主料和配料。

〔14〕眉寿介而宿痼怯：意思是说酒可以助人长寿，医治顽固的慢性疾病。眉寿：长寿。

〔15〕炎黄：指上古传说的中华民族的祖先炎帝神农氏和黄帝轩辕氏。

〔16〕末流聪明：后世人的聪明。　末流：这里指后人。

注释者按

在世界范围内，酒以酿造方式生产的共有三大类：黄酒、葡萄酒和啤酒，其中黄酒是中国的酒类，至宋代时，其工艺流程、技术及设施装备已基本定形。值得注意的是，黄酒并不都以黄色呈现，有乳白色、黑色、红色等，因以谷物为原料，北方地区以粟米为主，南方则采用糯米，所以，我们也常常称之为“米酒”。好的米酒的酿造，除材料、设备、技术和经验外，关键还在于在酒的酿造过程中的催化剂——酒曲的品质如何。曲药是一种神奇的东西，也以粮食制成，种类不一，以它作为引子，经过对谷物的发酵，粮食的甘甜滋润特征，在一种形式的转换下显露得出神入化，也使酒不仅成为一种食物，还能够帮助治病强身。酿酒也成为一种特有的区域文化。

酒母[1]

凡酿酒，必资曲药成信[2]。无曲，即佳米珍黍，空造不成。古来曲造酒，糵造醴，后世厌醴味薄，遂至失传，则并糵法亦亡[3]。

凡曲，麦、米、面随方土造，南北不同，其义则一。凡麦曲，大、小麦皆可用。造者将麦连皮，井水淘净，晒干，时宜盛暑天，磨碎，即以淘麦水和作块，用楮叶包扎，悬风处，或用稻秸罨黄[4]，经四十九日取用。

造面曲，用白面五斤，黄豆五升，以蓼汁[5]煮烂，再用辣蓼末五两、杏仁泥十两，和踏成饼，楮叶包悬与稻秸罨黄，法亦同前。其用糯米粉与自然蓼汁溲和成饼、生黄收用者，罨法与时日，亦无不同也。其入诸般君臣与草药，少者数味，多者百味，则各土各法[6]，亦不可殚述[7]。

近代燕京，则以薏苡[8]仁为君，入曲造薏酒。浙中宁、绍[9]，则以绿豆为君，入典造豆酒。二酒颇擅天下佳雄（别载《酒经》[10]）。

凡造酒母家，生黄未足，视候不勤，盥[11]拭不洁，则疵药数丸动辄败人石米。故市[12]曲之家，必信著名闻，而后不负酿者。

凡燕、齐[13]黄酒曲药，多从淮郡造成，载于舟车北市。南方曲酒，酿出即成红色者，用曲与淮郡所造相同，统名大曲。但淮郡[14]市者打成砖片，而南方则用饼团。

其曲一味，蓼身为气脉[15]，而米、麦为质料，但必用已成曲、酒糟为媒合[16]。此糟不知相承起自何代，犹之烧矾之必用旧矾滓云。

注释

〔1〕酒母：这里指酿酒用的酒曲，又称为酒药。

〔2〕信：这里指作为发生变化的引子或种。

〔3〕则并蘖法亦亡：蘖，本指麦芽，古代用作酒曲，但汉代以后，蘖只用于制饴，不再用于酿酒了。

〔4〕罨黄：指掩盖保温使霉菌生育良好，以至长成黄色的孢子。　罨：覆盖。　黄：指霉菌的黄色孢子。

〔5〕蓼：又名辣蓼、水蓼，蓼科草本植物，多生于水边。蓼汁是压榨辣蓼取得的汁液。

〔6〕各土各法：各地有不同的方法。

〔7〕殚述：尽述。

〔8〕薏苡：又叫薏米，乔本科植物。可放在米中做粥、饭或磨粉，也可药用。

〔9〕宁、绍：指浙江省的宁波和绍兴。

〔10〕《酒经》：指《北山酒经》。北宋朱肱撰，是宋以前制曲酿酒工艺的总结，共三卷。上卷总论，叙述写《酒经》之缘由和概述前人成果，中卷叙述制曲理论及制曲的具体方法，下卷叙述酿酒工艺，包括一般技术理论和具体制作方法。

〔11〕盥：洗手。

〔12〕市：贩卖。

〔13〕燕、齐：今河北、山东。

〔14〕淮郡：今江苏淮安一带。

〔15〕蓼身为气脉：米麦制曲饼加入蓼粉可增加通气孔，便于霉菌生长。

〔16〕必用已成曲、酒糟为媒合：做曲时加入经过选育的优良菌种，是我国劳动人民的一个创造。宋代的《北山酒经》中已提到用曲母做曲，作者在这里特别做了强调。

这是分别于1986年和1955年在四川彭县出土的东汉时期描绘酒肆和酿酒现场的画像砖。

神曲[1]

凡造神曲所以入药，乃医家别于酒母者。法起唐时[2]，其曲不通酿用也。造者专用白面，每百斤入青蒿[3]自然汁，马蓼[4]、苍耳[5]自然汁相和作饼，麻叶或楮叶包罨如造酱黄法。待生黄衣，即晒收之。其用他药配合，则听好医者增入，苦无定方也。

注释

〔1〕神曲：又名药曲、六曲。主要是用白面、青蒿、野蓼、苍耳、赤小豆、杏仁泥等六种原料配合制成。在医学上，神曲一般都配入成药使用，有消食化积、开胃健脾的作用，并可治疗腹泻、下痢等。

〔2〕法起唐时：说神曲制法起自唐代，这说法不正确。因为唐代以前一百多年的北魏贾思勰《齐民要术》中就已记载配制神曲的五种方法了。

〔3〕青蒿：又名香蒿，菊科植物，全株有香味，可入药。

〔4〕马蓼：又称大马蓼，蓼科植物，可以入药。

〔5〕苍耳：又名葈耳，菊科植物，种子可入药。

丹曲[1]

凡丹曲一种，法出近代[2]。其义臭腐神奇，其法气精变化[3]。世间鱼肉最朽腐物，而此物薄施涂抹，能固其质[4]于炎暑之中，经历旬日，蛆蝇不敢近，色味不离初。盖奇药也。

凡造法用籼稻米，不拘早晚。舂杵极其精细，水浸一七日，其气臭恶不可闻[5]，则取入长流河水漂净（必用山河流水，大江者不可用）。漂后恶臭犹不可解，入甑蒸饭则转成香气，其香芬甚。凡蒸此米成饭，初一蒸半生即止。不及其熟。出离釜中，以冷水一沃[6]，气冷再蒸，则令极熟矣。熟后，数石共积一堆拌信[7]。

凡曲信必用绝佳红酒糟为料[8]，每糟一斗，入马蓼自然汁三升，明矾水和化[9]。每曲饭一石，入信二斤，乘饭热时，数人捷手拌匀，初热拌至冷。候视曲信入饭，久复微温，则信至矣。凡饭拌信后，倾入箩内，过矾水一次，然后分散入篾盘，登架乘风。后此风力为政[10]，水火无功。

凡曲饭入盘，每盘约载五升。其屋室宜高大，妨（防）瓦上暑气侵逼。室面宜向南，妨（防）西晒。一个时中[11]，翻拌约三次。候视者七日之中，即坐卧盘架之下，眠不敢安，中宵数起。其初时雪白色，经一二日成至黑色，黑转褐，褐转代赭，赭转红，红极复转微黄。目击风中变幻，名曰“生黄曲”[12]。则其价与入物之力，皆倍于凡曲也。凡黑色转褐，褐转红，皆过水一度。红则不复入水。

凡造此物，曲工盥手与洗净盘簟，皆令极洁。一毫滓秽，则败乃事也[13]。

注释

〔1〕丹曲：又名红曲。主要用大米培养红曲霉制成。红曲霉能生成红曲霉红素和红曲霉黄素，所生淀粉酶的活性也很高，是一种非常好的食品着色剂和调味剂，并有防腐功效。也常用于制醋，并可入中药，有消食、活血健脾、暖胃功能。北宋陶谷《清异录》载有“红曲煮肉”一语，说明我国制造红曲不会晚于宋朝。

〔2〕法出近代：见《本草纲目》卷二十五《谷部·造酿类》“红曲”条：“红曲，《本草》不载，法出近代。”

〔3〕“其义臭腐神奇”句：臭腐神奇，这是指白米浸泡后发出恶臭，但经蒸制后却变得很香。　气精变化，指白米在制曲过程中的“风中变幻”。　法：法术，奥妙。　气：指空气。　精：指白米。

〔4〕固其质：保持其品质。

〔5〕“水浸一七日”句：大米经长时间的浸泡，就会发酵，使所含蛋白质分解，溶于水中。一七，泛指七天。其气臭恶不可闻，是因为发酵时产生氨等，所以气味难闻。

〔6〕沃：浇。

〔7〕信：引子，曲种。

〔8〕红酒糟为料：用红酒糟作制红酒曲的菌种。

〔9〕明矾水和化：明矾水为硅酸，可抑制杂菌繁殖，而红曲霉虽生长缓慢，难与杂菌竞争，却耐酸性。

〔10〕风力为政：风力起主导作用。　政：主其事者，这里指起主要作用。

〔11〕一个时中：指两个小时内。　时：时辰。

〔12〕生黄曲：指红曲霉生长后，在培养料上分泌出黄色素。

〔13〕“凡造此物”句：指做曲时，必须注意清洁消毒。否则只要有一毫滓秽，都会使做曲失败。　簟：精制的竹席。

长流漂米。《天工开物》插图。在民间，尤其南方地区，有一种酒曲是红色的，我们称之为红曲，以红曲做引物来制酒用的稻米，必须用水浸泡多日，其间会产生很重的异味，甚至臭味，所以在蒸制之前，需要用流动的水源漂洗。图中所描绘的场景就是这样的一个工序。

凉风吹变。《天工开物》插图。这是制作米酒的另外一道工序，当米蒸熟了，在加入酒曲之前必须降温，因为曲药是一种菌类，温度太热会杀死它的活性，所以要用自然的风吹凉。在酒的整个发酵过程中，温度的掌握也十分重要，一般来讲，正常的霉菌是白色的，如果长了红色的毛，就表示温度高了，反之，就会长绿毛。大凡对酿酒有经验的人，他们都会有很多做好酒的秘诀。

珠玉　第十八

宋子曰：玉韫山辉，珠涵水媚，此理诚然乎哉，抑意逆之说也[1]？大凡天地生物，光明者昏浊之反，滋润者枯涩之仇[2]，贵在此则贱在彼矣。合浦[3]、于阗，行程相去二万里，珠雄于此，玉峙于彼，无胫而来[4]，以宠爱人寰之中，而辉煌廊庙[5]之上。使中华无端[6]宝藏，折节[7]而推上坐焉。岂中国辉山媚水者，萃在人身[8]，而天地菁华止有此数哉？

注释

〔1〕“玉韫山辉”句：蕴藏宝石的山闪出光辉，滋生珍珠的水特别明媚，这话是真的呢，还是人们的主观臆测。　逆：预料，预测。

〔2〕枯涩之仇：枯涩的对立面。

〔3〕合浦：今广西合浦县，那里的营盘、北海等地自古盛产珍珠。　于阗：和阗，今新疆和田县，是著名的产玉地。

〔4〕无胫而来：与“不胫而走”同义，比喻某些事物流行、传播得很快。

〔5〕廊庙：朝廷。

〔6〕无端：无限。

〔7〕折节：降低身份。

〔8〕辉山媚水者，萃在人身：将珠宝玉器都聚集在人身上。

注释者按

珍珠和玉石，一个长在水底，一个藏在山中，均因其色泽的纯洁明净而受人爱戴。然而，珠也好，玉也罢，却并不是人们日常生活的必备之品。几千年以来，中国人对于珠玉的感情，既有价值上的考虑，更有精神上的关照，所以在中国人的心目中，珠玉的含义是较为复杂的。

珠

凡珍珠必产蚌腹，映月成胎，经年最久，乃为至宝[1]。其云蛇腹、龙颔、鲛皮有珠者，妄也[2]。凡中国珠必产雷、廉[3]二池。三代以前，淮杨（扬）亦南国地[4]，得珠稍近《禹贡》"淮夷蠙珠[5]"，或后互市之便，非必责其土产也。金采蒲里路[6]，元采杨村直沽口[7]，皆传记相承妄，何尝得珠。至云忽吕古江[8]出珠，则夷地，非中国也[9]。

凡蚌孕珠，乃无质而生质。他物形小而居水族者，吞噬弘多[10]，寿以不永。蚌则环包坚甲，无隙可投，即吞腹，囫囵不能消化，故独得百年千年，成就无价之宝也[11]。凡蚌孕珠，即千仞水底，一逢圆月中天，即开甲仰照，取月精以成其魄。中秋月明，则老蚌犹喜甚。若彻晓无云，则随月东升西没，转侧其身而映照之[12]。他海滨无珠者，潮汐震撼，蚌无安身静存之地也。

凡廉州池自乌泥、独揽沙至于青莺[13]，可百八十里。雷州池自对乐岛[14]斜望石城界，可百五十里，蜑户[15]采珠，每岁必以三月，时牲杀祭海神，极其虔敬。蜑户生啖海腥，入水能视水色。知蛟龙所在，则不敢侵犯。凡采珠舶，其制视他舟横阔而圆，多载草荐[16]于上。经过水漩，则掷荐投之，舟乃无恙[17]。舟中以长绳系没人[18]腰，携篮投水。凡没人以锡造湾环空管，其本缺处[19]，对掩没人口鼻，令舒透呼吸于中，别以熟皮包络耳项之际。极深者至四五百尺，拾蚌篮中。气逼则撼绳，其上急提引上，无命者[20]或葬鱼腹。凡没人出水，煮热毳[21]急覆之，缓则寒慄死。宋朝李招讨[22]设法以铁为耩，最后木柱扳口，两角坠石，用麻绳作兜如囊状，绳系舶两旁，乘风扬帆而兜取之。然亦有漂溺[23]之患。今蜑户两法并用之。

凡珠在蚌，如玉在璞[24]，初不识其贵贱，剖取而识之。自五分至一寸五分经[25]者为大品。小平似覆釜[26]，一边光彩微似镀金者，此名珰珠，其值一颗千金矣。古来“明月”“夜光”即此。便是白昼晴明，檐下看有光一线闪烁不定，“夜光”乃其美号，非真有昏夜放光之珠也。次则走珠，置平底盘中，圆转无定歇，价亦与珰珠相仿（化者之身受含一粒，则不复朽坏〔27〕，故帝王之家重价购此）。次则滑珠，色光而形不甚圆。次则螺蚵珠，次官雨珠，次税珠，次葱符珠。幼珠如粱粟，常珠如豌豆，琕〔28〕而碎者曰玑。自夜光至于碎玑，譬均一人身而王公至于氓隶〔29〕也。

凡珠生止有此数，采取太频，则其生不继。经数十年不采，则蚌乃安其身，繁其子孙而广孕宝质。所谓“珠徙珠还〔30〕”，此煞定死谱〔31〕，非真有“清官”感召也（我朝弘治〔32〕中一采得二万八千两，万历〔33〕中一采止得三千两，不偿所费）。

注释

〔1〕“凡珍珠必产蚌腹”句：珍珠是某些海水、淡水贝类，在一定外界条件刺激下，所分泌并形成与贝壳相似的固体颗粒物，具有明亮艳丽的光泽，可作装饰品和药用。蚌是在淡水生活的贝类，但文章所说的蚌，其实是生活在海水里的贝类。映月成胎，是受月光映照而孕育的。这说法显然是错误的。

〔2〕其云蛇腹、龙颔、鲛皮有珠者，妄也：这个结论是正确的。龙颔，传说中龙的下颔。鲛皮，鲨鱼皮。

〔3〕雷：今广东海康县。　廉：今广西合浦县。说雷、廉是唯一产珠之地，这说法不全面。

〔4〕三代以前，淮扬亦南国地：指夏、商、周三代以前的淮安、扬州一带，相对中原地区而言算是南方。

〔5〕淮夷蠙珠：《书经·禹贡》篇所载淮水产的一种珍珠。蠙，蚌的别名。我国除南海珍贝产珠外，内地江河淡水中生活的蚌类也能产珍珠。因此，作者怀疑《禹贡》所载淮水蚌珠非当地土产，是不足为信的。

〔6〕蒲里路：应为“蒲与路”。金代蒲与路的遗址在今黑龙江省克东县乌裕尔河南岸。

〔7〕杨村直沽口：在今天津大沽口一带。两地采珠，均确有其事，并非“传记相承妄”。

〔8〕忽吕古江：在今吉林省境内。

〔9〕则夷地，非中国也：这种提法是错误的。东北三省历来是中国一部分，将忽吕古江等地说成“夷地”更不应该。

〔10〕弘多：很多。

〔11〕“蚌则环包坚甲”句：这一记述是片面的，贝类的天敌并不少。珍珠贝的寿命并不长，只有十余年，不能与龟寿相比。

〔12〕凡蚌孕珠……转侧其身而映照之：这段叙述是不科学的，其中有一些是蚌的习性，不会有“取月精以成其魄”的。

〔13〕凡廉州池自乌泥、独揽沙至于青莺：指古时合浦沿海的杨梅、青莺、平江、断望、乌泥、独揽沙和白龙等七大珠池。

〔14〕对乐岛：古代广东海康县沿海的一个小岛，可能是现在的东海岛。石城，广东廉江县城。

〔15〕蜑户：水上居民，古代主要分布在长江和东南沿海一带，1949年前则集中在广东、广西、福建沿海一带，不准陆居，颇受歧视和迫害，因此以船为家。

〔16〕草荐：草垫子。

〔17〕“经过水漩”句：采珠船遇海水漩涡时，将草荐投入，可缓冲水流，保护船的安全。如遇大浪漩涡，则无济于事。

〔18〕没人：采珠的潜水人。

〔19〕其本缺处：指管口。

〔20〕无命者：指命运不好的人。

〔21〕毳：兽毛。这里指毛织物。

〔22〕李招讨：宋人李重海，金城人，宋太宗时任郑州马步都指挥使，广桂、融宜、柳州招安捉贼等职。

〔23〕漂溺：漂流沉溺。

〔24〕璞：包藏着玉的石头。

〔25〕经：通“径”。

〔26〕小平似覆釜：如倒置的锅。

〔27〕化者之身受含一粒，则不复朽坏：化者之身，指死人，这是一种迷信说法。

〔28〕玭：下等的珠。

〔29〕氓隶：奴隶。

〔30〕珠徙珠还：指合浦珠还之事。《后汉书》载：合浦产珠，因官吏滥采，珠蚌外迁。后孟尝就任太守，革除弊政，外迁的珠蚌又返回合浦。作者认为，珠徙珠还反映了珍珠消长关系的固定法则，并不是受清官感召的结果。

〔31〕煞定死谱：固定规律。　煞：制止，限制。　死谱：不能变动的安排。

〔32〕弘治：明孝宗朱佑樘年号。

〔33〕万历：明神宗朱翊钧年号。

掷荐御漩。《天工开物》插图。珍珠有淡水珠和海水珠之分，由于在地理环境上的差异，海珠的采摘比淡水珍珠的采摘，要艰难许多。在湖泊中，水流较缓，而海洋的性格要粗暴许多，所以，在海中采珠要有能够对付发生各种情况的经验。图中反映的是采珠船只遇到漩涡时的应急办法。

没水采珠船。《天工开物》插图。这幅图描绘了水中采珠船船上和船下作业者的大致分工和工作状态，从图中我们可以看到水中作业者的服装和装备已初步具备潜水服的雏形。

竹笆沉底

扬帆采珠；竹笆沉底。《天工开物》插图。珍珠有天然的和养殖的两种，我国养殖珍珠的时间可以追溯到宋朝。一般来讲，养殖的珍珠比天然珍珠无论是形状还是色泽上都要胜出一些，采摘起来由于有线索可循，所以也安全了许多。图中表现的是对于养殖珍珠的打捞方式。

宝[1]

凡宝石皆出井中[2]。西番诸域[3]最盛，中国惟出云南金齿卫[4]与丽江两处。

凡宝石自大至小，皆有石床包其外，如玉之有璞。金银必积土其上，韫结乃成。而宝则不然，从井底直透上空，取日精月华之气而就[5]，故生质有光明。如玉产峻湍，珠孕水底，其义一也。

凡产宝之井即极深无水[6]，此乾坤派设机关[7]。但其中宝气如雾，氤氲井中，人久食其气多致死[8]。故采宝之人，或结十数为群，入井者得其半，而井上众人共得其半也。下井人以长绳系腰，腰带叉口袋两条，及泉近宝石，随手疾拾入袋（宝井内不容蛇虫）。腰带一巨铃，宝气逼不得过，则急摇其铃，井上人引絙[9]提上。其人即无恙，然已昏瞢[10]。止与白滚汤入口解散，三日之内不得进食粮，然后调理平复。其袋内石大者如碗，中者如拳，小者如豆，总不晓其中何等色。付与琢工鑢错[11]解开，然后知其为何等色也。

属红黄种类者，为猫精[12]、靺羯芽[13]、星汉砂[14]、琥珀[15]、木难[16]、酒黄[17]、喇子[18]。猫精黄而微带红。琥珀最贵者名曰瑿[19]（音依，此值黄金五倍价），红而微带黑，然昼见则黑，灯光下则红甚也。木难纯黄色。喇子纯红。前代何妄人，于松树注茯苓，又注琥珀，可笑也[20]。属青、绿种类者，为瑟瑟珠[21]、珇琲绿[22]、鸦鹘石[23]、空青[24]之类（空青既取内质，其膜升打为曾青）。至枚（玫）瑰一种，如黄豆、绿豆大者，则红、碧、青、黄数色皆具。宝石有玫瑰[25]，如珠之有玑也。星汉砂以上，犹有煮海金丹[26]。此等皆西番产，亦间气出[27]，滇中井所无。时人伪造者，唯琥珀易假，高者煮化硫黄，低者以殷红[28]汁料煮入牛羊明角，映照红赤隐然，今易（亦）最易辨认（琥珀磨之有浆）。至引草，原惑人之说[29]，凡物借人气能引拾轻芥也。自来《本草》陋妄，删去毋使灾木[30]。

注释

〔1〕宝：宝石。凡是质硬、色泽美丽、产量稀少而贵重的矿石都可称为宝石。

〔2〕凡宝石皆出井中：此说不全面。　井，指矿井。

〔3〕西番诸域：在明代指我国陕西、云南、四川以西边疆地区。

〔4〕金齿卫：指云南澜沧江到保山、腾冲一带地区。

〔5〕取日精月华之气而就：这个说法是不科学的。

〔6〕产宝之井即极深无水：此说不确切，并非一切产宝的矿井都没有水，而取决于地下水存在情况。

〔7〕乾坤派设机关：意思是大自然的巧妙安排。

〔8〕"但其中宝气如雾"句：指矿井中的缺氧气体，人久吸其气可能窒息以致死亡。

〔9〕緪：通"絙"，粗绳索。

〔10〕昏瞶：昏迷，这是吸入一氧化碳等气体的中毒现象。

〔11〕鑢错：用磋刀磋。鑢，磋刀。

〔12〕猫精：猫睛石，即金绿宝石，黄绿色正交晶系，成分是铝酸铍。

〔13〕靺羯芽：靺羯石。章鸿钊《石雅》认为这种宝石是石英类的红玛瑙。靺羯是隋唐时居住在我国东北地区女真族的别名。其地盛产此石，故名靺羯。

〔14〕星汉砂：又称星汉神砂。光泽强，剖面能显出各种色彩的反光。星汉是指银河。

〔15〕琥珀：地质时代松科植物松脂久埋地下后形成的，非晶质体。色蜡黄至红褐，透明，树脂光泽，断口贝壳状，性脆，多产于煤层中，可作雕刻材料，亦可入药。

〔16〕木难：又名莫难，黄宝石。色纯黄，是典型的气成矿物。

〔17〕酒黄：又名黄宝石，也是一种黄玉。是一种天然氟硅酸铝，属硅氧矿物。

〔18〕喇子：又名红宝石，红色透明三方晶系的柱状结晶，成分是三氧化二铝。

〔19〕瑿：一种黑玉。作者在这里沿用《山海经》"琥珀千年为瑿"的传统说法，认为黑而带红的瑿，是琥珀中最贵重的。

〔20〕"前代何妄人"句：晋朝张华著《博物志》卷七中，提到"松柏脂论地中，千年化为茯苓，茯苓千年化为琥珀"。其中关于茯苓的说法是错误的，

寶氣飽悶

宝井剖面；宝气饱闷。《天工开物》插图。宝石很少有藏于裸露的岩石中的，多半都深藏于地下几十米的岩层里，开采起来非常艰苦，而且即使找到了矿石，也不能够确定其中宝石的成分和成色，必须先开采上来，然后运出，由琢工打开岩块才可以明了。这两幅图表现的是开采宝石的竖井作业情况和开采中可能会发生的问题。

因为茯苓是在松树根部生长的菌类，同松脂或琥珀都毫无关系。但他指出琥珀与松柏类树脂有关系，是正确的。

〔21〕瑟瑟珠：又称靛子，一种蓝色的刚玉，三方晶系蓝色透明晶体矿石。

〔22〕珇琈绿：又称祖母绿。纯绿宝石或绿柱石，六方晶系，含铬呈鲜绿色，有玻璃光泽的一级宝石。

〔23〕鸦鹘石：含钛的一种蓝宝石。

〔24〕空青：又名绿青、青琅玕，是属于孔雀石的一种宝石，翠绿色或暗绿色，是辉铜矿和黝铜矿分解成的铜的次生矿物。

〔25〕玫瑰：玫瑰石，泛指像黄豆、绿豆大小，各种颜色的次等宝石。

〔26〕煮海金丹：比星汉砂高一级的红黄色宝石。

〔27〕亦间气出：也间有随宝气出现的。

〔28〕殷红：红黑色。

〔29〕至引草，原惑人之说：此处具体指《本草纲目》卷三十七《木部·琥珀》条："弘景曰：……琥珀……以手心摩热拾芥为真……时珍曰：琥珀拾芥乃草芥，即禾草也。"琥珀摩擦后生静电确可吸草芥，并非惑人之说。

〔30〕《本草》：原指相传神农所作的药书，这里泛指古代各类药书。　灾：祸害，此处引申指浪费。　木：指雕版印书的木料，此处可理解为篇幅。

玉

凡玉入中国，贵重用者尽出于阗[1]（汉时西国号，后代或名别失八里[2]，或统服赤斤蒙古[3]，定名未详）葱岭。所谓蓝田，即葱岭[4]出玉别地名，而后世误以为西安之蓝田也[5]。其岭水发源名阿耨山，至葱岭分界两河：一曰白玉河，一曰绿玉河。晋人张匡邺作《西域行程记》[6]，载有乌玉河，此节则妄也[7]。

玉璞不藏深土[8]，源泉峻急激映而生。然取者不于所生处，以急湍无著手。俟其夏月水涨，璞随湍流徙，或百里、或二三百里，取之河中。凡玉映月精光而生[9]，故国人沿河取玉者，多于秋间明月夜，望河候视。玉璞堆聚处，其月色倍明亮[10]。凡璞随水流，仍错杂乱石浅流之中，提出辨认而后知也。白玉河流向东南[11]，绿玉河流向西北。亦力把力地，其地有名"望野"者[12]，河水多聚玉。其俗以女人赤身没水而取者，云阴气相召，则玉留不逝，易于捞取。此或夷人之愚也（夷中不贵此物，更流数百里，途远莫货，则弃而不用）。

凡玉唯白与绿两色。绿者中国名菜玉。其赤玉、黄玉之说，皆奇石、琅玕之类，价即不下于玉，然非玉也[13]。凡玉璞根系山石流水，未推出位时，璞中玉软如棉絮[14]，推出位时则已硬，入尘见风则愈硬。谓世间琢磨有软玉，则又非也[15]，凡璞藏玉，其外者曰玉皮，取为砚托之类，其值无几。璞中之玉，有纵横尺余无瑕玷[16]者，古者帝王取以为玺[17]。所谓连城之璧[18]，亦不易得。其纵横五六寸无瑕者，治以为杯斝[19]，此已当世重宝也。此外惟西洋琐里[20]有异玉，平时白色，晴日下看映出红色，阴雨时又为青色，此可谓之玉妖[21]，尚方[22]有之。朝鲜西北太尉山，有千年璞，中藏羊脂玉[23]，与葱岭美者无殊异。其他虽有载志，闻见则未经也。

凡玉由彼地缠头回[24]（其俗人首一岁果（裹）布一层，老则臃肿之甚，故名缠头回子。其国王亦谨不见发。问其故，则云见发则岁（凶）荒。可笑之甚[25]），或溯河舟，或驾橐驼[26]，经庄浪[27]入嘉峪，而至于甘州与肃州[28]。中国贩玉者，至此互市而得之，东入中华，卸萃燕京。玉工辨璞高下定价，而后琢之（良玉虽集京师，工巧则推苏郡[29]）。

凡玉初剖时，冶铁为圆盘，以盆水盛沙，足踏圆盘使转，添沙剖玉，逐忽划断。中国解玉沙[30]，出顺天玉田与真定邢台[31]两邑。其沙非出河中，有泉流出，精粹如面，借以攻玉，永无耗折。既解之后，别施精巧工夫，得镔铁[32]刀者，则为利器也（镔铁亦出西番哈密卫砺石[33]中，剖之乃得）。凡玉器琢余碎，取入钿花[34]用。又碎不堪者，碾筛和灰涂琴瑟。琴有玉音，以此故也。凡镂刻绝细处，难施锥刃者，以蟾酥填画而后锲之[35]。物理制服，殆不可晓。凡假玉以砆碱[36]充者，如锡之于银，昭然易辨。近则捣舂上料白瓷器，细过微尘，以白敛[37]诸汁调成为器，干燥玉色烨然，此伪最巧云。

凡珠玉、金银，胎性相反。金银受日精，必沉埋深土结成。珠玉、宝石受月华，不受寸土掩盖。宝石在井上透碧空，珠在重渊，玉在峻滩，但受空明、水色盖上。珠有螺城，螺母居中，龙神守护，人不敢犯。数应入世用者，螺母推出人取。玉初孕处，亦不可得。玉神推徙入河，然后恣取，与珠宫同神异云[38]。

注释

〔1〕于阗：今新疆和田。汉、魏、隋、唐至宋明均称于阗。

〔2〕别失八里：今新疆木萨尔（旧称抚远）县北。

〔3〕赤斤蒙古：明朝在甘肃敦煌一带设赤斤蒙古卫，以统辖新疆等少数民族地区。

〔4〕葱岭：过去对帕米尔高原和喀喇昆仑山脉诸山的总称。这里指昆仑山一带盛产玉的地方。

〔5〕"所谓蓝田"句：作者更正错了。西安附近蓝田一带曾产玉，称为玉山。

〔6〕晋人张匡邺作《西域行程记》：查《新五代史》卷七十四《于阗传》及《文献通考》卷三百三十七《于阗》条，均载五代时后晋高祖石敬瑭于天福三年（938）遣供奉官张匡邺、判官高居海使于阗，至七年冬乃回。据高居海作《于阗国行程记》记于阗产玉处。又清人顾櫰三《补五代史艺文志》载，《于阗国（行）程录》，高居海撰，一卷。又《图经本草》云：晋金州防御判官平居海，天福中为鸿胪卿张邺使于阗，判官回，作《行程记》，载其国产玉之地。《图经本草》因避庙讳，将张匡邺作张邺，抑或因避讳将高居海作平居海。居海之书收入《古小说丛书》丙集，题为高居海撰《于阗国行程记》当是无误。后晋鸿胪卿张匡邺《行程草纲目》卷八《玉》条引《图经本草》，未细审上下文义误作为"记"。《天工开物》引《本草纲目》又误为"晋人张匡邺作《西域行程记》"。今改正。

〔7〕载有乌玉河，此节则妄也：高居海《于阗国行程记》载产玉之地有白玉河（今玉龙喀什河）、乌玉河（今喀拉喀什河西面的支流）、绿玉河（今喀拉喀什河）。作者怀疑乌玉河产玉，是没有根据的。

〔8〕玉璞不藏深土：此说不全面。玉有山产和水产两类，山产的多藏于山底岩层中，要挖矿井开采。

〔9〕凡玉映月精光而生：此说不科学。

〔10〕其月色倍明亮：玉璞大都洁白，对光线反射率大，可能显得月色更明亮。

〔11〕"白玉河流向东南"句：这里所述两河流向是错误的，实际上两河均往北流。

〔12〕"亦力把力地"句：亦力把力，即别失八里，十五世纪更名亦力把力，西迁至今新疆库车、焉耆等地一带。　望野：亦力把力的一个地名。

〔13〕凡玉唯白与绿两色……然非玉也：此说欠妥，玉虽多呈白色和绿色、但也有红、橙、黄、黑、紫等色的玉，作者把其他色彩的玉归并为琅玕一类的奇石、美石是不正确的。

〔14〕璞中玉软如棉絮：实际并非如此。

〔15〕谓世间琢磨有软玉，则又非也：天然玉有硬软之分，但软玉也绝非软如棉絮。软硬是天然形成，非玉工磨成。

〔16〕瑕玷：玉上的斑点或其他缺点。

〔17〕玺：帝王御印。这种印多数是用玉石雕刻的。

〔18〕连城之璧：典出《史记·廉颇蔺相如列传》：公元前三世纪战国时，赵国赵惠王得到一块宝玉（史称和氏璧），秦昭王提出想用十五座城去交换，故称连城之璧。后用"价值连城"来形容贵重的物品。

〔19〕杯斝：泛指酒器。　斝：古代青铜酒器名。

〔20〕西洋琐里：《明史·外国传》有西洋琐里之名，在今印度科罗曼德尔沿岸。

〔21〕玉妖：异玉。可能指金刚石（钻石），纯者无色透明，折光率强，能呈现不同色泽。

〔22〕尚方：上方，本指供应帝王御用器物之官，曰尚方令。　尚方有之：指宫廷有之。

〔23〕羊脂玉：新疆产上等白玉，半透明，以色如羊脂而得名。

〔24〕彼地缠头回：指新疆回族人。

〔25〕其俗人首一岁裹布一层……可笑之甚：这是不尊重少数兄弟民族习俗的错误认识。

〔26〕橐驼：骆驼。

〔27〕庄浪：古县名。今甘肃东部庄浪、华亭二县附近。

〔28〕甘州与肃州：今甘肃张掖、酒泉。

〔29〕苏郡：苏州。

〔30〕解玉沙：此处指研磨、琢磨玉的硬沙。

〔31〕顺天：北京明时设顺天府。　玉田：河北省玉田县，时属顺天府管辖。　真定：今河北省正定县一带，明时设真定府。　邢台：今河北省邢台，明时属真定府管辖。

〔32〕镔铁：精炼的铁。

〔33〕哈密卫：今新疆哈密地区。　砺石：此处指如磨刀石一样的岩石。

〔34〕钿花：用金银、玉贝等制成花纹的装饰品。

〔35〕蟾酥：蟾蜍（俗名癞蛤蟆）的干燥耳后腺及皮肤腺分泌物，有侵蚀的作用。　锲：雕刻。

〔36〕砆碱：红底白纹像玉的石头。

〔37〕白敛：疑是“白蔹”之误。白蔹，葡萄科藤本植物，块根富黏液质，可作黏合剂。

〔38〕凡珠玉……与珠宫同神异云：整段均属主观臆测和封建迷信的无稽之谈。

良渚文化兽面纹玉琮

商代殷墟妇好墓跪式玉人

西汉玉覆面

于闐國

白玉河；于阗国。《天工开物》插图。于阗国的玉，指的就是今天的新疆和田玉的几个产区，亦力把力国也是在这个区域之内。和田玉是我国四大玉石产地之首，该地的玉石受昆仑山脉的滋养和高山雪水的冲刷，形成了好几种颜色的单色玉，玉质半透明，琢磨后呈脂状光泽。

葱嶺陰

绿玉河；葱岭阴。《天工开物》插图。通常开采玉矿石有两种方法，一是直接在岩石中开采，这种玉矿石我们称其为山料，另外那些经风化崩入山沟，又经雨水带入河中而收集到的玉块，我们称之为籽玉。图中描绘的就是对于后一类玉石原料的采集。

琢玉。《天工开物》插图。对于玉器的制作，一般说来要经过审材、开料、设计、镂刻、砣琢、磨光等一系列工序，琢玉是其中的一道程序，其工具多选用硬度高于玉石的金刚砂、石英等被称为“解玉砂”的工具，辅助于水来进行研磨。这种传统的琢玉方法一直沿用至今。

附：玛瑙[1] 水晶[2] 琉璃[3]

凡玛瑙非石非玉[4]，中国产处颇多，种类以十余计。得者多为簪箧钩（音扣）结[5]之类，或为棋子，最大者为屏风及桌面。上品者产宁夏外徼[6]羌地砂碛中，然中国即广有，商贩者亦不远涉也。今京师货者，多是大同、蔚州九空山、宣府[7]四角山所产，有夹胎玛瑙、截子玛瑙、锦红玛瑙[8]，是不一类。而神木、府谷[9]出浆水玛瑙、锦缠玛瑙，随方货鬻，此其大端云。试法以研[10]木不热者为真。伪者虽易为，然真者值原不甚贵，故不乐售其技也。

凡中国产水晶，视玛瑙少杀[11]。今南方用者多福建漳浦产（山名铜山），北方用者多宣府黄尖山产，中土用者多河南信阳州（黑色者最美）与湖广兴国州[12]（潘家山）产。黑色者产北不产南。其他山穴本有之而采识未到，与已经采识而官司厉禁封闭（如广信惧中官开采之类[13]）者尚多也。凡水晶出深山穴内瀑流石罅之中。其水经晶流出，昼夜不断，流出洞门半里许，其面尚如油珠滚沸。凡水晶未离穴时如棉软，见风方坚硬[14]。琢工得宜者，就山穴成粗坯，然后持归加功，省力十倍云。

凡琉璃石[15]，与中国水精[16]、占城火齐[17]，其类相同，同一精光明透之义。然不产中国，产于西域。其石五色皆具，中华人艳之，遂竭人巧以肖之。于是烧瓴甋[18]转釉成黄绿色者，曰琉璃瓦；煎化羊角为盛油与笼烛者，为琉璃碗；合化硝铅写（泻）珠铜线穿合者，为琉璃灯[19]；捏片为琉璃瓶袋（硝用煎炼上结马牙者）。各色颜料汁，任从点染。凡为灯、珠，皆淮北齐地人，以其地产硝之故。

凡硝见火还空，其质本无，而黑铅为重质之物。两物假火为媒，硝欲引铅还空，铅欲留硝住世，和同一釜之中，透出光明形象。此乾坤造化，隐现于容易地面[20]。天工卷末，著而出之。

注释

〔1〕玛瑙：矿物、成分主要是二氧化硅，多呈层状或环状，有各种颜色，色泽美丽，质地坚硬耐磨，可以做研磨用具、仪表轴承等，又可做贵重的装饰品。

〔2〕水晶：无色透明的结晶石英，是一种贵重矿石，产量较少，可用来制光学仪器、无线电器材和尖端科学仪器的元件，也用作装饰品。

〔3〕琉璃：用铝和钠的硅酸化合物烧制的有色透明釉料，常见的有绿色、蓝色和黄金色。此处泛指玻璃和上彩釉的陶瓷器制品。

〔4〕玛瑙非石非玉：实际上玛瑙既是石又是玉。

〔5〕簪箆：妇女插在发髻上的针状装饰物。　钩结：衣扣一类物品。

〔6〕外徼：边境。

〔7〕蔚州、宣府：今河北省蔚县、宣化县。

〔8〕夹胎玛瑙、截子玛瑙、锦红玛瑙：玛瑙的品种名称。夹胎玛瑙正视莹白，侧视鲜红。截子玛瑙黑白两色相间。锦红玛瑙紫红色，有锦纹花。

〔9〕神木、府谷：县名，在今陕西省。浆水玛瑙黄白色，锦缠玛瑙是红白等色相间。

〔10〕砑：碾压，摩擦。

〔11〕少杀：少些。

〔12〕兴国州：今湖北省阳新县。

〔13〕广信惧中官开采之类：江西省广信府（今上饶地区）害怕宦官监督开采。中官即宦官，明代宦官掌权，常作为朝廷的特使到地方监督开采矿藏，从中搜刮。

〔14〕凡水晶出深山穴内……见风方坚硬：这一段与事实不符。

〔15〕琉璃石：指制造玻璃的各种矿石。

〔16〕水精：即水晶。

〔17〕占城：越南南部的古国名。　火齐：火珠，火齐珠。据李时珍《本草纲目·水精》附录："《唐书》云：东南海中有罗刹国，出火齐珠，大者如鸡卵状，类水晶，圆，自照数尺，日中以艾承之得火，用炙艾炷，不伤人。今占城国有之，名朝霞大火珠。"这里火齐指的是水晶珠。

〔18〕瓴甋：砖瓦。

〔19〕琉璃灯：一种彩色的玻璃灯。

〔20〕凡硝见火还空……隐现于容易地面：作者在这一段里用辩证的观点阐述了硝与铅的相互作用的变化关系。

参考文献

[1] 宋应星.天工开物[M].据民国涉园重刊本影印.北京:国际文化出版公司,1995.

[2] 宋应星.天工开物[M].钟广言,注释.广州:广东人民出版社,1979.

[3] 宋应星.天工开物[M].江田益英,校订.扬州:广陵古籍刻印社,1997.

[4] 杨维增.天工开物新注研究[M].南昌:江西科技出版社.1987.

[5] 潘吉星.宋应星评传[M].南京:南京大学出版社,1997.

[6] 潘吉星.天工开物校注及研究[M].成都:巴蜀书社,1989.

[7] 李约瑟.中国科学技术史[M].北京:科学出版社,1990.

[8] 钱穆.国史大纲[M].北京:商务印书馆,1997.

[9] 冯友兰.中国哲学简史[M].天津:天津社会科学院出版社,2007.

[10] 何俊.西学与晚明思想的裂变[M].上海:上海人民出版社,1998.

[11] 李永良主编.中国地域文化大系[M].上海:上海远东出版社,1998.

[12] 卢嘉锡总主编,陆敬严、华觉明主编.中国科学技术史:器械卷[M].北京:科学出版社,2000.

[13] 王朝闻总主编,徐艺乙主编.中国民间美术全集:工具卷[M].济南:山东教育出版社,1994.
[14] 王琥主编.中国传统器具设计研究[M].南京:江苏美术出版社,2004.
[15] 赵丰主编.中国丝绸通史[M].苏州:苏州大学出版社,2005.
[16] 杨可扬主编.中国美术全集:工艺美术编[M].上海:上海人民美术出版社,1991.
[17] 虞云国等编著.中国文化史年表[M].上海:上海辞书出版社,1990.
[18] 英国维多利亚阿伯特博物馆,广州市文化局等编.18—19世纪羊城风物:英国维多利亚阿伯特博物院藏广州外销画[M].上海:上海古籍出版社,2003.
[19] 刘长乐.中国古文明大图集[M].北京:人民日报出版社,1992.

后　记

最后再说几句关于《天工开物图说》这本书“成长”的一些事情。

2002年初，当时的山东画报出版社社长刘传喜来我家与本套丛书的主编杭间谈论有关可以做书的选题，杭间当时正醉心于中国古代传统造物思想的研究，并刚刚开始着手做全国艺术科学“十五”规划项目“中国艺术设计的历史和理论”的课题，于是乎说来说去，便有了这套名为“中国古代物质文化经典图说丛书”的构想，主编的意图在丛书总序中已讲得非常明白，在此没有必要赘言。之后十部典籍的书目很快被列出，五六年来前后已经出版了九部，唯有《天工开物》一直拖到今天才与读者见面，原因当然是有的，但无论是什么因素而造成了该书出版的后置，说明一下也算是对期盼中的读者做个交代。

起初，《天工开物图说》这本书是杭间自己想承担完成的，围绕古代造物方面的研究他已经进行了一二十年，在他的许多著述中，《天工开物》中所涉猎的造物思想，一些相关的工具和器械的描绘，都曾是他研究的对象，杭间想做《天工开物图说》是有理由的。但他最后没做，转交于我完成，是因为图说类型图书工作量的缘故。图说，是现代图书出版中一种新的形式，目的在于文化精神的推广和普及，市面上图说类的书籍很有一些了，但多数是停留在内容的简单配图中。事实上，图说类书籍的图像选择是复杂的操作，它所要体现的是图说作者对原作品的思想在某个领域的补充和扩展，作为特定专业的基础研究工作，指向性必须明确。所以，要做好这样的事情，时间量是必须要有保障的，杭间深知自己分身无术，出于信赖和“自私”，最后把这副担子毫不犹豫地搁到我的肩上了。

记得三四年前杭间交代给我任务时说：“再静下心来好好研究一下《天工开物》吧，等你把图说做完，即便是一个人在荒岛上，也能生活下去。”我很能够理解他这番话的意思，等你读了《天工开物》或者我的这本图说，你肯定也会有发自内心的微笑的。但之后，我却是真的出了远门，当然不是去了荒岛，而是英伦。一隔就是两年，书的事就此搁了下来。2006年秋天回来，《天工开物图说》还在等着我做。我是一个懒惰的人，并且万事还追求完美，所以我知道图说会让我有一年的时间不得安宁，但读书、做书毕竟都是快乐的事情，于是大概是从去年的春天开始，做《天工开物图说》成为我的日常工作。

做这本书是快乐的，这种快乐延续在做事的过程中，也埋伏在自己内心的收获里。《天工开物》原文的注解部分我花了整个暑假的时间，当时带了女儿在南方年迈的父母身边。母亲管我一日三餐，父亲搁下画笔与我一起查阅、校正，真的是要谢谢他们！图片部分的选择和文字说明我做了有半年多，的确是辛苦。回想持续多时的工作状态，有必要再添一笔：由于《天工开物》涉及的行业众多，我查找的书籍也就不得不堆得很高，很长时间里，它们一直在书桌四周环绕着我，女儿常笑我那种好像很有学问的样子。对于给如此特殊的书籍作图说，我常常感到力不从心，再加上本人才疏学浅，缺漏之处，还请读者指正。

今天，书出来了，有几个人我要感谢。

我的父母。他们总是支持和尊重我所做的事情。

我的女儿。她喜欢在我工作的时候，坐在旁边的小玻璃桌上做功课陪着我。

我的编辑。峙立是我遇到的最温文而又认真的编辑，她给我寄过很多书，还发了不少短信给我，谈及国事、趣事什么的，我知道她实在的是在“检查”我，感谢她的催稿方式和为此书所做的一切。

还有杭间，他是我的先生。

2008年6月　北京